Self-Assessment Color Review

小動物の循環器呼吸器病学
Small Animal Cardiopulmonary Medicine

翻訳 柴﨑 哲

Wendy A Ware
DVM, MS, DipACVIM(Cardiology)
Professor, Departments of Veterinary Clinical Sciences
and Biomedical Sciences
College of Veterinary Medicine
Iowa State University
Ames, Iowa, USA

CRC PRESS(Taylor and Francis Group)

ファームプレス

謝辞

本書を出版するにあたり、症例とその写真を提供してくれた同僚達に感謝すると共に、技術サポートをしてくれたLori Moran、commissioning editorのJill NorthcottとMichael Manson、そしてManson出版社のスタッフに感謝する。この出版に関わるすべての協力は、とても素晴らしいものであった。さらに、寄稿してくれた多くの方々、特にペットとその飼い主、紹介獣医師、そして編集スタッフや私と共に働いてこれら症例を集めてくれた病院スタッフにはとても世話になった。最後に、いつも愛情をもって支援し、そして我慢し続けてくれた私の家族に感謝している。

免責事項：間違いのないよう最善の注意を払ったが、読者にあたっては、薬剤の一覧表にある推奨用量について処方を決定する前に確認することを忠告する。本書より得た助言や情報は、適法であり出版の時点では正確であると思われるが、どんな誤記や脱落に対しても編集者や出版社は法的責任あるいは義務を負うことはない。

Self-Assessment Color Review　Small Animal Cardiopulmonary Medicine
By Wendy A Ware
© 2012 CRC Press, a member of Taylor and Francis Group

All Right Reserved.
Authorised translation from the English language edition published by CRC Press, a member of the Taylor & Francis Group.

Japanese translation right arranged with Taylor & Francis Group, Abingdon, OX14 4RN through Tuttle-Mori Agency, Inc., Tokyo.

Self-Assessment Color Review　小動物の循環器呼吸器病学
2015年11月25日　第1版第1刷発行
定　価　本体価格 10,000円＋税
翻　訳　柴﨑 哲
発行者　金山宗一
発　行　株式会社ファームプレス
〒169-0075　東京都新宿区高田馬場 2-4-11　KSEビル 2F
TEL03-5292-2723　FAX03-5292-2726

ISBN978-4-86382-060-9　Printed in Japan

※CRC Press (a member of Taylor and Francis Group)によるSelf-Assessment Color Review; Small Animal Cardiopulmonary Medicineの日本語翻訳権・出版権は、株式会社ファームプレスが有する。
※無断複写・転載を禁ずる。落丁・乱丁本は送料弊社負担にてお取り替えいたします。

はじめに

　本書は、研修獣医師に関係する心疾患や呼吸器疾患症例、あるいは関連した臨床徴候を広く集めている。これら症例は、心臓、呼吸器、その他胸腔内疾患を素早く調べ、参考文献を捜す全科研修獣医師だけでなく、これら疾患をより高い専門性をもって勉強する獣医師にも最適である。獣医学生にあたっては、国家試験の勉強をする際にこれら症例が有用であると理解すべきである。本書はまた、更なる資格獲得を目指して勉強する動物看護師にも適している。さらにこの症例集は、研修獣医師がいわゆる試験や、犬猫の心臓や胸腔疾患の知識を増やすことを楽しめるように配慮した。

　この中で紹介された症例は、下部呼吸器、心臓、胸腔内疾患に主に関連する呼吸困難、発咳あるいはその他徴候の原因に注目しており、胸郭内臓器の疾患を強調する診断が意図的に行われている。鼻腔や鼻咽頭部疾患などの上部呼吸器の状態は重要であるが、それらが示す臨床徴候（鼻汁や喘鳴）は特徴的であり、容易に疾患部位の特定ができる傾向がある。本書に取り上げられている症例は、診断と治療の原則から一般的な症例である。これ以外のものは、より挑戦的あるいは非一般的なものである。いくつかの症例は、特定地域では一般的であるが、その他地域では罹患率が低い、あるいは全く認められない疾患（寄生虫疾患など）なども記載されている。それら疾患がまさに発生している地区での重要性や、世界的分布が増加している事実（犬糸状虫症や住血線虫症など）のため、非感染地域の読者においては、これら記載をご容赦頂きたい。

　本書内では、臨床実習を経験しているように全ての症例は任意に並べている。書式は、他の「Self-Assessment」シリーズに類似させた。症例とその質問は各1ページに示されている。説明／解答を見るためにページをめくる前に（のぞき見しなければ！）、読者は解答と治療方法を考えることを推奨する。参考のため、特定の問題や治療の調査をしやすくするため、症例の分類、疾患や臨床徴候ごとにまとめた推薦文献・図書、循環器疾患と呼吸器疾患に用いる薬剤の一覧表、そして索引を作成した。読者である貴方が、本書が学習に有用であると共に、興味深くそして楽しく思って頂ければ幸いである。

Wendy A Ware

寄稿者

Luca Ferasin DVM, PhD, CertVC, DipECVIM-CA(Cardiology), MRCVS
Specialist Veterinary Cardiology Consultancy Ltd
Newbury, Berkshire, UK

Shannon Jones Hostetter DVM, PhD, DipACVP(Clinical Pathology)
Assistant Professor, Department of Veterinary Pathology
Staff Clinical Pathologist, Lloyd Veterinary Medical Center
College of Veterinary Medicine
Iowa State University
Ames, Iowa, USA

FA (Tony) Mann DVM, MS, DipACVS, DipACVECC
Professor, Department of Veterinary Medicine and Surgery
Director, Small Animal Emergency and Critical Care Services
Small Animal Soft Tissue Surgery Service Chief
Small Animal Surgery/Neurology Instructional Leader
Veterinary Medical Teaching Hospital
University of Missouri
Columbia, Missouri, USA

O Lynne Nelson DVM, MS, DipACVIM(Internal Medicine and Cardiology)
Associate Professor of Cardiology
Staff Cardiologist, Veterinary Teaching Hospital
College of Veterinary Medicine
Washington State University
Pullman, Washington, USA

Elizabeth Riedesel DVM, DipACVR
Associate Professor, Department of Veterinary Clinical Sciences
Staff Radiologist, Lloyd Veterinary Medical Center
College of Veterinary Medicine
Iowa State University
Ames, Iowa, USA

Wendy A Ware DVM, MS, DipACVIM(Cardiology)
Professor, Departments of Veterinary Clinical Sciences and
 Biomedical Sciences
Staff Cardiologist, Lloyd Veterinary Medical Center
Iowa State University
Ames, Iowa, USA

写真提供と謝辞

162a, c, 218a, b, c ：Dr. Oliver Garrdod の好意による。
79a, b ：Dr. Phyllis Frost の好意による。
103a, b, c ：Drs. Jessica Clemans と Krysta Deitz の好意による。
151a, b, 195a, b ：Dr. JoAnn Morrison の好意による。
8a, b ：Dr. Leslie Fox の好意による。
2a, b, 116a, b ：Dr. Krysta Deitz の好意による。

症例の分類

注意：ページ数ではなく、設問、解答の番号を参照すること

分類	番号
気道疾患	5, 9, 10, 15, 16, 21, 28, 39, 40, 57, 58, 72, 96, 99, 133, 151, 164, 176, 195
不整脈	4, 18, 36, 37, 38, 49, 54, 67, 77, 87, 91, 113, 114, 115, 130, 135, 143, 145, 173, 181, 183, 204, 217
後天性心臓弁膜疾患	48, 85, 86, 127, 128, 189, 211, 214, 216
心筋症	18, 32, 35, 36, 47, 67, 90, 110, 117, 148, 165, 170, 171, 207, 208
呼吸器循環器検査	20, 24, 29, 33, 44, 53, 54, 68, 75, 102, 152, 159
虚脱あるいは虚弱	112
先天性心奇形	13, 26, 31, 45, 50, 63, 79, 80, 88, 118, 119, 120, 121, 125, 131, 139, 146, 149, 156, 163, 174, 175, 186, 188, 203, 205, 206
うっ血性心不全	73, 117, 124, 157, 171, 187, 189, 190, 205
横隔膜ヘルニア	3, 74, 84, 98, 140
食道疾患	139, 191, 200
異物	103, 167, 179
全身性高血圧症、肺高血圧症	83, 129, 131, 132, 156, 201, 211
縦隔疾患	52, 93, 122, 213
複合疾患	14, 56, 66, 92, 101, 142
腫瘍	2, 6, 8, 17, 70, 71, 76, 82, 93, 94, 109, 111, 116, 122, 123, 141, 142, 158, 168, 172, 192, 209, 212, 213, 219
寄生虫疾患	27, 55, 64, 108, 136, 137, 154, 162, 185, 199, 210, 218
心膜疾患	46, 69, 140, 144, 160, 161, 209, 219
身体検査の異常	7, 12, 23, 26, 41, 51, 109, 120, 198
胸腔疾患（胸水、気胸）	19, 25, 30, 59, 60, 61, 78, 123, 134, 155, 193
肺炎、その他肺疾患	11, 22, 56, 62, 65, 81, 89, 101, 105, 106, 126, 134, 150, 153, 166, 169, 177, 184, 191, 196, 197
呼吸様式	1, 104, 137
人口呼吸、吸入療法、気管切開	42, 43, 100, 215
血栓塞栓性疾患	34, 97, 107, 129, 180
中毒	65, 104, 138, 143
外傷	30, 81, 147, 178, 182, 194, 202

寄稿者による症例分類

Dr. Luca Ferasin：19, 36, 47, 50, 53, 54, 59, 60, 72, 90, 95, 99, 123, 162, 165, 166, 177, 198, 200, 211, 218

Dr. Shannon Jones Hostetter：6, 10, 25, 61, 71, 78, 141, 169, 197

Dr. FA (Tony) Mann：42, 43, 57, 58, 66, 69, 70, 84, 118, 119, 134, 182, 213, 215

Dr. O Lynne Nelson：5, 13, 14, 15, 21, 34, 45, 77, 105, 106, 111, 114, 115, 126, 129, 138, 159, 163, 184, 204

Dr. Elizabeth Riedesel：3, 9, 11, 16, 17, 22, 28, 30, 39, 40, 56, 62, 65, 74, 81, 89, 93, 94, 98, 101, 108, 122, 142, 147, 155, 164, 167, 176, 178, 179, 191, 192, 193, 196, 202, 212

翻訳者のことば

　本書は、巻頭で著者が述べているとおり循環器疾患や呼吸器疾患の症例を200例程集めた症例集である。複数の施設より集められた多種多様な症例は、そのほとんどが各疾患の典型例であり、診断、治療が理解しやすいように1ページ毎にまとめられている。また、設問は診断や治療だけに終始せず、循環器疾患や呼吸器疾患の臨床徴候や薬剤のひとつに焦点を当て、詳細に解説している。寄生虫や真菌症例などでは地域特異的なものが若干含まれているものの、その診断に導く過程は国内においても十分参考となるものである。さらに、巻末には各種薬剤の用量が必要十分にまとめられており、実用性も高い。参考文献はいたずらに数多くあげるのではなく、重要なものや最新のものが厳選して取り上げられている。この一冊に満遍なく目を通すことで、日進月歩で変化する循環器・呼吸器病の診断と治療の現状が掌握でき、臨床現場で即戦力となる知識が必ずや得られるものと確信する。

　本書の翻訳にあたっては、全編を一人の訳者が担当したためにやや時間を要したが、読者の混乱を招くような訳者間における表現や語彙のばらつきを抑えることができた。また、和訳表現がやや堅苦しい部分もあるが、著者らの文意を酌み、意訳によって本来の意味が曖昧になることを避けるように努めた結果とご理解頂ければ幸甚である。専門用語に関しては、国内で広く使用されている語句を統一して用いるように心がけ、一般的でない略号や単位は割愛し、文字数に余裕があれば略号表記を控えた。さらに、病理組織学的な記述の一部表現にあたっては、専門分野の友人に適切な助言を頂いた。この場で感謝を申し上げる。本書が、読者にとって理解しやすく、必携の書となるならば本望である。

　最後となったが、本書の翻訳を終えるにあたり、私に循環器への興味を抱かせてくれた恩師、東京農工大学名誉教授山根義久先生に変わらぬ敬意を表すると共に、早朝まで机に向かう時間を気遣い多謀善断に対応してくれた妻に感謝する。また、この貴重な機会を与えていただいた株式会社ファームプレスの金山宗一氏に深謝すると共に、十分な時間と適切な助言を頂きながら、常に敬意の下に対応してくれた富田里美女史に深謝する。

2015年9月吉日

柴﨑　哲

関西動物ハートセンター

1 4歳、雄のロットワイラー（**1**）が、慢性的な乾性発咳を主訴として来院した。最近は食欲が低下しており、現在は非常に息苦しそうである。呼吸数の増加と努力性呼吸が認められる。聴診では心雑音は認められないが、呼吸音増大と肺捻髪音が認められる。

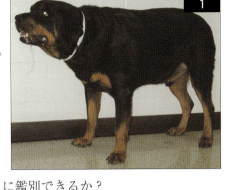

i. 呼吸困難を示す犬の外観の特徴をあげよ。
ii. 呼吸困難を呈した症例の疾患部位は、呼吸様式によってどのように鑑別できるか？

2 13歳、去勢雄のシー・ズーが、数週間の検疫施設滞在後、3週間前から発咳を呈している。最近は、食欲低下、体重減少が目立っている。気管支炎を疑い、アモキシシリン／クラブラン酸配合剤とハイドロコドンが処方されていたが、飼い主は投薬を面倒がっていた。症例は落ち着いているが、警戒して敏感である。体温、心拍数、呼吸数に著変は認められなかった。軽度の肺捻髪音が左側胸腔から聴取された。気管の触診では発咳は誘発されず、その他身体検査に著変は認められなかった。胸部X線検査では、右前葉の肺胞浸潤と共に、後葉の中程度から重度の気管支間質パターンが認められた。心陰影と肺血管陰影は正常であった。血球計算では軽度の血小板数の増多を認めたが、その他血清生化学検査、尿検査に著変は認められなかった。気管支内視鏡検査（**2a、b**）と、気管支肺胞洗浄が実施された。

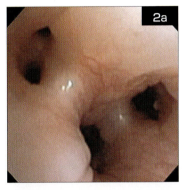

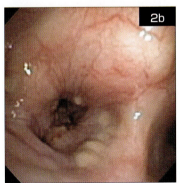

i. 気管支内視鏡検査所見は何か？
ii. 鑑別診断は、何があげられるか？
iii. この症例の診断をどのように進めるべきか？

解答 1、2

1 i. 症例の体位より、重度の呼吸困難（起坐呼吸）が示唆される。起坐呼吸を呈した犬は、肘頭外転（十分な肋骨拡張のため）を伴う起立位や犬座位、そして頸部の伸展が認められる。横臥位や仰臥位に抵抗を示し、飲水や摂食を好まず、唾液の嚥下でさえ敬遠する（**1**の犬の口から唾液が垂れていることに注目）。拡大した瞳孔は、不安を示唆する（**1**の犬のタペタム反射に注目）。

ii. 呼吸数や呼吸様式は、診断の糸口を提供する。肺コンプライアンスが低下すると、硬化した肺での呼吸作業を最小化するために「制限された」（速くて浅い）呼吸様式を呈するようになる。呼気あるいは吸気呼気は努力性となる。肺水腫、その他の間質性浸潤性疾患（この犬にみられるような細菌性肺炎）、肺線維症などは、このような呼吸様式を呈し、吸気性の肺捻髪音を伴うのが一般的である。大量の胸水は、緩徐であるが明らかに腹式の努力性吸気の原因となる。胸水やその他胸腔内疾患による部分的な肺の虚脱も、肺コンプライアンスが低下する。

気道狭窄は、「閉塞性」呼吸様式の原因である。呼吸数は正常あるいは末梢の気道疾患により増加する。より緩徐で深い呼吸は、摩擦抵抗や呼吸仕事量を減少させる。狭窄部位は、吸気呼気のどちらがより努力性となり、（しばしば）延長しているかで診断する。下部気道の狭窄は呼気が困難となり、時に喘ぎを伴う。上部気道の狭窄は緩徐あるいは努力性の吸気を呈し、喘鳴を伴うこともある。

2 i. 気道内には、気管支炎による軽度の紅斑を伴った広範な浮腫性変化が認められる。黄褐色の小結節が、粘膜表面に認められる（**2b**：右前葉気管支）。

ii. X線像は、肺炎あるいは浸潤性炎症疾患あるいは腫瘍性疾患を示唆している。検疫を行っていた症例の経歴から、二次性肺炎を伴った感染性気管気管支炎が考えられる。気道内の小結節は腫瘍性浸潤ではなく、慢性気管支炎やそれに続く粘膜増殖によって生じたものである。気管分岐部だけに結節が認められるなら、オスラー肺虫（*Oslerus osleri*）の感染徴候かもしれない。この症例の全身徴候は、比較的最近に発咳が認められていることなども含め、慢性気管支炎に典型的なものではない。

iii. 気管支内視鏡検査では、気管支肺胞洗浄液の細胞診と培養に加え、気道粘膜の掻爬と結節の生検を実施すべきである。これら検査で確定診断が得られないならば、肺生検が推奨される。この犬の細胞診では、軽度の化膿性炎症、慢性出血、そして上皮性悪性腫瘍と思われる多くの空胞を有する様々な大きさの細胞の集塊が検出された。気管支肺胞洗浄液の培養は、好気的、嫌気的に細菌は検出されなかった。

設問3、4

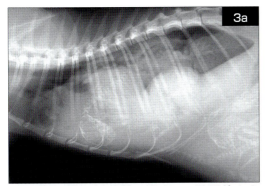
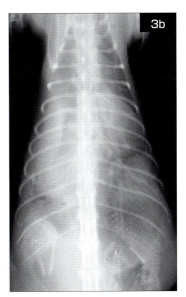

3 3歳、雌の短毛種の猫が、1週間前からの元気消失と努力性呼吸のため来院した。この症例は、妊娠56日目である。同様の症状は妊娠前にも認められていたが、抗生剤投与により順調に回復した。今回の症状は、より悪化している。胸部X線右側方向像（**3a**）と背腹像（**3b**）が実施された。

i. X線検査像に認められる明らかな異常は何か？
ii. X線検査による診断は何か？

4 9歳、雌のダルメシアンが、今朝、虚脱したため来院した。最近では元気がなく、散歩中によく立ち止まっていた。症例は不安げで、少し頻呼吸を呈していた。可視粘膜はピンク色であったが、大腿動脈圧は弱く、脈圧に強弱が認められた。心拍数は頻拍で、不整であった。小さな収縮期性心雑音が、左右の心尖部（右心尖部で最大）で認められた。肺音は亢進していた。実施した心電図検査の第Ⅰ、Ⅱ、Ⅲ誘導（25mm/秒、1cm＝1mV）を**4**に示す。

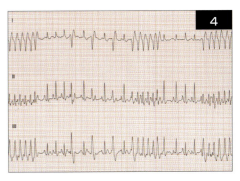

i. 心電図検査による診断は何か？
ii. この症例を、まずどのように治療すべきか？
iii. 次の検査は、何が推奨されるか？

解答3、4

3 i. 胸腔の右側、腹側の不透過性が亢進している。横隔膜は、左脚の背側の一部が確認できるが、その他の部位は不透過性の亢進によって不明瞭となっている。気管は背側に偏位しているが、背腹像では正中位を維持している。心臓も背側、左側に偏位している。左側肺葉は、明瞭な血管陰影と共によく拡張している。胸腔の不透過性亢進部は、軟部組織、液体および胎子骨格など様々な透過性を認める複合陰影である。胎子の頭蓋骨の1つは明らかに第5肋間の腹側に認められ、別の胎子の腰椎は腹側において腹腔から胸腔にかけて交差している。

ii. 妊娠子宮とおそらく肝臓の胸腔内偏位を伴う右側の横隔膜ヘルニアと診断される。胎子骨格の石灰化の程度から妊娠後期と考えられ、死亡胎子は認められない。胎子の状態を把握するためには、超音波検査が有効である。横隔膜ヘルニアにおいて胸腔内へ逸脱しやすい腹腔臓器は、肝臓、胃、そして小腸であると報告されている。妊娠子宮による横隔膜ヘルニアの例も、犬において複数報告されている。

4 i. 心電図の冒頭、中間直後および右側端に、発作性心室頻拍（300 bpm）が記録されており、断続的な洞性頻拍（180 bpm）も認められる。単独の心室期外収縮波形も出現しており、第Ⅰおよび第Ⅲ誘導で容易に確認できる。洞性波形は、正常な電気軸を示している。P波は若干延長して（0.05秒）、左心房拡大を示唆している。洞調律のQRS波もまた延長しており（～0.08秒）、心筋疾患や心室内伝導異常を示唆している。その他の波形は正常である。1 mm = 0.04秒、25 mm/秒。

ii. 心室頻拍の急性治療の第一選択薬は、リドカインの静脈内投与である。速やかに静脈留置針を装着し、酸素吸入も有効である。必要があれば症例を移動させ、ストレス負荷を最小にすべきである。

iii. できるだけ早く原因疾患を識別すべきである。血液検査により、電解質異常、代謝異常、血液学的異常をスクリーニングし、心臓構造と機能の確認のため胸部X線検査（必要があれば腹部X線検査も）と心エコー図検査を実施する。リドカイン投与が効果を示さない場合や長期治療を行う場合には、さらなる抗不整脈剤を使用する（参考文献参照）。その他治療は、検査の結果次第である。この犬は、拡張型心筋症と診断された。

5 12週齢の子猫の飼い主が、呼吸音が大きいとのことで来院した。子猫は、4週間前に保護施設より引き取られ、正常な呼吸と共に様々な音が常に聞こえた。その音は、猫の成長に伴って目立つようになり、特に興奮時に大きくなった。時々、摂食時に喉を詰まらせるが、それ以外は正常だった。身体検査では、吸気時のかん高い喘鳴と重度の努力性吸気が唯一の所見である。鎮静下に気管支鏡検査が実施された（**5** 1：軟口蓋によって盛り上がった分泌物、2：軟口蓋、3：喉頭蓋）。

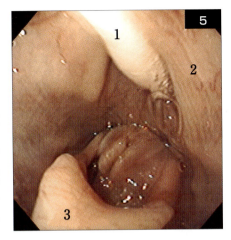

i. どのような異常所見が認められるか？
ii. この症状の原因は何か？
iii. この症例をどのように治療するか？

6 12歳、避妊雌のスプリンガー・スパニエルが、元気がなく、呼吸困難を示している。身体検査では、虚弱、努力性呼吸、心音微弱、頸静脈怒張、そして波動感を伴う腹囲膨満が認められた。X線検査と電気的交互脈を認める心電図検査から、心タンポナーデを伴う心膜液貯留が疑われた。心エコー図検査は、まだ実施できていない。症例の切迫した状

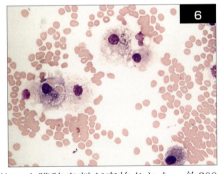

況から、心タンポナーデの解除を目的に心膜腔穿刺が実施された。約300 mlの濃血様の心膜液が抜去された。心膜液の性状は、血様、細胞数6,110 /μl、pH 6.4、総蛋白濃度5.7 g/dl、PCV 73％であった。心膜液細胞のサイトスピン塗抹像を**6**に示す（ライト染色、50倍油浸像）。

i. 細胞診のどのような所見により、採取した心膜液が医原性出血ではなく、病的な出血であると示すことができるか？
ii. この犬の出血性心膜液貯留の原因として考えられる疾患は何か？

解答5、6

5 i. この写真は吸気時に撮影されたもので、喉頭の披裂軟骨および声帯ひだの外転が障害されていることを示している。この所見は、喉頭麻痺の特徴である。

ii. この症例の喉頭麻痺は、先天性の可能性が考えられる。一般に先天性喉頭麻痺は、シベリアン・ハスキー、ブービエ・デ・フランドール、ブルテリアなどの犬種でよく認められる。麻痺は、頸部外傷の結果生じる。この子猫の過去に何があったかは不明である。後天性喉頭麻痺は、老齢動物でよく発生する。ラブラドール・レトリーバーに認められるような特発性や、重症筋無力症や甲状腺機能低下症に認められるポリニューロパチー、前胸部腫瘍、その他の腫瘍疾患に続発性に発生する。（注：その他に猫の上部気道閉塞の原因となる疾患は、鼻咽頭ポリープ、喉頭リンパ腫、その他腫瘤病変である。）

iii. 上部気道閉塞の緩和には、外科的な片側披裂軟骨側方化術が最も良く、通常良好な結果が得られる。術後に誤嚥性肺炎の合併が認められることがある。

6 i. 採取した心膜液に、細胞質内に赤血球を貪食（赤血球貪食）したマクロファージが存在することと、血小板が認められないことが、病的出血であることの指標である。ヘモジデリン（**6**のマクロファージの細胞質内に濃紺に染色されて認められる）もまた病的な出血の指標である。ヘモジデリンは貪食された赤血球が分解された結果、細胞内に貯蔵された鉄の複合体である。ヘモグロビンの変性により形成される黄色結晶のヘマトイジンも、もうひとつの病的出血の指標である。

　心膜液の採材と分析との間に著しく長い時間経過がないならば、医原性の出血の場合には血小板が認められ、赤血球貪食、ヘモジデリンやヘマトイジンが認められない。

ii. この年齢の犬では、腫瘍性の心膜液貯留が最も一般的である。血管肉腫や、より少ないが非クロム親和性傍神経細胞腫が、犬で心膜液貯留を引き起こす最も一般的な腫瘍である。このような症例では、慎重な心エコー図検査によって腫瘤病変をしばしば認める。中皮腫やその他腫瘍が心膜液貯留の原因となることもある。特発性心膜液貯留も犬でしばしば認められるが、より若い症例で認められる。この症例は、剖検により右心耳に発生した血管肉腫が認められた。

設問7、8

7 年齢不詳の犬の飼い主が、運動耐性が低下してきていると来院した。身体検査では、左側胸壁を最大とする心雑音以外に目立った所見はなかった。

i. 心雑音が聴取されたとき、鑑別診断のために最も重要な特徴は何か？
ii. 左側胸壁より聴取される心雑音の主な原因は何か？

8 11歳、避妊雌のアメリカン・コッカー・スパニエルが、1週間前に山へ散歩に行った後より始まった発咳を主訴に来院した。発咳は次第に重度となっており、特に朝と就寝前にひどくなっている。この症例はうっ血性心不全を疑って紹介されたが、最初に実施したフロセミドによる治療で発咳は改善しなかった。過去の治療歴は、動脈管開存症（3カ月齢時に閉鎖）、子宮蓄膿症（2年前に卵巣子宮摘出術により治療）、腺癌および混合線維肉腫の乳腺腫瘍（1年半前に切除し、その後に転移徴候を認めず）、初期の変性性房室弁疾患、高血圧症、散発する第2度房室ブロック等である。シクロフォスファミド、ピロキシカム、エナラプリルが経口投与されている。身体検査では、三尖弁領域からグレード1/6の収縮期性心雑音と、吸気時にクリック音が聴取される以外に著変は認められなかった。胸部X線検査では、右肺後葉の末梢に特異な結節性病変が認められ、結節は太い肺葉気管支に重なっているように認められた。

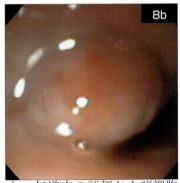

その他にX線検査像に著変は認められなかった。気道内の評価および細胞診と培養検査の採材のため、気管支内視鏡検査が実施された。8a、bは、右後葉気管支内の様子である。

i. 1つの末梢の肺腫瘤病変が、重度の発作性発咳の原因となりうるか？
ii. 他にどのような異常が考えられるか？
iii. 気管支内視鏡像は、何を示しているか？

解答7、8

7 i. 時相（収縮期性、拡張期性、連続性）、最強点（PMI）、PMIにおける大きさである。心雑音の聴取できる心周期の時相は、発生源の特定に有効である。どのように正常心音（S_1とS_2）が発生しているかを知り、収縮期（S_1とS_2の間）と拡張期（S_2の後から次のS_1までの間）の時相を症例毎に理解することは重要である。PMIは、心雑音が最大となる胸壁の左右や弁口部名称（あるいは心尖部や心基底部など）によって表現される。心雑音の強度は通常6段階に分類される。

グレード	心雑音
1	周囲が静かでなければ確認できない非常に小さな心雑音
2	容易に聴診できる小さな心雑音
3	中程度の強さの心雑音
4	前胸部の振戦を伴わない大きな心雑音
5	前胸部に振戦が触知できる大きな心雑音
6	前胸部に振戦が触知できる非常に大きな心雑音で、胸壁からわずかに聴診器を離しても聴取できる

心雑音のいわゆる「形状」、放散、質、調子などが、確認すべきその他の特徴である。

ii. 左側心基底部の収縮期性心雑音は、通常は駆出（漸増漸減）性心雑音であり心室の流出路障害に起因して生じる。生理学的心雑音（発熱、興奮、甲状腺機能亢進症、貧血など）は、駆出血流の速度亢進や乱流に起因して生じる。血流量の増加は、弁口部のいわゆる相対的な狭窄によって心雑音の原因となることがある。小さな心雑音（無害性あるいは機能性心雑音）は、構造的に異常を認めない心臓において時々認められる。僧帽弁逆流は、左側心尖部で最強となる全収縮期性（あるいは漸減性）心雑音を生じる。原因は、僧帽弁の変性、感染、先天性異形成、左心室拡大などである。

8 i. 末梢にある結節の位置、主な気道からの明らかな距離から、この犬の激しい発咳の発現は異常であり、原因疾患はより大きな気道内に存在していると考えられる。したがって、外科的な腫瘍切除術（右後葉切除術）に先だって、気管支肺胞洗浄と共に気管支内視鏡検査が実施された。

ii. 主な気道の虚脱、感染性あるいはアレルギー性気管支炎、気道内異物（吸入してしまった草木の一部など）、および気道内への腫瘍性病変の浸潤。

iii. 右後葉気管支内に挿入すると、表面円滑な充実性の膨隆が認められる（8a）。腫瘤は蒼白で、この気管支内でのみ明確に確認された（8b）。X線像では明確にならなかったが、この肺結節は右後葉気管支に浸潤しており、発咳の要因となっていた。その他の気道に異常は認められなかった。外科的に摘出した腫瘍の病理組織学的診断では、未分化型の肺肉腫と診断された。原発性肺腫瘍が除外されたわけではないが、以前の混合線維肉腫の乳腺腫瘍の遅発性転移が示唆された。

設問9、10

9 16歳、雄のプードルが、長期にわたる間欠的な興奮時の発咳を主訴に来院した。発咳は、先月より悪化し持続性となっていた。これまでの数日間は呼吸障害を生じており、来院時には著しい努力性吸気とチアノーゼを伴った呼吸困難を呈していた。緊急的なX線検査が、側方向像のみ実施された（**9a**）。

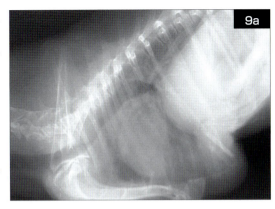

i. 呼吸困難の原因は明らかであるか？
ii. 原因から考えられる鑑別診断は何か？
iii. 胸腹部の腹側に認められる体壁の形状について説明せよ。

10 8歳、雄のバセンジーが、慢性的な発咳を主訴に来院した。身体検査では乾性発咳が認められ、気管の触診で発咳は容易に誘発された。聴診では、心音は正常であるが、呼吸音が増大して腹側で肺捻髪音が聴取された。胸部X線検査では、びまん性に気管支間質パターンが観察された。気管支肺胞洗浄が実施され、洗浄液のサイトスピン塗抹標本（**10a**：ライト染色、100倍油浸）と直接塗抹標本（**10b**：ライト染色、20倍）が作成された。

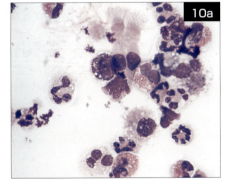

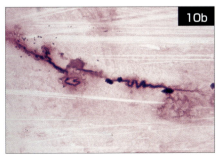

i. **10a**に認められる所見は何か？
ii. **10b**に認められる構造および気管支肺胞洗浄液の所見を述べよ。
iii. 診断のため追加すべき検査はあるか？　どのような検査が推奨されるか？

解答9、10

9 i. はい。第1肋間において軟部組織あるいは液体様の不透過性を有する気管内腫瘤（腫瘤による影響）が認められ、気管背側縁を不明瞭にして内腔を著しく狭小化している。その腫瘤は気管背側縁で先細りしていることから、壁側性か、広基性の管腔内病変が示唆される。病変より尾側の気管径が十分であるにも関わらず、肺の拡張は乏しい。横隔膜弓

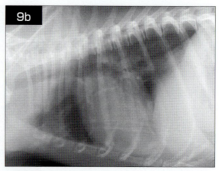

が頭背側に、剣状軟骨が縦位に明らかに偏位していることから、頭側の腹壁が胸腔内へ引き込まれているように観察される。
ii. 気管の閉塞性病変は、壁在性の腫瘤（炎症性［乳頭腫瘤や肉芽腫など］あるいは腫瘍性）、気管内病変（膿瘍、肉芽腫、寄生虫、異物）、気管外病変（気管近傍の出血、腫瘍、膿瘍、肉芽腫）などが考えられる。この犬は、緊急手術により、液体を貯留した薄い壁構造の嚢胞が摘出された。術後は、胸腔の輪郭は正常に復した（**9b**）。
iii. 横隔膜の形状と、吸気時に剣状軟骨と腹壁が胸腔内に引き込まれている像は、重度の上部気道狭窄を表している。外肋間筋の収縮が肋骨を外側へ牽引し、強い胸腔内陰圧は、横隔膜腹側や剣状軟骨を頭背側へ引き込む。この様子は、漏斗胸に似ている。このような吸気時の逆相の動きは、睡眠時無呼吸症候群のイングリッシュ・ブルドッグで報告されている。呼吸困難を呈した症例において、胸骨の背側への偏位は、上部気道狭窄（鼻咽頭部を含む）の鑑別を進めるべきである。

10 i. この標本には、好酸球性、好中球性の炎症像が認められる。さらに、2つの繊毛円柱上皮細胞、2つの肺胞マクロファージ、および肥満細胞が1つ観察される。
ii. 図に認められる構造はクルシュマン螺旋体で、粘稠な粘液により細気管支が閉塞すると産生される。気管支肺胞洗浄液中にクルシュマン螺旋体が認められる際は、粘液産生が亢進した細気道における疾患が指摘される。
iii. はい。気管支肺胞洗浄液の微生物学的培養検査が、感染症による気管支炎の鑑別に有用である。特に好酸球性炎症が認められるため、犬糸状虫症や肺線虫の抗原検査が寄生虫疾患の鑑別に有用である。心電図検査と心エコー図検査は、心疾患の鑑別に有用である（この症例では異常は認められなかった）。全血球計算、血清生化学検査、尿検査によっても、診断に役立つ情報を得ることができる。この症例では、原因は明確にならず、慢性気管支炎として治療された。

設問11

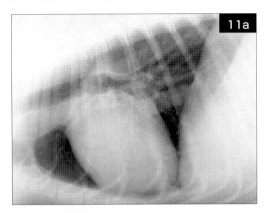

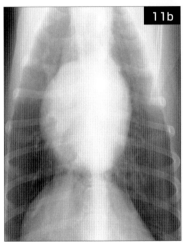

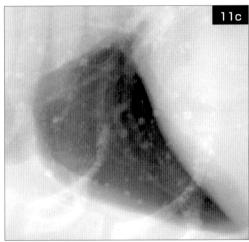

11 11歳、雄のコリーが鼻のしこりを主訴に来院した。柔軟だったしこりは、1カ月間で硬結となった。症例が老齢であったため、潜在的な遠隔転移の可能性を評価するために、胸部X線右側方向像（**11a、c**）と背腹像（**11b**）が撮影された。

i. 肺転移を疑う所見は認められるか？
ii. 肺結節性病変における悪性と良性の鑑別はどのように行うか？

解答11

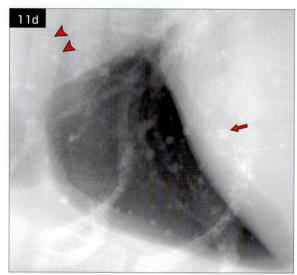

11 i. いいえ。肺野には、びまん性に小結節が認められるが、結節はすべて同様の大きさで不透過性が著しく、骨の不透過性に類似している。**11d**（頭側胸腔腹側の拡大像）における赤矢頭は、肋骨陰影との重なりで不透過性がさらに亢進した（重なり合った）2つの小結節を示している。小赤矢印に示す結節には、辺縁に鉱物様のリング状陰影が観察される。さらにいくつかの結節は球状ではなく、やや不規則な形に観察される。これは石灰化した肺結節の典型的な像であり、肺骨腫、異所性骨形成（軟部組織中における骨外性骨異形成）、生物学的活性を伴わない結節の石灰化像としても知られている。これらは多くの犬種において観察されるが、コリー種においてよく認められる所見である。これは、偶発的な所見であると考えられる。肺転移像に典型的な、様々な大きさの軟部組織様小結節は認められない。

ii. 生検を実施せずに、良性肺結節と悪性肺結節の鑑別診断は不可能である。繰り返されるX線検査は、結節の数や大きさの変化を評価するのに有効である。一般に結節の数や大きさの増加は、結節に生物学的活性が存在することを示す。悪性結節は、良性に比較してより急速に進行する傾向があり、数カ月にわたって大きさや数に変化が認められない結節像は、生物学的活性が認められず良性である。無治療の感染性肉芽腫は、進行し続ける。結局のところ、鑑別診断には生検の実施が不可欠である。

設問 12、13

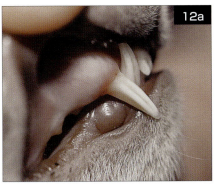
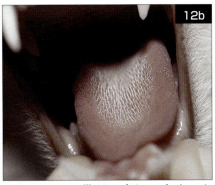

12 6カ月齢、雄のライラック・ポイント・シャム猫が、疲れやすく、よく努力性呼吸をしていると来院した。子猫は警戒しており、不安げな様子を示している。心拍数は200 bpmで正常調律である。聴診では、右胸骨縁において最大のグレード3〜4/6の収縮期性心雑音が聴取され、呼吸音も増大していた。前胸部の拍動は、増強しており両側性に触知された。大腿動脈圧は正常に触知される。左右頸静脈にも異常は認められない。口腔内所見は、12a、bに示すとおりである。

i. 口腔内に認められる異常所見は何か？
ii. 考えられるその原因は何か？
iii. 引き続いて実施すべき検査は何か？

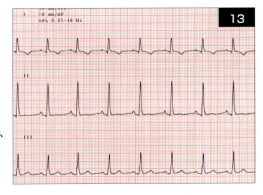

13 最近、保護施設より引き上げられた1歳、雄の短毛種の猫に、一般的な身体検査が実施された。左側心尖部より全収縮期性の大きな心雑音が聴取される以外には著変は認められなかった。心電図検査が実施された（**13**：第Ⅰ、Ⅱ、Ⅲ誘導、50mm/秒、1cm＝1mV）。

i. 心拍数と調律はどうか？
ii. 心電図波形に異常は認められるか？　認められるならば、それは何を示唆するか？
iii. 検査結果より考えられる心雑音の鑑別診断は何か？

解答12、13

12 i. チアノーゼが認められている。口腔内粘膜色や舌色が、灰青色（曇った色）を呈している。

ii. 中心性チアノーゼは全身的な低酸素血症により発生し、末梢性チアノーゼは局所における循環障害（動脈血栓塞栓症や寒冷曝露など）に起因したヘモグロビン酸素飽和度の低下に関連している。不飽和ヘモグロビンが5 g/dl（50 g/l）を越えると、低酸素血症でチアノーゼが認められる。慢性的な動脈血低酸素血症は、赤血球産生を刺激して赤血球増多症（多血症）を引き起こし、酸素運搬能が増大する。正常なPCVを呈する動物では、明瞭なチアノーゼはたいてい重篤な低酸素血症（PaO_2が45〜50mmHg以下）を示唆する。多血症を呈した動物では、ヘモグロビン濃度の著しい上昇のため軽度の低酸素血症でチアノーゼを呈することがある。貧血の動物では、重篤な低酸素血症でもチアノーゼが認められないかもしれない。低酸素血症とチアノーゼが認められる状態では、粘膜色が変化してしまうため、一酸化炭素中毒やメトヘモグロビン血症の検出は難しい。そのような動物は、正常な動脈血酸素分圧（PaO_2）であっても、総血中酸素含有量は減少している。

中心性チアノーゼの一般的な原因は、重篤な肺疾患や胸腔内疾患、気道閉塞、肺水腫、低換気、先天性短絡性心疾患の右-左短絡である。運動は、骨格筋への血流が増加して末梢血管抵抗が減少するため、右-左短絡とチアノーゼを増加させる。

iii. 次なる検査として、胸部X線検査が推奨される。原発性の呼吸器の原因が明らかでない場合は、先天性心疾患の評価のためドプラ法と共に心エコー図検査を実施すべきである。血球容積（PCV）は、赤血球増多症の検出に有用である。

13 i. 心拍数はおよそ160 bpmであり、調律は正常洞調律である。

ii. P波は正常な形状（0.03秒×0.2mV）で認められ、P-R間隔も正常（0.08秒）である。QRS波は、延長（0.06秒）かつ増高（2.2mV、第Ⅱ誘導）しており、左室拡大を示唆する。QT間隔は正常（〜0.18秒）である。

iii. 症例の特徴、心雑音の存在部位、左心拡大の基準を考慮すると、先天性の僧帽弁異形成が鑑別すべき主な疾患である。二次的な僧帽弁逆流を伴った肥大型あるいは拡張型心筋症の早期発症例の可能性もあるが、このような若齢症例はまれである。心室中隔欠損症（VSD）は猫において一般的な先天性心疾患であり、たいてい左室拡大の原因となるが、VSDの典型的な心雑音は右側胸骨縁で最もよく聴取される。最終的に、この症例は重度僧帽弁異形成と診断された。

設問14、15

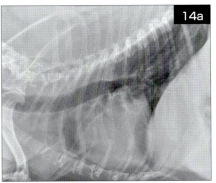
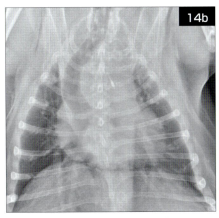

14 14歳、雌のスコッチ・テリアの飼い主が、眼瞼の小さな腫瘤の切除を希望して来院した。一般身体検査では、僧帽弁閉鎖不全症に起因した全収縮期性心雑音が、左側心尖部領域に聴取された。腫瘤切除術の麻酔に先だって、僧帽弁閉鎖不全症の重症度評価のため、胸部X線検査（14a、b）が実施された。これまで、循環器呼吸器に関連した臨床徴候は認められていない。

i. 本症例の診断は何か？ また、腫瘤病変を疑う所見はあるか？
ii. どのように確定診断すればよいか？

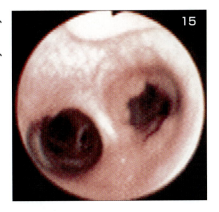

15 9歳、雄のポメラニアンの雑種が、特に興奮時に慢性的な発咳が認められると来院した。飼い主は、犬は元気で、日常の行動はごく普通であると述べている。発咳は、大きな、短い空咳のように観察された。グレード2/6の全収縮期性心雑音が左側胸壁より聴取され、僧帽弁閉鎖不全症によるものと思われた。胸部X線検査では、軽度の左心房拡大が認められたが、うっ血性心不全の徴候は認められなかった。気管支内視鏡検査が実施され、気管分岐部の像を15に示す。

i. 気管支内視鏡検査所見を述べよ。
ii. この原因は何であると考えられるか？
iii. この症例は、どのように治療すべきか？

解答14、15

14 i. これらX線像には、左心房拡大を疑う所見が認められる。心陰影は、この犬独特の胸腔形状（短くて幅広い）の影響を受け、最初から全体的に大きく見てとれる。心臓椎体総計（VHS）は、軽度に上昇（VHS＝10.7v）しているにすぎない。肺血管陰影は正常な大きさに観察されるが、老犬によく見られる気管支間質サインの軽度増加が観察される。本例で聴診される僧帽弁閉鎖不全症は、この時点では血行動態的に軽度と評価される。背腹像の気管分岐部前方において、遠位気管の奇妙な右方偏位が認められる。こ

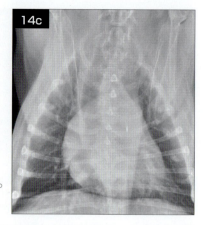

の像では頭側の縦隔がわずかに幅広く、腫瘤病変が疑われる。しかし、側方向像では気管の偏位や頭側縦隔の不透過性の明らかな亢進は観察されない。

ii. 気管は可動性の構造であり、犬では頸部の腹側への屈曲によりその位置をしばしば右側へ偏位させる。頸部を伸展させて再度X線撮影することにより、動的な気管の偏位か腫瘤病変かを明らかにすることができるはずである（**14c**）。

15 i. 左主気管支内腔が、右側に比較して狭小化している。その組織は、起伏して重なって認められ、気管支内腔へと続いている。

ii. 粘膜面の重なりを伴う気管支輪の脆弱化は、複合的な気管虚脱の一部として生じることがある。元来、頸部気管や胸部気管が罹患するのが一般的で、余剰となった粘膜面は、背側の気管筋の内腔への垂れ下がりとしてX線像で明らかとなる。気管支の気道が（気管単独あるいは気管虚脱と共に）罹患した場合には、X線像は正常に認められる。気管支虚脱の診断には、気管支内視鏡検査あるいはX線透視検査が必要である。ある例では、気道の虚脱が、腫瘤病変や重度左心房拡大などの外部圧迫によって引き起こされる。この症例の左心房は、圧迫を引き起こすほど大きいとは思われなかった。

iii. 気道の虚脱は、通常は内科療法により管理される。内科療法は、（局所炎症を刺激する）発咳の発作を減らすための鎮咳剤や、運動制限、そして肥満した症例では（胸腔内圧と圧迫の減少のために）体重減少が実施される。小気道の疾患を併発している場合には、気管支拡張剤や、時に短期間のコルチコステロイドの使用が有用である。重篤な例では、低酸素血症により生命を脅かすような完全な虚脱を認める部位に、気道開放の維持のためステント装着がなされることもある。

設問16

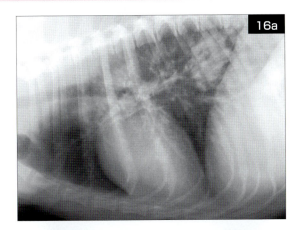

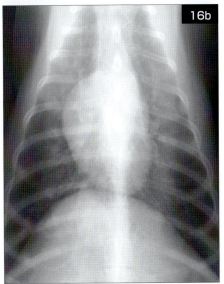

16 2歳、去勢雄のブリタニーが、4週間前からの湿性発咳を主訴に来院した。肺炎を疑って2週間にわたる抗生剤治療が実施されたが、効果が認められなかった。全血球計算では、白血球数が38,800/μl（好中球24,900/μl、リンパ球1,880/μl、単球287/μl、好酸球11,800/μl）であった。胸部X線検査が実施された（**16a、b**）。

i. 肺野に認められるパターンは何か？
ii. 犬におけるこの肺野パターンの鑑別診断は何か？
iii. 診断のために追加すべき検査は何か？

解答16

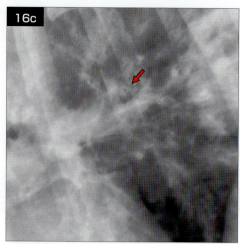

16 i. 右後葉の背内側に限局性の腫瘤病変を伴う、軽度のびまん性気管支パターンが認められる。

ii. 気管支陰影が明瞭であるならば、気管支壁構造の評価は重要である。この症例において、薄く、明瞭に確認できる気管支壁はおそらく石灰化であり、臨床上意味のない加齢性変化と思われる。気管支壁が肥厚して内腔と外壁が共に明瞭に観察できるならば、慢性炎症が最も疑われ、アレルギー反応、刺激物の吸引（煙）、寄生虫起因の炎症、好酸球浸潤などが鑑別診断としてあげられる。内腔は明瞭だが、外壁が不明瞭となった肥厚した気管支壁は、気管支周囲の間質肥厚（**16c、矢印**）と考えられ、肺水腫、好酸球浸潤、気管支肺炎などが鑑別診断にあげられる。

iii. この症例の好酸球増多症は、過敏反応が示唆される。好酸球増多症の程度は異常であるが、糞便検査による寄生虫検索と犬糸状虫抗原検査を実施すべきである。陰性であるならば、気管支内視鏡検査と気管支肺胞洗浄液の細胞診および培養検査の実施が考慮される。しかし、この症例のように、好酸球性気管支肺症（肺の好酸球浸潤）は、しばしば原因の確定診断に至らない。X線像の腫瘤による影響は、好酸球性肉芽腫や膿瘍の存在を意味するかもしれない。さらなる評価は、飼い主に許可されなかった。

設問17

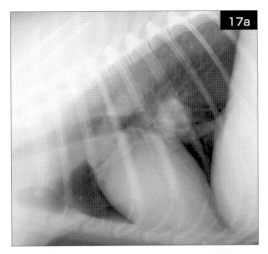

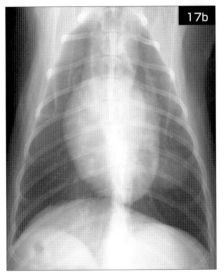

17 10歳、避妊雌のトイ・プードルが、1カ月前から1日中の乾性発咳を主訴に来院した。症例は、その他に異常は認められず、身体検査も正常であった。胸部X線検査が実施された（**17a、b**）。

i. 主な所見は何か？
ii. 鑑別診断は何か？
iii. このような症例に、CT検査を行う理由は何か？

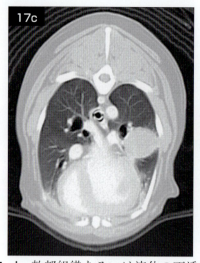
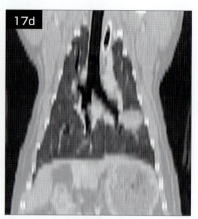

17 i．軟部組織あるいは液体の不透過性を示す球状の腫瘤が、左後葉肺門部にひとつ認められる。腫瘤はおよそ二肋間の幅で、頭腹側以外にはマージンを伴っている。その他の胸腔内構造に著変は認められない。

ii．犬において単独の肺腫瘤病変の最も一般的な原因は、原発性の肺腫瘍である。その他の鑑別診断は、肉芽腫、膿瘍および囊胞である。

iii．症例の予後評価のため、腫瘍の病理組織学的なグレード評価は重要であるが、支配リンパ節の腫大やその他肺葉への浸潤の識別もまた重要である。CT検査はX線検査に比べて、気管気管支リンパ節の腫大や肺転移において優れた検出感度を有している。また、CT検査像は手術計画においても役立つはずである（**17c、d**）。この症例は、気管支肺胞癌と診断された。

設問18、19

18 3歳、雄のドーベルマン・ピンシャーが、10日前から食欲不振、虚弱、発咳を認めるようになり来院した。症例は、無気力で頻呼吸を呈している。可視粘膜は蒼白で、CRTはわずかに延長している。心拍数は調律不整で頻拍であり、触診による脈圧は弱く、変動している。頸静脈は正常である。軽微な収縮期性心雑音が左側心尖部に認められる。胸部X線検査像は、中程度の肺水腫を伴った心拡大を示している。心電図検査が実施された（**18**：第Ⅰ、Ⅱ、Ⅲ誘導、25mm/秒、1cm＝1mV）。

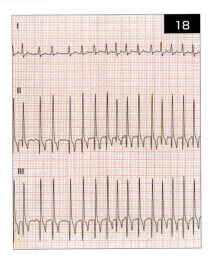

i. 心電図検査所見を述べよ。
ii. 症例が有する問題は何か？
iii. 初期の治療目的は何か？

19 12歳、雄のグレー・ハウンドが、1カ月以上にわたって再発する呼吸困難を主訴に来院した。症例は落ち着いているが、十分に敏感である。胸部聴診では、心音と肺音が不明瞭である。胸部打診では、両側性の水平な濁音境界が認められる。頸静脈は、両側性に怒張している。簡易な胸部超音波検査では、胸水貯留と軽度の心膜液貯留が確認され、胸腔穿刺によって400mlの黄色透明な胸水が抜去された（比重1.020、総蛋白2.4g/dl、アルブミン1.5g/dl、グロブリン0.9g/dl、A/G比1.67）。胸水の細胞診では、良好な保存状態で中程度の細胞量（白血球数60/μl）が確認され、多数の小リンパ球、わずかな好中球、空胞形成し活性化した多数のマクロファージとともに、赤血球が散見された。多くのマクロファージには、赤血球貪食が認められた。弱塩基性の蛋白様構造を背景に反応性の中皮細胞が観察されたが、明らかな腫瘍性細胞は確認できなかった。通常の細菌培養および*Actinomyces*と*Nocardia*の培養は共に陰性であった。

血清生化学検査では、コレステロール（316.6mg/dl、正常値146.7〜270.3mg/dl）、BUN（30.8mg/dl、正常値5.6〜25.2mg/dl）、Cre（2mg/dl、正常値0.3〜1.4mg/dl）に軽度上昇、アルブミンの中程度低下（1.5g/dl、正常値2.2〜3.5g/dl）が認められた。試験紙による尿検査（自然排尿）では、明らかな蛋白尿が認められた。

i. この症例より抜去された胸水の分類は何か？
ii. この分類の胸水の鑑別診断は何か？
iii. 追加検査として何が必要か？

解答18、19

18 i. 心拍数は200 bpmであり、調律は心房細動（AF）を呈している。平均電気軸は正常（〜90°）である。心房の無秩序な電気的興奮が、AFの特徴である。正常な心房の脱分極が欠損するためP波は消失し、心電図基線の不規則な波動（細動あるいは「f」波）が出現する。房室伝導速度や回復時間に依存するが、心室の拍動数は常に不規則であり、しばしば頻拍を認める。AFを伴っているが（異常な心室内伝導が共存してしなければ）、QRS波はほとんど正常に認められる。QRS波の振幅に認められるわずかな変化は、一般的である。

ii. 臨床徴候からは、肺うっ血と低心拍出量が示唆される。左心に影響を及ぼす先天性心疾患が長期に存在していた可能性があるが、拡張型心筋症が疑わしい。心房の拡張は、AFを起こしやすい。AFは、原因となった心疾患によるうっ血性心不全を進行させる。心疾患の進行は交感神経を活性化させ、房室伝導や心拍数を増加させる。AFの無秩序な心房興奮は、頻拍時の最適な心室充満に重要である効果的な心房収縮を妨げる。したがって、AFの制御されない心拍数と「心房収縮」の消失は、心室充満を減少させ、心拍出量を減少し、うっ血を促進させる。

iii. 心臓充満と心拍出量の改善（ジルチアゼムの静脈内投与）、および酸素化（フロセミドの静脈内投与、酸素吸入）の改善のために、速やかに心拍数を減少させる。その後、継続した病態評価および治療を実施する。

19 i. 胸水の分析では、長期に貯留していた漏出液が示唆され、胸腔内へ炎症細胞が誘引されている（変性漏出液）。

ii. 鑑別診断には、うっ血性心不全、腫瘍、横隔膜ヘルニアや肺葉捻転のような胸腔内臓器の損傷があげられる。低アルブミン血症（コロイド浸透圧の低下）は、胸水漏出を増加させる。大量の胸水貯留や右心不全、右室流入障害などでは、中心静脈圧の上昇と頸静脈の怒張が生じる。

iii. 膀胱穿刺により採取された尿より、尿蛋白／クレアチニン比を計測すべきである。本症例では2.7であり、蛋白漏出性腎症が示唆された。尿の細菌培養は陰性であった。腎生検により、組織学的な診断が可能となる。心疾患あるいは胸腔内疾患の鑑別のためには、胸腔穿刺後にX線検査と心エコー図検査も推奨される。

設問20、21

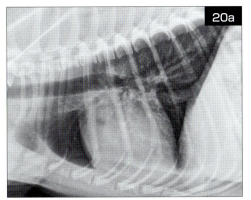
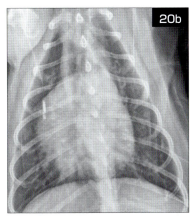

20 9歳、体重6kg、去勢雄の雑種犬が、健康診断のために来院した。日常生活において特に問題はなかった。身体検査では、左側心尖部より軽度の収縮期性心雑音が聴取される以外に問題はなく、初期の変性性弁膜疾患が疑われた。胸部X線検査が実施された（**20a**：側方向像、**20b**：背腹像）。

i. 椎骨心臓サイズ（VHS）とは何か？
ii. VHSは、どのように計測するか？
iii. VHSの標準値はいくつか？
iv. VHSは、猫においても利用できるか？

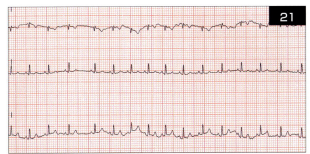

21 11歳、雌の短毛種の猫が、発咳と間欠的な開口呼吸を主訴に来院した。発咳は数カ月前より認められるようになっており、発咳や開口呼吸の間、症例は床に平行になるように頭頸部を伸展させていた。その他に著変は認められなかった。心電図検査が実施された（**21**：第Ⅰ、Ⅱ、Ⅲ誘導、25 mm/秒、1cm＝1mV）。

i. 心電図検査所見を説明せよ。
ii. QRS波が不整に発生しているのはなぜか？
iii. 臨床的に意義はあるか？　あるならばどのようなものか？

20 i. VHSは、脊椎の長さと比較して心臓の大きさを計測するものである。胸腔形状に関わらず体長と心臓の大きさはよく相関するため、VHSは心拡大の検出や定量に有用である。

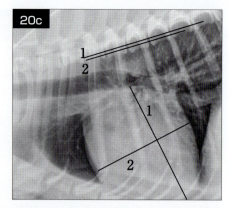

ii. X線側方向像において、気管分岐部（左主気管支基部）の腹側縁から心尖部までの心臓長径（1）を計測する（**20c**）。心臓中央3分の1の領域において、心臓長径に対して垂直に最大の心臓短径（2）を計測する。計測した1と2の長さを、第4胸椎の頭側縁からの胸椎長と比較する。それぞれの長さを、最も近い椎骨長（v）に0.1単位で推定する。この合計がVHSである。この症例では、10.2vであった。

iii. 多くの犬で、VHSは8.5～10.5vであるが、いくつかの犬種特異性が認められている。例えば、ミニチュア・シュナウザーのような胸腔の短い犬種では11vまでが正常値とされ、ダックスフンドのような胸腔の長い犬種では9.5vまでが正常値とされている。

iv. はい。X線側方向像における猫のVHSの正常値は、6.7～8.1v（平均7.5v）である。猫では背腹あるいは腹背像も利用することが可能であり、4vまでの心臓短軸が正常である（側方向像における第4胸椎から計測）。

21 i. 調律は洞性不整脈で、心拍数は～200bpmである。平均電気軸や波形は正常である。

ii. 洞性不整脈は、副交感神経緊張の増減によって生じる。洞性不整脈は、正常犬では一般的な所見であるが、病院に来院した猫で認められることはほとんどない。洞性不整脈は落ち着いて休んでいる猫で記録されるが、（来院した猫のように）興奮した猫において認められる場合には、しばしば副交感神経緊張の亢進の結果である。

iii. 一般に、副交感神経性緊張の亢進に関係する疾患は、呼吸器疾患、胃腸疾患、および中枢神経疾患である。この症例の洞性不整脈は、呼吸器疾患（犬糸状虫症や肺の寄生虫疾患は特定地域における発生であるため、おそらく猫喘息）に続発して生じている。洞性不整脈そのものは臨床的に重要ではなく、頻発する期外収縮や心房細動などその他の不整脈と明確に区別すべきである（注：猫において、うっ血性心不全の徴候として、発咳はまれである）。

設問22、23

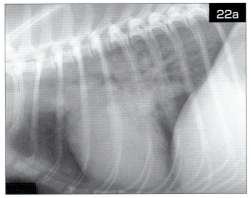
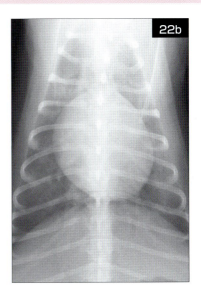

22 アメリカ中西部より2歳、避妊雌のシー・ズーが、2カ月前からの間欠的な元気消失、食欲不振、体重減少、および最近では単回の下痢、嘔吐を主訴に来院した。症例は、元気がなく削痩していた。身体検査では、40℃の発熱、軽度の頻呼吸（52回/分）、可視粘膜蒼白、複数の体表リンパ節腫大、肝臓と脾臓の腫大が認められた。X線胸部右側方向像（**22a**）と背腹像（**22b**）が実施された。

i. 胸腔内のリンパ節腫大は認められるか？
ii. 異常な肺パターンは認められるか？
iii. X線検査における診断は何か？

23 4歳、避妊雌のジャーマン・シェパードが、最近元気がなく、失神しそうであると来院した。飼い主は、2～3週間前より調子が悪くなったと言っている。投薬は実施されていなかった。症例は警戒しており、栄養状態は良好である。体温は、呼吸数や呼吸状態と共に正常である。頸静脈怒張は認められないが、強い頸静脈拍動が心拍数よりも遅い速度で時折認められる。聴診では、規則的な徐脈（心拍数50 bpm）以外に著変は認められない。大腿動脈圧はかなり亢進していた。

i. 徐脈の鑑別診断は何が考えられるか？
ii. この症例で、亢進した大腿動脈圧は期待されるか？
iii. 断続的な頸静脈拍動は、診断の手がかりとなるか？ なるならばどのようなものか？
iv. まず、どのような検査を実施すべきか？

解答22、23

22 i. 胸骨、前胸部、気管気管支リンパ節領域における軟部組織容積の増加は認められない。体表にある末梢リンパ節が腫大しているならば、その他のリンパ節腫大の評価のため、胸部および腹部X線検査と超音波検査による評価が適切である。

ii. びまん性の無構造な間質パターンが認められる。肺血管と含気した肺のコントラストが減少することにより、肺の全体的な不透過性が亢進し、肺血管をより不明瞭化させる。

iii. びまん性の無構造な間質パターンは非特異的であり、原因による鑑別診断は、リンパ腫やその他の腫瘍、真菌性肺炎、びまん性出血、肺線維症などである。リンパ節腫大と肝臓および脾臓腫大が認められることから、リンパ腫が強く疑われる。しかし、発熱、肺の間質パターン、消化器症状、体重減少などは、広範な真菌感染が示唆される。膝窩リンパ節の針生検では、マクロファージによって貪食された*Histoplasma capsulatum*と共に反応細胞の集簇が認められた。

23 i. この心拍数の規則的な徐脈は、洞停止あるいは持続性心房静止よりも、完全(第3度)房室ブロックに伴う心室固有補充調律においてよく認められる。その他の徐脈の原因は、断続的な房室ブロックや洞結節興奮率の変動(例えば、洞不全症候群、迷走神経緊張の著しい亢進、高カリウム血症による遅い洞室調律)のため、通常は不規則な調律となる。健康な犬は安静時に心拍数が緩徐となるが、活動性において低心拍出量による臨床徴候を示すことはない。

ii. はい。動脈圧の強さ(いわゆる「脈圧」)は、主に動脈の収縮期圧と拡張期圧の差に依存する。各心拍間の延長は、拡張期圧のさらなる低下と心室充満の増加をもたらし、より大きな心拍出量と振れ幅の大きい(亢進した)脈圧を呈する。

iii. 間欠的な心拍に関連した頸静脈拍動は、心房と心室の収縮が同時に生じる(房室解離)ときに発生する。これらはキャノンa波(大砲a波)と呼ばれ、房室弁閉鎖時の心房収縮に際して生じ、前後大静脈や頸静脈への逆流の原因となる。心室補充調律を伴う完全房室ブロックは、最も一般的な原因である。

iv. 心電図検査。

設問24、25

24 4カ月齢、雌の短毛種の猫が、運動不耐性と呼吸困難を呈している。2カ月前に初めて来院したときには、大きな収縮期性心雑音が聴取されたが、現在その雑音は小さくなっている。先天性心疾患が疑われ、心電図検査を実施した（**24a**：誘導は図に記載、25mm/秒、1cm=1mV）。

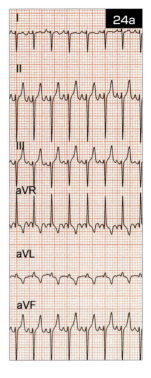

i. 心拍数および調律はどうか？
ii. 平均電気軸は正常か？
iii. 平均電気軸とは何か？
iv. どのように平均電気軸を計測するか？

25 7歳、去勢雄の短毛種の猫が、体重減少、元気消失、呼吸困難を主訴に来院した。身体検査では、頻拍、軽度の抑うつ、努力性呼吸、および呼気時により大きくなる呼吸音増大が観察された。X線検査では胸水貯留が観察され、穿刺により約200mlの乳白色の胸水が抜去された。胸水塗抹が作成された（**25**：サイトスピン塗抹、ライト染色、50倍油浸像）。

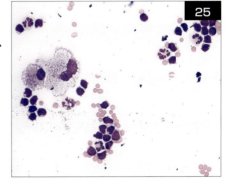

i. 上記所見および細胞診に基づき、この症例ではどのような胸水が疑われるか？
ii. 確定診断を下すために、どのような検査が推奨されるか？

解答24、25

24 i. 心拍数は210 bpmで、正常洞調律である。

ii. いいえ。平均電気軸は、右頭側に偏位している。

iii. 平均電気軸は、心室脱分極の平均方向を示す。広範な心室伝導障害あるいは心室拡大は、平均電気軸に異常を引き起こすことがある。

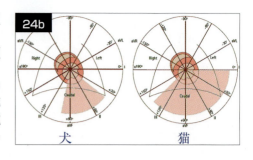

iv. 慣例的に前額面から見た誘導が、平均電気軸の評価に用いられる。電気軸の方向は、円周の角度（0～±180°）によって定義される（**24b**）。aVRおよびaVL誘導の陽極が、円周の陰極側に振れていることに注意すべきである。図において色分けされた範囲が、正常な平均電気軸を表している。平均電気軸は、以下の方法によって評価することができる。

- R波（陽性波）の最も高い誘導を求める。平均電気軸は、この誘導の陽極側を向いている。
- QRS波が最も等電位となる（陽性波高と陰性波高の差が小さい）誘導を求め、その誘導に垂直に位置する誘導をみつける。その誘導のQRS波がほとんど陽性波であれば、平均電気軸はこの誘導の陽極側を向いている。その誘導のQRS波がほとんど陰性波であれば、平均電気軸はこの誘導の陰極側を向いている。すべての誘導において等電位の心電図は、平均電気軸の算出は不能である。

25 i. 貯留している胸水は、乳びと思われる。乳びは、カイロミクロンを含んでおり一般的に乳白色を呈しているが、出血が生じていればピンク色になることもある。乳びの細胞診では、貪食した脂肪よりなる明瞭な細胞質の空胞を伴う様々な数の非変性性好中球や大単核球と共に、大半は小リンパ球が観察される。この症例の胸水も、主に小リンパ球と、少数の非変性性好中球およびマクロファージ（多数の小さく明瞭な細胞質の空胞を含む）よりなる有核細胞が認められた。

乳びは、心不全、外傷、胸腔内腫瘍や感染、および慢性的な発咳などの様々な状況によって、二次的に貯留することがある。

ii. 貯留した液体が乳びである確認は、乳びと血清中のトリグリセライドとコレステロール濃度の比較に基づいて行われる。乳び中のトリグリセライド濃度は、血清よりも3：1以上の高値を示す。乳びのコレステロール：トリグリセライド比は、1未満である。

偽乳びも認められることがあり、カイロミクロンを含まない乳白色の混濁した液体として定義される。偽乳びの乳白色の色調は細胞膜の変性に関連し、高濃度のコレステロールと低濃度のトリグリセライドを呈している。

設問26、27

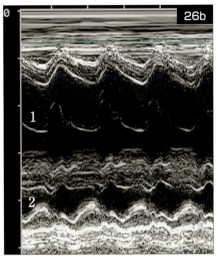
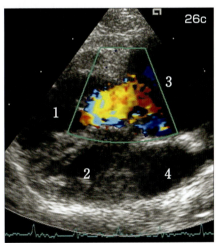

26 7歳、雌の短毛種の猫が胸水貯留の精査のために来院した。症例は、軽度の努力性頻呼吸を呈しており、液体貯留により腹部が膨満していた。肺音は、腹側において聴取しにくくなっている。心拍数は220 bpmで、右側心尖部で最大の3/6の収縮期性心雑音が聴取される。130 mlの変性漏出液を抜去した後は、呼吸数と努力性呼吸は改善した。腹腔穿刺においても、同様の液体を250 ml抜去した。採血の前に、頸静脈周辺を剃毛した（**26a**）心エコー図検査が実施された（**26b**：心室レベルMモード像、**26c**：右傍胸骨長軸像収縮期のカラードプラ像、1：右心室、2：左心室、3：右心房、4：左心房）。

i. 26aに認められる明らかな身体所見は何か？
ii. 心エコー図検査像をどのように解釈するか？
iii. この時点においてどのような治療が推奨されるか？
iv. この症例は、長期的にどのように治療すべきか？

27 犬の犬糸状虫症において、推奨される治療は何か？

解答26、27

26 i. 通常、右室充満圧の上昇は頸静脈怒張を引き起こすが、前大静脈の血栓症や頭側の縦隔腫瘤による静脈還流障害も、頸静脈怒張の原因となる。変性漏出液よりなる胸水と腹水の両者が存在する場合、頸静脈の怒張は基礎疾患となる右心不全、心タンポナーデ、あるいは一般的ではないが収縮性心膜疾患が存在するとてもよい指標となる。

ii. 慢性的な容量負荷に一致する右心室拡大と右心房拡大が認められ、左心室が小さくみえる。26cでは、重度の三尖弁逆流が認められる。この症例では、不整脈や右心室壁に限定する異常は認められないものの、長期経過した先天性の三尖弁異形成あるいは猫の不整脈原性右室心筋症が考察された。画像診断の追加は、さらなる三尖弁の構造評価に役立つ（この例は、肥厚した弁尖が観察された）。

iii. フロセミド、アンギオテンシン変換酵素阻害剤、ピモベンダンによるうっ血性心不全の治療が推奨される。スピロノラクトンも有用である。

iv. 監視すべき項目は、腎機能、血清電解質、血圧、呼吸数と呼吸状態、そして心臓調律である。貯留を繰り返す胸水の抜去と、強めの利尿剤治療が必要となるかもしれない。心房あるいは心室頻脈性不整脈が増悪し、さらなる治療が必要になるかもしれない。給餌は、猫の好むものを与えるべきである（減塩された餌が理想的である）。

27 メラルソミン二塩酸塩。いわゆる一般的な治療（2.5 mg/kg、腰椎軸上の筋肉深部に筋肉注射：24時間後に反対側へ同様投与）は、肺血栓塞栓症の治療が実施されたリスクの低い犬（クラス1：肺血栓塞栓症）に実施される。しかし、現在では、代わりの投薬プロトコールが、より重度の病態の犬だけでなくすべての犬糸状虫陽性犬に対して推奨されている。その代わりの投薬プロトコール（一般的な成虫治療の1回量投与後、4～6週間後に再投与）は、急激に大量の虫体が死滅することによる致命的な肺血栓塞栓症のリスクを軽減する。治療後、4～6週間の厳密な安静が重要である。可能であれば、この治療に先行して毎月の犬糸状虫予防薬とドキシサイクリン（10 mg/kg、12時間毎で4週間：*Wolbachia*駆除のため）の投与が推奨される。大静脈症候群を呈した犬は、外科的に犬糸状虫の摘出を行うまで、犬糸状虫駆除薬による治療は実施しない。

メラルソミンが入手できない場合、米国犬糸状虫学会では、以下を推奨している。
・肺病変を減じるため、犬の行動を制御する。
・慎重に感染予防治療を開始する。
・病変を軽減させ、感染の可能性を減じるために、ドキシサイクリン（前述の投薬量：成虫駆除剤が入手できるまで3カ月毎に繰り返す）を投与する。さらなる情報は、以下を参照（www.heartwormsociety.org）

設問28、29

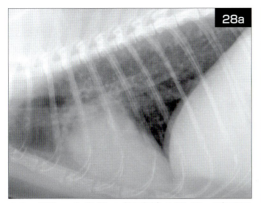
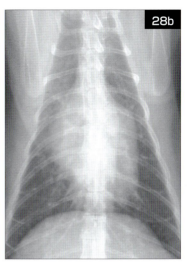

28 9歳、去勢雄の短毛種の猫が、呼吸困難を主訴に来院した。5年前より暑い日や湿度の高い日に、開口呼吸が認められている。症例は、これまで何も投薬されていなかった。最近認められた呼吸困難は、フロセミドの投薬に反応し改善していた。聴診では、グレード2/6の収縮期性心雑音が左側胸骨縁より聴取され、右側からも軽微な心雑音が聴取される。胸部X線検査が実施された（28a、b）。

i. X線検査所見より考えられる鑑別診断は何か？
ii. X線像に認められる異常は何か？
iii. その異常から疑われるのは、心疾患か肺疾患か？
iv. 鑑別診断を進める上で、次に実施すべき検査は何か？

29 10歳、去勢雄のジャーマン・ショートヘアード・ポインターが、狩猟時の重度運動不耐性と最近の腹囲膨満を主訴に来院した（29）。症例は警戒している。身体検査では、腹水貯留、腹側肺音の消失、左側胸壁より小さな収縮期性心雑音および歯牙疾患の異常が認められた。頸静脈の怒張は不明瞭であった。胸部X線検査では、不確実な心拡大と中程度の胸水貯留が認められた。

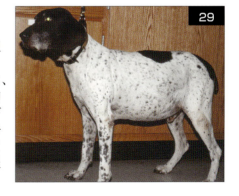

i. この症例で、中心静脈圧の測定は有用か？
ii. 中心静脈圧とは何か？　また、どのように計測するか？
iii. 中心静脈圧の正確な測定を障害するものは何か？

解答28、29

28 i. 本症例の胸腔内に関する鑑別診断は、心疾患（例えば、肥大型やその他の心筋症、以前に診断されなかった先天性心疾患など）によるうっ血性心不全、胸水貯留（様々な原因による）、肺炎や猫喘息などの肺疾患である。
ii. 肺血管拡張に関連しない、重度の左心房拡大を伴う中程度の全体的な心拡大が認められる。びまん性に気管支パターンも認められる。胸水貯留は認められない。
iii. X線検査で認められる心拡大（VHS～9.3v）は、心疾患を示唆している。しかし、肺野に認められる変化は、うっ血性心不全に起因した肺水腫よりも慢性気管支疾患において、より典型的である。
iv. 心拡大と心雑音は、心エコー図検査によるさらなる心臓の評価が示唆される。この症例では、軽度の左室流出路障害を伴った肥大型心筋症と診断された。しかし、X線検査におけるびまん性の気管支パターンのため、血液検査、犬糸状虫検査、糞便検査および気管支肺胞洗浄などによる気道疾患のさらなる評価が推奨される。

29 i. はい。中心静脈圧の上昇は、胸水貯留の基礎疾患となる右心不全や心膜疾患（心タンポナーデあるいは心膜収縮）の存在を示唆する。
ii. 中心静脈圧は、全身の静脈圧（および右室充満圧）を計測する。循環血液量、静脈コンプライアンス、および心機能が、中心静脈圧に影響を及ぼす。中心静脈圧の正常値は、0～8（10まで）cmH_2Oであるが、呼吸によってわずかに変動する。中心静脈圧を計測するため、頸静脈より右心房内あるいは右心房近傍までカテーテルを無菌的に設置する。それを延長チューブと三方活栓を用いて点滴セットに接続する。垂直に位置された水柱計（マノメーター）を三方活栓に取り付ける。三方活栓を、症例の右心房の高さ（水平位）に位置させる（0 cmH_2Oを示す）。三方活栓の動物側をOFFとして水柱計を点滴液で満たす。続いて点滴バッグ側をOFFとすると、水柱計内の点滴液が中心静脈圧と等しい高さを示す。動物と水柱計の位置を変えないように、呼気時に繰り返し測定する。
iii. 大量の胸水貯留は胸腔内圧を上昇させ、中心静脈圧は上昇する。そのような液体貯留は、中心静脈圧の測定前に抜去すべきである。さらに、カテーテルの先端が右心房内や前後大静脈の近傍に位置していない場合、三方活栓が右心房の高さにない場合、体位が様々に変化する場合などに、中心静脈圧の測定は不正確となる。

設問30、31

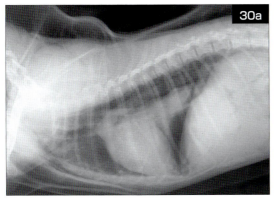
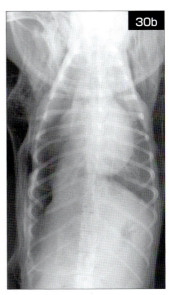

30 5歳、雄のチワワが、大型犬に咬まれた数時間後に緊急来院した。最初の獣医師は、深く咬まれた胸部の創傷上を包帯することで初期対応とした。皮下に捻髪音が認められ、犬は頻呼吸、頻脈を呈し、右側の呼吸音が減少してきている。体温は37℃であった。胸部X線右側方向像（**30a**）および背腹像（**30b**）が撮影された。

i. この症例は気胸を生じているか？
ii. どのような型の気胸であるか？
iii. 縦隔気腫の発生機構は何か？

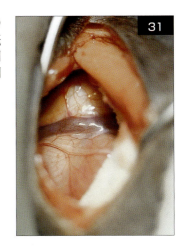

31 若齢犬が、動脈管開存症の外科治療のために来院した。左肋間切開により、心基底部と大血管近位部が露出された。心膜を切開する前の術野を**31**に示す。図の左側が頭側である。

i. 心臓に重なる黒い細長い構造は何か？
ii. それは、どこに続いているか？
iii. この構造は、臨床徴候の原因となるか？

解答30、31

30 i. はい。右側胸腔内に認められる虚脱した肺葉の形態をしている軟部組織は、胸壁から離れて存在している。右側胸腔内には血管陰影が認められない。併発した縦隔気腫と皮下気腫による皮下エアポケットの累積効果のため、X線検査による気胸の診断は難しい。胸腔内の透過性の亢進した部位だけでなく、胸壁から離れて確認できる構造と共に、不透過性の亢進した軟部組織様の肺葉を探すとよい。

ii. 気胸は、「開放性」と「閉鎖性」、そして「緊張性」に対して「非緊張性」に分類される。開放性気胸では、胸壁にできた穴を通って胸腔内へ空気が入る。閉鎖性気胸では、胸壁構造は正常で、胸腔内の遊離した空気は肺から漏れている。緊張性気胸は、一方弁類似の構造が呼吸のたびに胸腔内に空気を引き込んで放出しないため、段階的な胸腔内圧の上昇によって生じる。胸腔内圧の上昇は肺や血管を圧迫し、危機的な循環、呼吸障害を引き起こす。非緊張性気胸では、胸腔内の遊離した空気や胸腔内圧の段階的な増加は認められない。

iii. 縦隔気腫は、咽頭、喉頭、気管あるいは食道破裂、頸部の筋膜面に及ぶ外傷、肺から肺門部の細気管支周辺組織の空気による解離によって発生する。縦隔気腫は通常、外傷に引き続いて認められるか、まれにガス産生菌の感染によるものである。縦隔は頸部の筋膜面と連絡するため、空気はどちらへも分け入ることができる。縦隔気腫は縦隔胸膜が破裂すれば気胸となることがあるが、気胸は縦隔気腫の原因とはならない。

31 i. 左前大静脈遺残。この血管は胎子期の左前主静脈の残存であり、右前主静脈と併走して、胎子の頭部からの血液が流れている。正常な発育では、左前主静脈は、頭部左側から右前主静脈（後に右腕頭静脈や前大静脈となる）へ静脈血を流すために静脈（左腕頭静脈）と吻合し、退化して消失する。

ii. 遺残した左前大静脈は、左房室冠状溝の側面を横切って大心臓静脈に流入し、右心房尾側の冠状静脈洞に流入する。

iii. 左前大静脈遺残は、左側心基底部におけるその他構造の外科的な露出の妨げになるが、臨床徴候の原因とはならない。

設問32、33

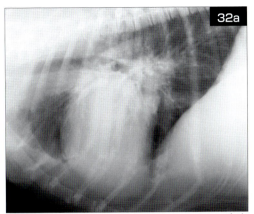
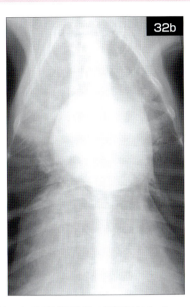

32 9歳、避妊雌のドーベルマンが、重度の運動不耐性、食欲不振、最近の呼吸障害を主訴に来院した。症例は元気があり、栄養状態は良好であった。心拍数は160bpmで、洞調律であった。左側心尖部より、グレード2/6の収縮期性心雑音と第Ⅲ音による奔馬調律が聴取された。呼吸音は粗励だが、クラックル音は聴かれなかった。その他の検査に、著変は認められなかった。胸部X線側方像（**32a**）および背腹像（**32b**）が撮影された。

i. X線検査所見を述べよ。
ii. 最も可能性のある診断名は何か？
iii. この後、どのような検査を進めるべきか？

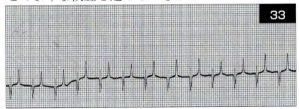

33 6歳、雄の短毛種の猫が、食欲不振、物陰に隠れること、声を出すことが最近増えたと来院した。飼い主は、猫がいつもより多くトイレにいるようだと述べている。症例は元気がないが、可視粘膜はピンク色で、脈圧は力強かった。触診により、腹部は緊張していて痛みがあった。大きな膀胱が触知された。心拍数は120bpmであった。心電図の第Ⅱ誘導が記録された（**33**：25mm/秒、2cm＝1mV）。

i. 心電図検査所見を述べよ。
ii. この症例の診断は何か？
iii. この症例は、どのように治療すべきか？

解答32、33

32 i. 心陰影の垂直方向の形態は、ドーベルマンに典型的である。しかし、中程度の左心房と左心室拡大を伴った心拡大（VHS 〜12.1v）が明らかである。気管支周辺と肺門部に軽度の肺浸潤像が認められる。

ii. 早期のうっ血性心不全（肺水腫）を伴う拡張型心筋症。

iii. 診断を確定し、併発する異常を識別するために、心エコー図検査、心電図検査、血圧測定、血清生化学検査と全血球計算、および尿検査を追加すべきである。フロセミド、ピモベンダン、アンギオテンシン変換酵素阻害剤を用いた治療が必要である。フロセミドは、肺水腫を制御するのに必要な用量とする。その他の有用な治療は、スピロノラクトン、低用量のβ-遮断剤（肺水腫が消失してからカルベジロールなど）、魚油（Ω3脂肪酸）サプリメントなどである。経口L-カルニチン補給によって臨床的に著しい改善を認めるドーベルマンはほとんどいないが、3～6カ月間の挑戦的な治療は合理的である。症例の心肺機能や代謝機能の監視は重要である。高窒素血症、低血圧、電解質異常、治療に反応しない肺水腫がよく認められる。特に心室頻脈性不整脈や心房細動などの不整脈がしばしば認められ、抗不整脈療法が必要となる。

運動制限、減塩食、安静時呼吸数、潜在する合併症、突然死の可能性が高く比較的悪い長期予後について、飼い主と話し合うことは重要である。

33 i. 心拍数は120 bpmである。P波は消失しており、QRS波は幅広く（0.06～0.07秒）、T波はテント状を呈している。洞室調律の可能性が最も高い。その他の鑑別診断は、洞停止、洞房ブロック、心房静止、心室（あるいは心室内変行伝導を伴う接合部性）補充調律である。

ii. 予想される診断は、重度の高カリウム血症に誘発された心電図異常を伴う尿道閉塞である（この症例のK+濃度は、10.2 mEq/lであった）。高カリウム血症は、刺激伝導速度を遅延させて不応期を変える。実験的な研究では、高カリウム血症の進行による心電図の変化について以下のように報告されている。T波は狭幅化し、ときに対称性にピークを呈する（テント化：K+濃度6 mEq/l以上）。P波は扁平化し（K+濃度7 mEq/lまで）、そして消失（K+濃度8 mEq/l以上）して、いわゆる洞室調律となる。QRS波は広幅化し（K+濃度6 mEq/l以上）、最終的に収縮不全に至る異常調律（K+濃度10 mEq/l以上）が発生する。しかし、臨床的に高カリウム血症を呈していても、このような変化は、おそらくさらなる電解質異常やアシドーシスのために、矛盾して生じる。

iii. 猫の尿道閉塞に起因した重度高カリウム血症のため、ブドウ糖（2 g/Uインスリン、10%溶液に希釈）とレギュラーインスリン（0.25～0.5 U/kg, IV）の投与が推奨される。尿閉を解除したら、その後の点滴療法は、2.5～5%のデキストロースを用いる。重炭酸ナトリウム（1～2 mEq/kg 緩徐にIV）は、尿道閉塞と高リン酸塩血症を起こしている猫に、低カルシウム血症を誘発することがある。

設問34、35

34 飼い主が帰宅すると、飼い猫の呼吸が速く、両後肢が顕著に不全麻痺を起こしていることに気づいた。症例は、8歳、去勢雄の長毛種の猫である。猫は右後肢を動かすことはできるが、床に足裏をつけた体勢はできない。左後肢は後方へ引きずっている。検査時に、後肢の写真（**34a**）が撮影された（右後肢が左側）。

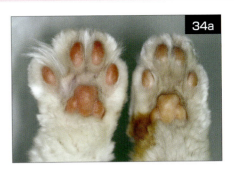

i　どのような状態が生じているか？
ii　この病変は、どのように確認することができるか？
iii　これには、一般に何の基礎疾患が関係しているか？

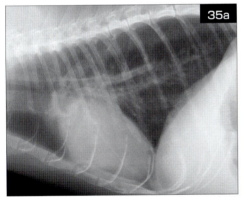

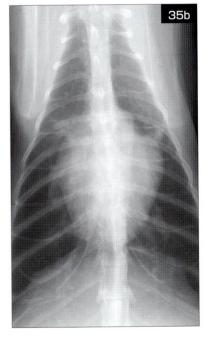

35 8歳、去勢雄の短毛種の猫が、定期的な健康診断とワクチン接種のために来院した。飼い主は、何の異常にも気づいていない。身体検査では、左側頭側胸骨縁よりグレード2/6の収縮期性心雑音以外に著変は認められなかった。胸部X線側方向像（**35a**）と背腹像（**35b**）が撮影された。

i．X線検査所見を述べよ。
ii．鑑別診断は何か？
iii．飼い主に推奨することは何か？

34 i．猫の大動脈血栓塞栓症（ATE）あるいは大動脈遠位端の鞍状血栓。右後肢の肉球はピンク色に観察され、爪先が開いており、運動活性がいくらか残っていることを示唆する。左後肢の肉球は、循環血液量が乏しく、蒼白である。このような血流障害の左右不対称は、よく認

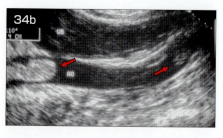

められる。この猫では、右後肢より左後肢が冷たいかもしれないが、両後肢は前肢に比べて冷感が認められる。大腿動脈圧は、通常消失しているか、著しい弱脈あるいは左右不対称である。罹患した四肢には、爪床のチアノーゼや虚血性の筋肉拘縮がしばしば認められる。急性のATEは通常、重度の痛みの原因となる。

ii．この症例のように、超音波検査は腹部大動脈尾側にある血栓の存在を明らかにする（**34b**：遠位大動脈腔内（AO）の大小の血栓（小矢印）、UB：膀胱）。

iii．猫の心筋疾患（特に肥大型、拘束型、そして分類不能型心筋症）。ATEはまた、その他の心臓疾患や全身性の炎症状態（悪性新生物、ウイルス感染症、敗血症など）と共に発生する。

35 i．左心室と心房（特に左心耳）の突出を伴う、軽度の心臓拡大（VHS〜10v）が認められる。この変化により、心臓は軽度の「バレンタイン」形状を呈している（**35b**）。肺実質と血管に著変は認められない。

ii．肥大型心筋症が強く疑われる。左心拡大と左室流出路障害を示唆する心雑音より疑われるその他の鑑別診断は、慢性的な高血圧症、甲状腺機能亢進症、過去に診断されなかった先天性大動脈弁（下）狭窄症、あるいはその他の後天性左室流出路障害である。

iii．心エコー図検査、血圧測定、そして血清T_4濃度測定が推奨される。全血球計算、血清生化学検査、尿検査もまた推奨される。この症例は、血圧と血清T_4濃度は正常であった。心エコー図検査では左心房拡大と、動的流出路障害を伴う非対称性の左心室肥大（流出路狭窄型肥大型心筋症）が認められた。可能性のある続発症は、大動脈血栓塞栓症、うっ血性心不全、そして（ストレス、頻拍、左室流出路障害によって悪化した）不整脈である。通常、低用量アスピリンあるいはクロピドグレルが、血栓塞栓症のリスクを減じるために処方される。臨床的にはベナゼプリルが推奨されるが、早期処方の有用性については明確になっていない。アテノロールは流出路障害を軽減し、心拍数を減じるのに有用である。飼い主は、猫の安静時呼吸数と呼吸様式、活動性、食欲、体勢を監視するように指示される。より早期の徴候発生がなければ、6〜9カ月毎の再評価が示唆される。

設問36、37

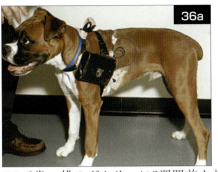
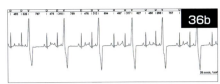

36 3歳、雄のボクサーに3週間前より失神症状が認められるようになった。症例は、短時間走ると突然立ち止まり、蒼白で、混迷して疲れたようになり、そして数秒後に虚脱して意識を失った。その後、8〜10秒後には自然に覚醒状態に回復した。それ以来、飼い主は同様の失神を4回観察したが、いずれも運動中のことであった。症例は、失神発作以外は全く正常で、身体状態も良好であった。身体検査に著変は認められず、血液検査、血清生化学検査、甲状腺機能検査の結果も正常であった。心エコー図検査（ドプラ検査も含む）、心電図検査、胸部X線検査、腹部エコー検査においても著変は認められなかった。24時間（ホルター）心電図検査が、症状を裏づける発作性不整脈のスクリーニングのために実施され（**36a**）、飼い主は1日の症例の行動記録を実施した。症例は警戒していたが（**36b**）、運動中に同様の失神症状を呈したときの記録を示す（**36c**：赤矢印）。

i. 36bにおける心電図の異常を述べよ。
ii. 36cにおける心電図の異常を述べよ。
iii. この症例に最もありうる診断は何か？
iv. この症例をどう管理するか？ 飼い主にどのように予後を説明するか？

37 14歳、雄のワイマラナーが、最近腹部が膨満してきており、今朝虚脱したと来院した。身体検査では、腹水貯留と徐脈が確認された。心電図検査が実施された（**37**：誘導は図に記載、25mm/秒、0.5cm＝1mV）。

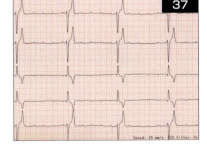

i. 心電図検査所見を述べよ。
ii. 自律神経の影響を評価するために実施すべき検査は何か？
iii. その検査は、どのように実施されるか？
iv. 検査に反応が認められない場合、何が推奨されるか？

解答36、37

36 i. 三段脈様式の単源性心室期外収縮（心室性三段脈）を伴う洞調律（心拍数 120 bpm）が認められる。心室性異所性収縮（上段余白に「v」で記す）に続いて、2連の正常収縮が認められる。

ii. 洞調律は、450 bpmの迅速な心室頻拍によって中断されている。頻拍の出現直後に、失神が生じている（赤矢印）。

iii. 不整脈原性右室心筋症（ARVC）、あるいはいわゆる「ボクサー心筋症」。第Ⅱ誘導に明瞭な形状を示すことが多い心室頻脈性不整脈は典型的であり、興奮あるいは運動でしばしば発生する。心エコー図検査では、正常あるいは拡張型心筋症に典型的な変化を認める。

iv. ARVCは管理が難しく、治療法は存在しない。抗不整脈薬（アテノロールとメキシレチン、ソタロール、アミオダロンなど）が、心室頻脈性不整脈の頻度と重症度を軽減し、その結果臨床徴候を改善するために使用される。抗不整脈治療は、QOLを改善するかもしれないが、突然死のリスクを減らすことはなく、平均寿命を延ばすことはないかもしれない。

ある症例は、時間経過と共に心筋の機能障害および心不全に陥る。それ故に、心臓の大きさと機能は経過観察すべきである。生命に危機のある心室不整脈に罹患した人に使用される埋込型除細動器(ICD)が、ボクサーARVCへの適応を検討されることもある。しかし、費用、プログラムの適応、そして不適当で痛みのある電気ショックのリスクなどが、ICDによる治療を問題にする。

数年の生存を認める罹患犬もいるが、予後は要注意である。突然死が一般的である。ARVCが遺伝性疾患と考えられているため、罹患動物は繁殖に使用すべきではない。

37 i. 心拍数は、30 bpmである。洞性P波は認められるが、完全（第3度）房室ブロックと心室補充収縮が確認される。わずかに延長した（0.05秒）P波は、左心房の拡大を示唆する。QRS波の各計測値と平均電気軸は、心室固有調律のため決定することができない。

ii. アトロピン反応試験。ムスカリン受容体に競合する拮抗薬であるアトロピンは、洞結節あるいは房室結節の障害によって引き起こされた徐脈性不整脈に対して、ほとんどもしくは全く影響を及ぼさない。

iii. アトロピン（0.04 mg/kg、IV）投与より5〜10分後、心電図検査を実施する。心拍数が少なくとも150%に増加しない、もしくは房室伝導が改善していなければ、アトロピン投与より15から20分後に心電図検査を繰り返す。最初の迷走神経作用の効果は、5分以上持続する。正常な洞結節の反応は、心拍数の増加（135 bpm以上、通常150〜160 bpm）である。しかし、反応に陽性（洞刺激や房室伝導の増加）であっても、抗コリン作用薬の経口投与による治療に反応を示さないこともある。

iv. アトロピン投与に全く反応がない場合、薬剤治療では症候性の徐脈を改善させる見込みはなく、ペースメーカの装着が推奨される。

設問38、39

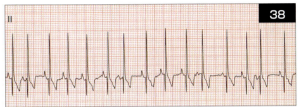

38 9歳、避妊雌のミニチュア・シュナウザーが、心雑音、心拡大、発咳の評価のために来院した。発咳は、フロセミド、エナラプリル、テオフィリンによる治療にもかかわらず出現している。呼吸数の軽度増加と、努力性呼吸が認められている。グレード3/6の心雑音が左右の心尖部より聴取される。軽度の肺捻髪音が聴取される。大腿動脈圧は力強いが、時々欠落する。収縮期血圧は138 mmHgである。胸部X線検査では、重度の左心房拡大と肺水腫と考えられる軽度の肺浸潤が示唆される。血球計算と血清生化学検査には著変が認められない。心電図検査が実施された（**38**：第Ⅱ誘導、25 mm/秒、1cm＝1mV）。

i. 心電図検査所見を述べよ。
ii. この時点で、この症例をどのように管理するか？
iii. 経過観察において何が推奨されるか？

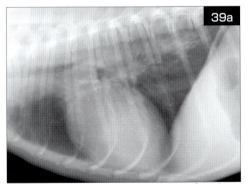
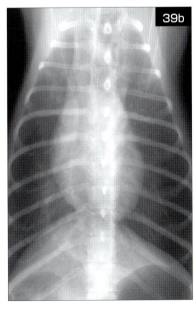

39 2歳、雄のミニチュア・プードルが、1年以上前より始まった発咳と吐き気を主訴に来院した。多様な投薬治療がなされたが、改善は認められていない。身体検査では、僧帽弁領域に2/6の収縮期性心雑音が聴取される以外は、著変は認められない。胸部X線側方向像（**39a**）と背腹像（**39b**）が撮影された。

i. X線検査像において心疾患を疑う所見は認められるか？
ii. 発咳や吐き気を裏づける心疾患以外の変化は認められるか？

解答38、39

38 i. 心拍数は、130 bpmの洞調律である。陰性P波が先行するいくつかの心房期外収縮（APCs）が認められる（右から2、5、9番目の波形）。QRS波形は、正常な平均電気軸が示唆される。洞性のP波は幅広（0.05～0.06秒）で、左心房拡大と一致する。QRS波はわずかに幅広（0.07秒）で、明瞭なQ波と上限のR波を伴っており、左心室拡大を示唆する。慢性変性性僧帽弁疾患（MVD）が可能性の高い潜在的な診断である。

ii. 呼吸症状、左心房拡大、そして肺浸潤病変は、解消していない肺水腫と一致する。フロセミドによる治療は強化すべきで、ピモベンダンの追加、そしてエナラプリルの用量を最適化すべきである。さらなる心臓構造や心筋機能を明らかにすべく、心エコー図検査の実施が推奨される。APCsは、MVDにおいて一般的であるが、テオフィリンはこれらの頻度を増大させるかもしれない。発咳の管理に必要であることが明確になるまで、テオフィリンの中断が推奨される。運動制限、中程度の減塩食、そして呼吸数と努力性呼吸の監視が必要である。

iii. 血清電解質、腎機能、心臓調律、そして肺の状態を監視すべきである。フロセミドの用量は、肺水腫制御の必要に応じて調節する。スピロノラクトンもまた有用である。心房頻脈性不整脈が悪化する場合、ジルチアゼムとジゴキシンあるいは単剤のジゴキシン、もしくはβ-遮断剤の使用が推奨される。

39 i. 様々な心臓計測法に基づいて、明らかな心拡大は認められない。同様に、心臓形態も正常である。X線検査において、心臓は正常範囲内である。

ii. 気道、肺、そして食道は、原発性あるいは二次性変化のために注意深く評価すべきである。側方向像において、胸腔の入り口から第4肋間までの間の胸腔内食道の頭側に少量の空気が認められる。典型的な食道拡張は、背腹像において明瞭ではない。胃や小腸陰影には中程度にガス貯留が認められるが、異常な拡張は認められない。肺野は、右後葉間質の主気管支周辺における限局性の不透過性亢進を除いて、正常なX線透過性を示している。

設問40、41

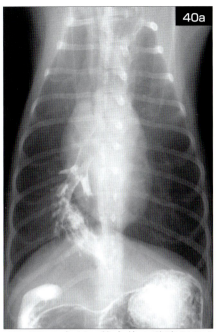
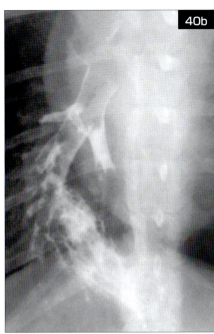

40 39の犬が、飲水後の発咳がさらに悪化したと来院した。バリウム造影検査が実施され、背腹像を**40a、b**に示す。

i. 造影検査によるX線学的診断は何か？
ii. バリウム造影検査の実施は不適当であったか？

41 7歳、雄の短毛種の猫が、身体検査とワクチン接種のため来院した。飼い主は、最近、同腹子が肥大型心筋症と診断されたため心配している。猫は、聴診時にゴロゴロと大きな音で喉を鳴らしている（**41**）。

i. 聴診の最中に、喉を鳴らすのをどのように中断させるか？
ii. 猫の心雑音の有無を評価するためには、胸部のどの部位を慎重に聴診すべきか？
iii. 鳴きやんだ後、左側心尖部より小さな雑音が聴取される。これは何である可能性が高いか？

解答40、41

40 i. 遠位の胸部食道、および右後葉と副葉の気管支が同時に造影されていることから、気管支食道瘻が示唆される。このような瘻管形成は、犬や猫において非常にまれに認められる。ほとんどが、食道内異物の穿孔か慢性炎症の結果であると考えられる。発咳が採食や飲水に密接に関連している場合、本症が示唆される。この病歴から疑われるその他の疾患は、中咽頭の嚥下障害、誤嚥性の食道疾患である。

ii. いいえ。食道のX線造影検査は、食道と気管の接続を最も確実に証明する。最適な造影剤の選択は、肺のみあるいは、縦隔などその他の胸腔内組織との連絡が疑われているかに依存している。気管や気管支内へのバリウムの誤嚥は、発咳や正常な粘膜線毛輸送機能により、一般に有意な残留なく効果的に除去される。細気管支と肺胞内のバリウムは、マクロファージや肉芽腫形成によってさらに緩徐に除去される。広範囲な肺胞沈着は呼吸を危機にさらす。バリウムは、縦隔内において肉芽腫性反応を引き起こす。

吸引されたヨード系造影剤に対する肺の反応は、造影剤のイオン濃度に依存する。イオン製剤は、重度の急性浮腫や炎症反応を引き起こす。その一方で非イオン系造影剤は、穏やかな炎症反応のみ引き起こす。肺実質の細菌感染が重度である場合、経口非イオン系製剤が推奨される。感染が否定された場合、陰性検査の確定のためにバリウム造影検査が推奨される。バリウム造影によってのみ可視化される食道からの漏れは、ヒトにおいて発生している。気管支食道瘻は、罹患した肺葉の切除および食道の閉鎖によって治療される。

41 i. 片方あるいは両方の外鼻孔を指で覆う、猫の鼻の近くで、丸めたアルコール綿を振る、喉頭(輪状軟骨)を優しく押す、動物の近くの水栓を開ける、猫をしっかり持って検査台より持ち上げ、(水滴落下のように)急におろす。

ii. 猫の心臓は、犬と比較して胸腔内でより水平に位置している。そのため、左右心尖部(前胸部の拍動の近傍)と心基底部と同様に、左右の胸骨縁における聴診が重要である。

iii. 第IV音を伴う奔馬調律。この拡張期音(第III音と同様)は、猫(あるいは犬)において通常聴取できない。第III音と第IV音は頻度においてより低く、正常な心音(第I音と第II音)より通常小さい音である。これらはベル型の聴診器(あるいは軽く押しつけた片面チェストピース)を用いるとより容易に聴取可能である。第III音あるいは第IV音は心臓の電気的な調律とは無関係で、奔馬調律と呼ばれる。奔馬調律は、心室の拡張機能障害を示唆する。第IV音は、心室壁の肥厚および壁硬度の増加(例えば肥大型心筋症)で聴取される。心不全や左心房圧の上昇は、奔馬調律を増強させる。

設問42-44

42 11歳、雄のローデシアン・リッジバックが、重度の胸水を伴った大きな胸腔内腫瘤を主訴に来院した。CT検査では、腫瘤は肺の左前葉から右前葉にまで及んでいた。捻転していた左前葉は、左肋間開胸により摘出された。腫瘤は右側胸壁にも確認されたことから、右肋間開胸のために体位を変更した。腫瘤の切除のために、右中葉と右後葉の部分切除を実施した。術後回復の補助のため、人工呼吸が実施された（**42**）。

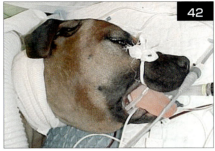

i. 特にこのような症例における、人工呼吸療法の主な適応は何か？
ii. 一般的に、退院後によりよい予後が得られるのは、どのような適応か？
iii. 自発呼吸と人工呼吸を組み合わせた人工呼吸モードと、その長所について説明せよ。

43 肺機能障害の症例が、人工呼吸器から適正に安全に離脱可能かを、どのような指標によって評価するか？

44 8歳、雄のグレート・デーンが、2週間続く元気消失と腹囲膨満を主訴に来院した。症例は元気であり、体温は正常である。粘膜面はピンク色であり、毛細血管再充満時間は3秒で、大腿動脈圧には著変は認められず、軽度の頸静脈怒張が観察される。心拍数と心調律、呼吸数は正常である。腹水貯留が明らかである。聴診では、心音はとても小さいが肺音は正常である。心電図検査が実施された（**44**：誘導は図に記載。50 mm/秒、1 cm = 1 mV）。

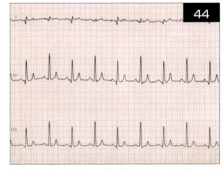

i. 心電図検査の診断は何か？
ii. 心電図検査は、この症例の根本的な問題を示しているか？
iii. そうであれば、その所見を説明せよ。

解答42-44

42 i. 人工呼吸療法の主な適応は、(1) 低換気、(2) 酸素投与に反応しない低酸素血症である。この症例は、低換気（術後の疼痛）と低酸素血症（肺の侵襲）の両方が生じている。また、人工呼吸は、呼吸の仕事量を減じるためにも有用である。

ii. 低換気のために人工呼吸で治療された犬は、その他の低酸素血症の原因のために人工呼吸治療された犬よりも予後がよい。

iii. 人工呼吸治療では、深い鎮静と神経筋肉の制御の下、人工呼吸器がすべての呼吸を開始する。しかし、より生理的な人工呼吸モードは間欠的強制換気であり、患者が自発的に呼吸を開始することが可能で、そして規定された呼吸の分時換気量を維持するために人工呼吸器もさらなる呼吸を実施する。同期型間欠的強制換気（SIMV）は、症例が自発呼吸を試みるときに人工呼吸の周期を症例の自発呼吸に同期させる（開始はしない）ように設定した人工呼吸のモードである。この同期は症例と人工呼吸器の呼吸が競合することを避け、症例が許容すれば、さらなる呼吸の仕事量を引き受けることを許容する。それゆえに、SIMVは症例の人工呼吸器からの離脱の開始時に一般的に用いられる。

43 人工呼吸器離脱の開始時期を決定するために評価する指標は、呼気終末陽圧呼吸が4 cmH$_2$O未満、正常な分時呼吸量と最大気道内圧、吸気酸素分圧が40%未満、動脈血酸素分圧が80 mmHgより高く、動脈血二酸化炭素分圧が50 mmHg未満である。

44 i. 正常な洞調律で、心拍数は140 bpmである。基線には、部分的に筋肉の振戦によるアーティファクトが認められる。平均電気軸は正常である。P波持続時間は0.05秒であるが、これは大型犬種では正常範囲である。その他波形の計測値は正常である。電気的交互脈が認められる。

ii. はい。電気的交互脈は、大量の心膜液が貯留している場合にしばしば認められる。

iii. 電気的交互脈は、拍動毎にQRS波（時にT波）の大きさや形状が繰り返し変化する心電図である。これは、液体の貯留した心膜腔内で心臓が左右、前後に振子運動する結果生じる。この動きは、胸腔内における心臓の位置を変動させ、心電図波形に影響を及ぼす。電気的交互脈は、心拍数が90〜140 bpmの間あるいは、起立位などの特定の体位において、より明確に観察できる。心膜疾患や心膜液貯留において、時々認められるその他の心電図の変化は、QRS波の低電位（しばしば犬において1 mV以下）と、心外膜が障害されていることを示唆するST分節の上昇である（この症例では認められない）。心タンポナーデでは、洞性頻脈がよく認められる。いくつかの症例では、様々な頻脈性不整脈も発生している。

この症例は、心タンポナーデの原因として、大量の心膜液貯留が認められた。右心房壁には血管肉腫が確認され、肺転移も確認された。

設問45、46

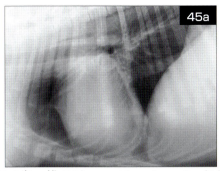
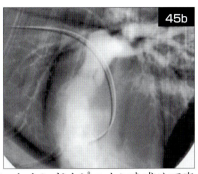

45 1歳、雄のジャーマン・シェパードが、セカンドオピニオンを求めて来院した。最近、定期的なワクチン接種時に、獣医師により心雑音を指摘されている。胸部X線側方向像（**45a**）と心臓血管造影検査（**45b**）が実施された。

i. 得られた情報から、どのような疾患が存在しているか？
ii. どのように本疾患の重症度を評価するか？
iii. この症例の管理方法は、どのようなものがあるか？

46 30kg、年齢は不明だが壮齢、雄のジャーマン・シェパードが、3週間前からの腹囲膨満と元気消失を主訴に来院した。飼い主は、犬が動いているときや撫でているときに苦しんでいることに気づいている。食欲に異常は認められない。身体検査において、腹部には波動感が認められる。体温は38.9℃である。心拍数は120 bpmで、軽度の調律不整が認められる。大腿動脈圧と前胸部の拍動は弱く、頸静脈の怒張が明確である。心音はとても小さいが、心雑音は認められず肺音も正常である。胸部X線側方向像（**46a**）と背腹像（**46b**）が実施された。心エコー図検査は実施できなかった。

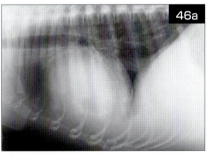
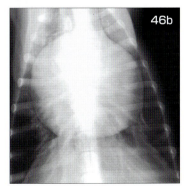

i. X線検査所見を述べよ。
ii. 鑑別すべき診断は何か？
iii. この症例はどのように管理するか？

解答45、46

45 i. 右心室の拡大が認められる（**45a**）。右心室への造影剤の注入により、肺動脈弁狭窄症に典型的な、肥厚して融合した肺動脈弁（逆さ「Y」字型：**45b**）が観察される。軽度の右心室肥大と主肺動脈の拡大は、狭窄による二次的な変化である。

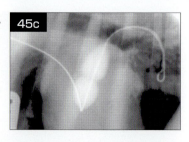

ii. 右心室と肺動脈間の収縮期圧差（較差）によって評価する。右心室の拍出に対する抵抗の上昇によって、右心室の収縮期圧は正常よりも上昇する。瞬間的な圧較差は、スペクトラルドプラ心エコー図検査による肺動脈の最高流出速度、およびベルヌーイ式（圧較差＝4×最高流出速度^2）から概算される。最高血圧間による圧較差は、心臓カテーテル検査によって直接算出される。これは、覚醒下の動物においてドプラ法によって求めた圧較差よりも低値である。

iii. 重度の肺動脈弁性狭窄症に推奨されるバルーン弁口拡張術は、癒合弁を引き裂くことによってより大きな弁口を作成することができる（**45c**：裂開前の狭窄した弁によって、拡張したバルーンカテーテルにくびれが認められる）。弁口形成術が有効でない症例や禁忌となる症例も認められるが、圧較差の明らかな減少がしばしば認められる。バルーン弁口拡張術が不成功あるいは実施できない場合は、拡張期の心室充満と冠循環を増加させ、心拍数を減少させて心筋酸素要求量を減少させるために、β–遮断剤が処方されている。

46 i. 気管挙上を伴った著しい心臓全体の拡大が認められる（**46a**）。背腹像では、心臓は丸くほぼ球状を呈している。肺血管と実質は正常にみえる。軽度の後大静脈拡張と腹水が認められる。

ii. 識別可能な心臓輪郭を伴わないほぼ球状の心陰影は、心タンポナーデを伴った大量の心膜液貯留が最も疑わしい。右心不全の徴候を伴った、その他の大きな球状の心臓の原因は、拡張型心筋症や重度の三尖弁閉鎖不全を伴った先天性三尖弁異形成である。しかし、心音が小さく、心雑音は認められず、頭側尾側の心臓輪郭が消失していることから、これらの可能性は少ない。背腹像において心陰影と横隔膜は別個に識別され、右心不全は出現しないが、心膜横隔膜ヘルニアがもう一つの鑑別診断である。

iii. 臨床徴候およびX線検査所見は、ほとんど心タンポナーデに一致している。うっ血性心不全に対する投薬（例えばフロセミドやエナラプリルなど）は、おそらく心臓の充満と前方拍出をさらに障害する。心膜腔穿刺が適応であり、直ちに実施すべきである。貯留した心膜液の一部分しか除去できなくても、低下した心膜腔内圧は心臓の充満と拍出を改善するはずである。心電図検査は、不整脈の確認および心膜腔穿刺の間の心拍モニターとして推奨される。可能ならば、心エコー図検査とさらなる評価のために専門医への紹介が推奨される。

設問47

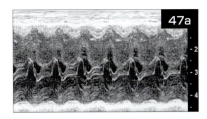

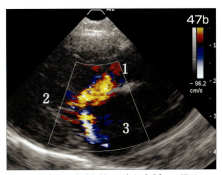

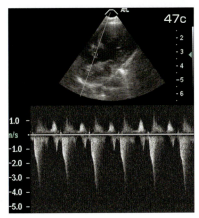

47 3歳、去勢雄の短毛種の猫が、心雑音を主訴に来院した。症例は警戒しているが、栄養状態は良好で、何ら臨床徴候を示していない。身体検査では、左側心尖部におけるグレード3/6の収縮期性心雑音が右側胸壁へも放散して聴取される以外に著変は認められない。

血液および血液生化学検査においても著変は認められなかった。収縮期血圧は正常（135 mmHg）であった。胸部X線検査では、静脈拡張や肺水腫の徴候を伴わない心臓拡大が認められた。心エコー図検査が実施され、僧帽弁レベルにおけるMモード像（**47a**）、右傍胸骨左室流出路像の収縮期カラードプラ像（**47b**：1：大動脈、2：左心室、3：左心房）、左側心尖部位から左室流出路の連続波ドプラ像（**47c**）を示す。Mモード像における計測は、以下の通り（括弧内は参考値）。

	拡張期 (mm)		収縮期 (mm)	
心室中隔壁厚	6	(3～5.5)	9	(4～9)
左室内径	15	(10～20)	7	(4～11)
左室後壁厚	7	(3～5.5)	10	(4～10)
左心房径	23	(6～12)		
大動脈径	11	(7～12)		
左室内径短縮率	53%	(40～66%)		

i. 心エコー図検査に基づいた、暫定的な診断は何か？
ii. 心エコー図検査では、どのような異常が描出されているか？
iii. この症例は、どのような臨床管理が推奨されるか？

解答47

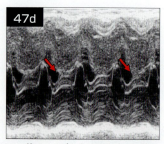

47 i. Mモード計測では、著しい左心房拡大を伴った、軽度/中程度の左心室壁と心室中隔壁の肥厚が示されている。肥大型心筋症が疑われ、全身性高血圧症と甲状腺機能亢進症は除外される。心雑音と以下に示す所見より、暫定的な診断は閉塞性肥大型心筋症（HOCM）である。

ii. 僧帽弁収縮期前方運動が認められる（**47a、d**）。僧帽弁前尖（中隔尖）は、前方の心室中隔側へ引き込まれており（矢印）、収縮中期における動的な左室流出路障害の一助となっている。二次的な僧帽弁逆流（僧帽弁弁尖の偏位による）と増加した左室流出路の乱流（**47b**）は、心雑音の証明である。

　動的流出路障害の重症度は、ドプラ法によって求める左室流出血流速度の最大値によって評価される（**47c**）。この症例は、4 m/秒以下（圧較差64 mmHg以下）である。正確なドプラ法の調整が（この症例のように）できない場合には、真の安静時圧較差は過小評価される。左室流出路血流波形は、収縮中期における急激な血流加速を示している。このように凹んだ左右不対称の波形は、動的流出路障害に典型的である。

iii. 無徴候のHOCMに対する治療は、諸説が認められる。β−遮断剤あるいはジルチアゼムによる治療によって活動性が改善した症例も報告されている。β−遮断剤は左室流出路障害を急速に減じることができるが、長期管理した研究が認められない。アンギオテンシン変換酵素阻害剤の効果もまた不確定である。フロセミドの投与は、うっ血性心不全を伴っていないならば推奨されない。

設問48、49

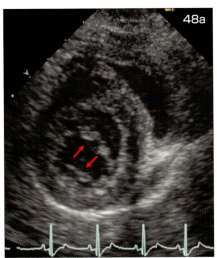
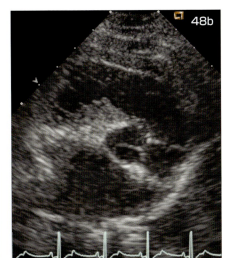
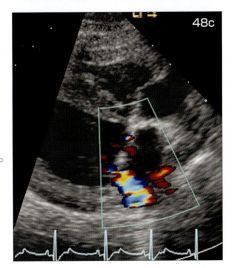

48 9歳、雄のミニチュア・シュナウザーが、家具に乗ったり降りたりしたがらない。飼い主はその他の異常に気づいていない。症例の心拍数は100 bpmである。左側心尖部より軽度の収縮期性心雑音が聴取される。軽度の腰部痛が確認されるが、神経学的な障害は認められない。その他の検査は正常である。胸部X線検査と心電図検査に著変は認められない。心エコー図検査が実施され、Mモード法より左心室径は3.44 cm（拡張末期）と2.04 cm（収縮期）である。二次元断面の右傍胸骨僧帽弁レベル短軸像（**48a**）と大動脈弁レベル（**48b**）および収縮期の長軸四腔像（**48c**）を示す。

i. 心エコー図検査の所見は何か？
ii. 診断は何か？
iii. この症例は、どのように管理すべきか？

49 心室早期興奮に関連した房室回帰性頻拍は、どのように治療すべきか？

解答48、49

48 i. 中程度の僧帽弁弁尖の肥厚が認められる（**48a**矢印）。心室の大きさも正常のように見える。左心房の拡大はこの時点でごくわずかである。カラードプラ像では軽度の僧帽弁逆流が示されている（**48c**）。Mモードでの左心室径および内径短縮率（40.7%）は正常である。内径短縮率は、左心室径より以下のように算出される。（拡張期左心室径－収縮期左心室径）/拡張期左心室径×100

ii. 早期の変性性僧帽弁疾患（心内膜症）。

iii. 心不全の臨床徴候は認められず、血行動態の代償性変化は最小限か全く認められない（正常な心臓の大きさと機能）。この犬は、修正した米国心臓病学会/米国心臓協会（AHA/ACC）分類に基づくと、ステージB1に分類される。この時点では、心疾患に対する特定の投薬治療について適応は明らかではない。低用量のβ-遮断剤あるいはその他薬剤の治療による治療効果については、研究段階である。定期的な健康診断、腰部痛の管理（この症例では）、高塩分摂取の回避、心臓代償不全による早期徴候に関する飼い主教育、そして6～12カ月毎の心臓評価が推奨される。

49 迷走神経刺激が有効でない場合、刺激伝導速度を遅延させる薬剤あるいは、副伝導路か房室結節あるいはその両方の不応期を延長させる薬剤が、頻脈を制御するかもしれない。ジルチアゼム（あるいはベラパミル）、プロカインアミド、リドカイン、あるいはβ-遮断剤（緩徐に静脈内投与）の投与が試みられる。アミオダロンとクラスIC抗不整脈剤では、どちらかを選択すべきである。しかし、心房細動が出現している場合には、頻拍のためにアミオダロン、ソタロールあるいはプロカインアミドが推奨される。ジゴキシンは房室伝導を遅延させるが、副伝導路の不応期を減少させる。そのため、心室早期興奮を伴っている場合には使用が避けられる。副伝導路の焼灼術を伴う電気生理学的心臓内マッピングにより、数例の犬の難治性房室回帰性頻拍の治療に成功している（**130**も参照）。

50 5.5歳、雄のシー・ズーが、6カ月以上前からの喘鳴と努力性呼吸を主訴に来院した。その徴候は、大きな（吠えるような）吸気音が突然始まるもので、犬は不快そうに強ばり、わずかにチアノーゼが認められる。これらは、不意に始まり、しばしば運動や興奮によって誘発される。呼吸困難は短時間であり、一般に数分以内に完全な回復が認められる。

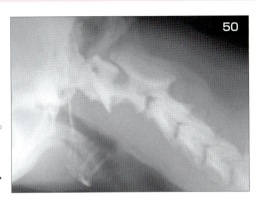

来院時には、犬はわずかに肥満気味で警戒していたが、とても元気であった。身体検査では異常は認められなかった。顔面の異常も認められず、両外鼻孔は開通しており、咽喉頭と頸部の視診や触診において著変は認められなかった。血液検査、血清生化学検査と動脈血液ガス検査の結果は正常であった。胸部X線検査も著変は認められなかった。喉頭部のX線検査側方向像を示す（**50**）。

i. この犬の吸気時の喘鳴とチアノーゼの臨床徴候から、疑われる疾患は何か？
ii. 頸部のX線像において認められる異常は何か？
iii. 鑑別診断を進めるうえで、さらに実施すべき検査は何か？
iv. 有効な治療法の選択は何か？

51 5歳、雄の短毛種の猫が、最近みられる食欲不振、元気消失、体重減少と呼吸困難を主訴に来院した。症例の粘膜はピンク色で、毛細血管再充満時間は正常である。心拍数は180 bpmの正常調律で、心雑音は聴取されない。肺音はやや小さく、大腿動脈圧は正常である。

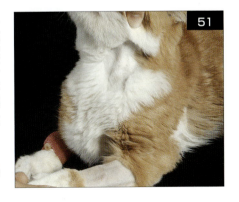

i. 51でみられる身体検査所見の異常は何か？
ii. これの原因は何か？
iii. 次に行うべき検査は何か？

50 i. 喘鳴は、上部気道内の乱流によって生じる大きな楽様音であり、通常は気道狭窄に起因している。時に、喘鳴は、動物が大きな呼吸をするとき（運動や興奮など）にも聴取され、ほとんどが吸気時に生じる。短頭犬種に一般的な、上部気道を部分的に狭窄するような解剖学的異常が喘鳴の原因となる。これらには、鼻孔狭窄、軟口蓋過長、喉頭異形成（小嚢外転を含む）、気管低形成などがあげられる。機能的な異常（気管虚脱、喉頭麻痺など）も、異物、腫瘍、膿瘍、重度の粘膜浮腫による上部気道狭窄と共に喘鳴の原因となる。

ii. X線検査像では軟口蓋の過長が示されており、喉頭（喉頭口）の開放を障害している。

iii. 深い鎮静あるいは全身麻酔下での咽喉頭部の肉眼的な観察により、喉頭における軟口蓋による気道狭窄が確認できる。さらに、鼻咽頭領域の疾患（後鼻孔の腫瘍や異物）の可能性を除外し、咽頭や扁桃腺窩を注意深く検査するために逆行性の鼻鏡検査を実施すべきである。

iv. 伸展した軟口蓋の外科的切除術が、選択すべき治療法である。症例によっては、術前に先行して臨床的な安定化（鎮静、ケージレスト、酸素吸入、抗生剤や抗炎症剤による治療）が必要となることもある。

51 i. 著しい頸静脈怒張。

ii. 頸静脈は、内部の圧力が上昇しているときに怒張する。頭部を持ち上げた正常な体位における持続性の頸静脈怒張は、たいてい右心のうっ血性心不全、心タンポナーデ、まれに収縮性の心膜疾患に関連する。頸静脈と右心房間に血流を閉塞する病変がないとき、頸静脈の外観は右室充満圧の指標となる。

まれに拍動を伴わない頸静脈怒張は、前大静脈、近位頸静脈、あるいは右心の流入路の病変による血流障害によって生じる。これは、血栓症あるいはその他の血管内腫瘤病変、あるいは前後大静脈の外部からの圧迫により生じる。

図ではよく認められなかったが、この症例は、顎の腹側、胸郭入り口および前肢に皮下浮腫も伴っていた。これら所見から、前大静脈症候群が診断される。前大静脈症候群は、たいてい胸腔内の頭側における静脈の閉塞（例えば頭側の縦隔腫瘤、あるいは前大静脈の血栓症）によって引き起こされる。

iii. 胸部X線検査が、頭側の縦隔とその他胸部臓器の評価のために必要である。胸部超音波検査もまた、縦隔の腫瘤病変あるいは静脈血栓症の存在を示すことができる。腫瘤病変あるいは胸水の針吸引検査は、疾患の病因を提供してくれる（**52**も参照）。

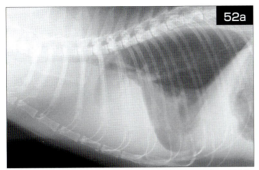
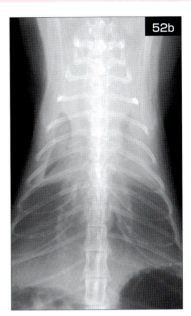

52 食欲不振、元気消失、呼吸困難、著しい頸静脈怒張、頭部の皮下浮腫を伴った5歳、短毛種の飼い猫の胸部X線側方向像（**52a**）と背腹像（**52b**）が撮影された（**51**を参照）。

i. X線検査所見は何か？
ii. 主な鑑別診断をあげよ。
iii. この症例の検査をどのように進めるか？

53 6歳、雄のイングリッシュ・ブル・テリアが、散歩中の虚脱と3日前からの元気消失を主訴に来院した。虚脱の最中、症例は震えていたが意識を失うことはなく、失禁や脱糞などは認められなかった。症状の出現

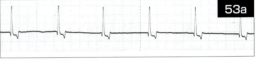
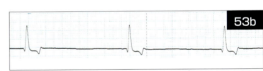

する以前には、特に異常は認められなかった。症例は少し元気がないが、反応は良く栄養状態も良好である。身体検査では、粘膜面がべたついていて軽度の脱水が示唆されたが、毛細血管再充満時間は正常であった。大腿動脈圧は力強く、50/分の調律で正常である。胸部の聴診に異常は認められない。記録速度25mm/秒（**53a**）と50mm/秒（**53b**）による心電図検査が実施された。

i. 心電図検査所見は何か？
ii. 可能性のある基礎疾患は何か？
iii. この症例に対し、その他に何の検査を実施すべきか？

解答52、53

52 i. 心陰影は、中程度の胸水貯留によって不明瞭である。胸腔の頭側は、軟部組織あるいは液体様の不透過物により充満している。部分的に無気肺な肺前葉は尾側へ偏位し、気管は背側へ挙上している。これら所見は、単なる胸水貯留よりも、前縦隔の腫瘤病変の存在を示唆する。肺後葉および血管は正常に認められる。胃内の大量のガス（呑気症）は、呼吸困難と一致している。

ii. 肉芽腫あるいはその他病変の可能性もあるが、前縦隔の腫瘤病変の最も一般的な原因はリンパ腫と胸腺腫である。大きな前縦隔の腫瘤病変は前大静脈を圧迫し、頭側の静脈圧を上昇させて、この症例で認められた頸静脈怒張や頭側の皮下浮腫を促進する。胸水はしばしば同時に発生する。

iii. 確定診断は、特異的な治療法を実施するために必要である。腫瘤病変と胸水の針吸引によって、細胞学的な診断が得られるかもしれない。そうでなければ、組織生検（超音波ガイド下あるいは外科的）が適応される。この猫はリンパ腫と診断された。

53 i. 基線は平坦であるが緩徐な心拍数（60 bpm）で、明らかなP波は認められず、わずかに幅広いQRS波が認められている。これらの特徴は、心房の電気的な活動が欠損していること（心房静止）を示唆する。QRS波が補充収縮かどうかは明らかではない。心房細動（AF）がP波消失のもう一つの原因であるが、AFは波状の基線（「f」波）や不規則な房室伝導の原因となり、無秩序な心室調律を生じる。

ii. 中程度から重度の高カリウム血症は、心房筋の脱分極を抑制することによって心房静止の原因となりうる。しかし、一般に洞結節活性は残存し、結節間伝導路を通じて房室結節そして心室へと伝導する（洞室調律）。

持続性心房静止は、心房の心筋疾患に起因し、心房筋の線維化や菲薄化、伝導障害、心房拡大などを特徴としており、心臓拍動を刺激するために補充調律が要求される。心房静止は、イングリッシュ・スプリンガー・スパニエルで最もよく認められ、その他に、心筋症あるいは心筋炎の続発症として認められる。

iii. 直ちに血清電解質を計測すべきで、高カリウム血症が存在するならば速やかに治療を開始する。高カリウム血症の最も一般的な原因は、副腎皮質機能低下症と尿路閉塞であり、必要に応じて適切な鑑別検査を実施する。血清カリウム濃度が正常ならば、追加すべき検査は、胸部X線検査と心エコー図検査である。血清中の心筋トロポニンI濃度は、進行中の心筋損傷の程度を指示する可能性がある（**54**も参照）。

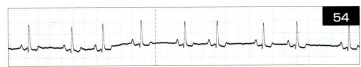

54 53の虚脱の既往がある犬において、最初の身体検査の後、血清生化学検査が実施された。

項目	結果	参照範囲
BUN	36.7 mg/dl	7〜26.9 mg/dl
Cre	2.1 mg/dl	0.5〜1.8 mg/dl
TP	7.6 g/dl	5.2〜8.2 g/dl
Alb	3.8 g/dl	2.3〜4.0 g/dl
Glb	3.8 g/dl	2.5〜4.5 g/dl
A/G比	1.0	0.50〜1.50
ALT	32.0 U/l	10〜100 U/l
ALP	81.0 U/l	23〜212 U/l
Glu	126 mg/dl	74〜142 mg/dl
Na	135 mEq/l	144〜160 mEq/l
K	8.4 mEq/l	3.5〜5.8 mEq/l
Na/K比	16.0	>27
Ca	12 mg/dl	7.6〜12 mg/dl
P	5.3 mg/dl	2.5〜6.8 mg/dl
Chol	324 mg/dl	108〜320 mg/dl
コルチゾール	<1 μg/dl	1〜9 μg/dl
コルチゾール（ACTH刺激後）	<1 μg/dl	1.8〜23.9 μg/dl

治療開始後に、心電図検査が実施された（**54**：25 mm/秒）。

i. この症例に認められた臨床徴候と心電図異常の原因は何か？
ii. 最初の治療は何が推奨されるか？
iii. **54**に示す心電図の所見を述べよ。

55 犬糸状虫症の重症度はどのように分類されているか？

解答54、55

54 i．高カリウム血症は、比較的緩徐な心拍数や心電図のP波消失の原因となった（**53**を参照）。高カリウム血症の他に、低ナトリウム血症やナトリウム/カリウム比の減少は副腎皮質機能低下症（アジソン病）が疑われる。これは、ACTH刺激試験前後の血清コルチゾール濃度が低値であることで確認された。この疾患による循環血液量の減少は、脱水、腎前性高窒素血症そして元気消失の原因となる。

ii．最初の治療は、循環血液量と血清電解質および代謝性アシドーシスの補正を目的に実施される。症例によっては、0.9%生理食塩水の積極的な静脈内投与が適切である。しかし、重度あるいは治療に反応しない高カリウム血症では、静脈投与液中にレギュラー・インスリン（0.5～1.0 U/kg）とデキストロース（投与するインスリンに対して2 g/U）の同時投与が推奨される。あるいは、重炭酸ナトリウム（1～2 mEq/kg）か、10%グルコン酸カルシウム (2～10 ml)の緩徐な静脈内ボーラス投与を実施する。血清カリウムは、緊密に監視すべきである。副腎皮質機能低下症と診断されれば、鉱質コルチコイドや糖質コルチコイドによる治療が開始される。

iii．心拍数100 bpmの洞性不整脈が認められる。ここでは、P波は明確に認められ、QRS持続時間は短縮している。この心電図は、点滴治療を開始してから24時間後に記録された。血清カリウム濃度は6.1 mEq/lであった。

55 **クラス1**：無徴候/軽度犬糸状虫症。臨床徴候：なし、あるいは散発的な発咳、興奮時の疲労、あるいは軽度に衰弱した状態。X線検査あるいは血液、血液生化学検査および尿検査に著変を認めない。

クラス2：中程度犬糸状虫症。臨床徴候：クラス1と同様。X線検査に認められる徴候は、右心室と軽度肺動脈の拡大、血管周囲の明瞭化や肺胞/間質の混合浸潤である。血液、血液生化学検査および尿検査では、軽度の貧血（PCV 20～30%）、＋/－軽度蛋白尿（2＋）。

クラス3：重度犬糸状虫症。臨床徴候は、持続的な疲労、執拗な発咳、呼吸困難、悪液質、あるいはその他の右心不全徴候（腹水、頸静脈怒張や拍動）などである。X線検査では、右心室 ＋/－ 右心房の拡大、重度の肺動脈拡大、びまん性の肺浸潤の混合パターン、＋/－ 肺血栓塞栓症の徴候などが観察される。血液、血液生化学検査および尿検査では、貧血（PCV＜20%）、その他血液学的異常、蛋白尿（＞2＋）などである。クラス3の犬は、成虫駆除治療（新しいメラルソミン投薬法）を実施する前に安定させるべきである。

クラス4：大静脈症候群。大量の虫体による右心室流入障害に引き続くショック様状態。臨床徴候は、クラス3に加えて、急性の虚脱あるいは虚弱、しばしば粘膜蒼白、呼吸困難、喀血、血色素尿やビリルビン尿などが認められる。血管内溶血、高窒素血症、酵素値の上昇を伴う肝機能障害、播種性血管内凝固が一般的に認められる。

設問56、57

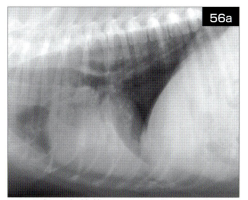

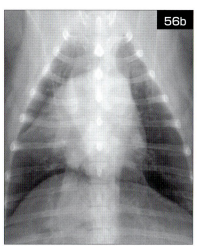

56 6歳、去勢雄のウエスト・ハイランド・ホワイト・テリアが、5日前に火災から救助された。犬は救助時には呼吸困難を呈していたが、肺音と胸部X線検査像は正常であった。4日間の酸素吸入により治療され、臨床的には改善したようにみられた。しかし、現在は胸部聴診で呼吸音は悪化し、時々捻髪音が聴取される。胸部X線左側方向像（**56a**）と背腹像（**56b**）が実施された。

i. X線検査像に認められる変化は何か？　その診断は何か？
ii. 煙吸入における肺の病態生理は何か？

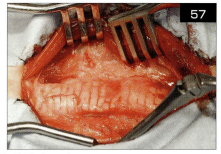

57 4歳、去勢雄のヨークシャー・テリアが、呼吸困難を主訴に来院した。身体検査とその他検査の後に、外科的な治療が推奨された。この術中写真（**57**）は、呼吸困難の原因となる病変を示している。図の左側が頭側である。

i. 呼吸困難の原因は何か？
ii. この疾患を診断するのに、どんな術前検査が有用か？
iii. 病変が図に示されている部位に限局していると仮定して、最も呼吸困難が顕著になるのはどの呼吸相か？
iv. 初診時の呼吸困難が重度であれば、安定化のために実施する治療法とその優先順位を述べよ。

56 i. 右肺中葉の頭側尾側縁が明瞭化しており、心陰影の右側中央部が不明瞭化、エアブロンコグラムが認められている（**56c**：矢印）。胸部食道の中央に少量の空気が認められる。X線検査による診断は、右中葉の肺胞パターンと軽度の呑気症である。検討すべき鑑別診断は、二次的な細菌性肺炎、誤嚥性肺炎、および気管支の閉塞に続発した部分的な無気肺である。

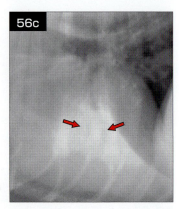

ii. 熱傷、ガスおよび火災で発生した刺激性の微粒子は、気道や肺実質に障害を与える。低酸素血症、炎症性媒介物質の放出、および潜在的な気道閉塞は、曝露時間と可燃物の種類に関連して様々な組み合わせで生じる。X線像に認められる変化は、肺水腫と肺炎によるものである。

　X線検査像は、来院時はしばしば正常である。初診から24〜36時間の間に、間質パターンから肺胞パターンが肺に認められるようになる。これらは、後に出現する続発症である粘液分泌の増加、粘膜の脱落、二次的な細菌感染に関係している。

57 i. 気管虚脱。脆弱化した気管軟骨輪および/または気管背側の膜性部の余剰は、一般に気管内腔狭小化の基礎的な要因である。頸部、胸部あるいはその両方の気管が罹患する。
ii. この疾患を診断する標準的な検査法は、（1）吸気と呼気における頸胸部のX線撮影、（2）頸胸部のX線透視検査、（3）気管支内視鏡検査である。
iii. 図は、腹側正中アプローチの頸部気管を示す。頸部気管に限局した気管虚脱は、吸気性の呼吸困難を引き起こす。
iv. 来院時の呼吸困難が重度である場合、症例は鎮静して、高い酸素濃度の環境下で緊密に監視されるべきである。鎮静により呼吸困難が改善しなければ、気管挿管のためにより深い鎮静あるいは全身麻酔を実施すべきである。酸素は気管チューブによって吸入され、また必要に応じて人工呼吸を実施する。いったん、深い鎮静や全身麻酔下ですべてのパラメーターが安定したら、ゆっくり覚醒させる。呼吸困難を再発させずに抜管できない場合は、緊急的に外科的整復あるいは気管内ステント留置が必要である。根治術が実施できない場合は、一時的な気管切開術を実施するが、これは後の根治術の実施を複雑にするかもしれない。

58 呼吸困難の主訴のある4歳のヨークシャー・テリアが、気管虚脱と診断された（**57**を参照）。この術中写真は、罹患部位に実施した外科治療を示している。図の左側が頭側である（**58**）。

i. この疾患のグレードを鑑別するために、どのような検査が実施されるか。また、4つのグレードはどのようなものか？
ii. 写真中で用いられている生体適合材料は、何から作られているか？
iii. どの筋肉腹側が、ワイトラナー開創器によって展開されているか。
iv. この術式で生じる医原性の合併症は何か？また合併症の治療法を述べよ。

59 8歳、避妊雌のラグドール、体重3.5kgが、約12時間前より突然認められるようになった努力性呼吸を主訴に来院した。猫は、ほとんど室内で飼育されており、市販の維持食が給餌されていた。症例は開口呼吸、頸部伸展、肘部外転、大きな努力性の腹式呼吸を伴い、非常に苦しがっている。胸部打診では、左右胸壁において濁音の水平境界が認められる。心拍数は増加している（250 bpm）。収縮期血圧は、70 mmHg（正常値120〜170 mmHg）である。胸部X線検査では胸水貯留が指摘され、胸腔穿刺により200 mlの液体（**59**）が抜去された。胸腔穿刺後は、症例の呼吸数と呼吸様式は劇的に改善した。胸水の検査結果：トリグリセライド1,501 mg/dl、コレステロール139 mg/dl、総蛋白3.98 g/dl、アルブミン2.18 g/dl、グロブリン1.8 g/dl、アルブミン/グロブ

リン比1.21、肉眼所見：乳白色液体、細胞診：良い状態で保存された中程度の細胞量（$5.0×10^9/l$）であり、好中球（14％）、リンパ球（56％）、マクロファージ（30％）、および中皮細胞とプラズマ細胞が散見された。腫瘍性変化および細菌は確認されず、好気培養および嫌気培養は共に陰性であった。

i. 胸腔より抜去された液体のタイプは何か？
ii. この疾患を引き起こす原因をあげよ。
iii. 診断のために追加すべき検査は何か？

解答58、59

58 i. 気管支内視鏡検査が、虚脱の程度をグレード分けするために実施される。各グレードは、25%虚脱(グレード1)、50%虚脱(グレード2)、75%虚脱(グレード3)、ほとんど虚脱(グレード4)である。

ii. 図の気管輪の補強材は、ポリプロピレンの注射器より作成された。しかし、市販のポリプロピレン製の気管輪補強材が、様々なサイズで利用可能である。気管輪の補強材も、ポリ塩化ビニルの点滴回路の点滴筒から作成されている。

iii. 気管輪の補強材は、喉頭から胸骨柄までの頸部腹側正中切開によって頸部気管に装着される。胸骨舌骨筋は正中で切開される。図は開創器によって展開されている胸骨舌骨筋の腹側である。

iv. この術式における主な医原性合併症は、気管周囲の筋膜に存在する反回神経の障害である。その結果生じた喉頭麻痺は、輪状披裂軟骨喉頭形成術によって治療される。気管内ステントは医原性の反回神経障害を回避する。しかし、気管内ステントは胸腔内気管の虚脱には良いが、頸部気管の病変には管外からの気管輪補強材を用いる方がよいかもしれない。

59 i. 胸腔内に貯留した液体の外観、細胞診、生化学検査の特徴は、乳びを示唆する。犬猫の胸水貯留の多くは、この症例のように両側性である。それは、左右胸腔は縦隔にある孔によって連絡しているからである。

ii. 胸管の内圧上昇あるいは透過性の亢進は、乳びが胸腔内へ漏出することを可能とする。縦隔腫瘍（特に猫のリンパ腫）は、リンパ管障害や炎症の原因となり、乳び貯留を引き起こす。全身性の静脈圧が上昇するどのような過程（心筋症、犬糸状虫症、あるいは心膜疾患や前大静脈血栓症による右心不全）でも、乳び胸になる可能性がある。特に外飼いの猫では、外傷は潜在的なもう一つの乳び胸の原因である。先天的なリンパ管奇形も、乳び貯留を生じやすくする。根本的な原因が特定できない場合は、特発性乳び胸と診断される。

iii. 診断には、心臓の大きさや形、肺、前縦隔、その他観察可能な構造の評価のため、胸部X線検査（胸腔穿刺の後）を実施すべきである。基礎疾患となる心疾患を走査するために、心エコー図検査は有効である。心筋症、縦隔や胸腔内腫瘤病変、あるいはその他疾患の異常が認められるかもしれない。通常の血球計算、血液生化学検査および犬糸状虫症抗原検査も推奨される。リンパ管造影検査は、リンパ管拡張やリンパ管障害の部位を示すことができる。

設問60、61

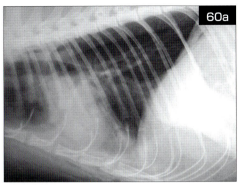
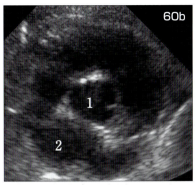

60 59の猫が、乳び胸を発症した。症例はほとんど室内で生活しており、外傷の既往はなかった。胸腔穿刺の後に、胸部X線側方向像が撮影された(**60a**)。心エコー図検査も実施され、右傍胸骨短軸像の心基底部位が示された(**60b**)。その他すべてのエコー像で著変は認められなかった。同時に実施した心電図検査では、約250 bpmの洞調律が観察された。血液検査および血清生化学検査の結果に著変は認められなかった。猫免疫不全ウイルス、猫白血病ウイルス、犬糸状虫検査は陰性であった。1：大動脈、2：左心房。

i. この症例において、最も可能性の高い乳び胸の原因は何か？
ii. 治療の選択肢と予後はどのようなものか？

61 4カ月齢、雌の純血種猫が、元気消失、発熱、体重減少、呼吸困難、便秘を示している。症例はやせ細っており、発熱（39.4℃）して頻呼吸を呈している。胸部X線検査では、胸水貯留が認められる。胸腔穿刺により、混濁した黄色の液体が抜去された。細胞数は8,760/μl、蛋白濃度は4.5 g/dl、pH 6.0であった。胸水の直接塗抹の鏡検像を**61**に示す（ライト染色、500倍油浸）。

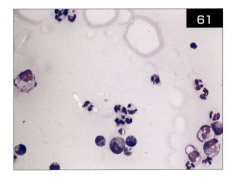

i. 細胞診所見などの特徴から、この胸水をどのように分類するか？
ii. 症例の特徴、臨床所見および胸水の評価から、最も可能性のある診断は何か？
iii. 確定診断するために、生存中に実施可能な検査は何か？　また、それらの実施制限は何か？

解答60、61

60 i. 静脈うっ血や肺水腫を伴わない軽度の胸水貯留が、認められる（**60a**）。正常な大きさの心房（**60b**）と他の心エコー図検査の正常所見から、この胸水は心疾患が原因ではないことが示唆される。完全に腫瘍性病変を除外することはできないものの、縦隔腫瘤、血栓、その他の前大静脈圧上昇の原因が認められず、リンパ管の破綻あるいは外傷歴がないことより、本症例は特発性の乳び胸であることが示唆される。

ii. 外科治療を検討する前に内科治療が試みられる。確定診断が可能で、原因の治療が容易な乳び胸は、改善するかもしれない。しかし、まれに数週間～数カ月後の自然治癒が報告されているものの、特発性乳び胸の治療は、一貫して効果的ではない。

必要に応じて、胸腔穿刺が繰り返される。急速に胸水貯留を認める症例や外傷性乳び胸の症例には、胸腔チューブが設置される。頻回の胸腔穿刺を実施する場合は、電解質を監視する。内科治療は、低脂肪食（リンパ流の減少）とルチンの投与（炎症と線維化を抑制し、マクロファージの活性化を促進する自然バイオフラボノイド）である。オクトレオチド（ソマトスタチンの合成類似物質）は、消化管分泌を抑制し、胸管内のリンパ流を減少させるかもしれない。

外科治療（胸管の結紮、心膜切除、胸腔内大網固定）は、内科療法に反応しない症例に推奨される。

61 i. この胸水は、含有する有核細胞数が多く（>5,000/μl）、総蛋白濃度が高い（>3.0 g/dl）ことから滲出液として分類される。細胞診では、細胞質に富んだ蛋白成分の豊富な貯留物（三日月様に核を圧迫した好塩基性顆粒状物質）が認められ、細胞は好中球とマクロファージ、そして少数の小リンパ球で構成されていた。したがって、細胞診の診断は、中程度の好中球、マクロファージの炎症性の滲出液であった。

ii. 生前の確定診断が難しい疾患であるが、猫伝染性腹膜炎（FIP）が最も可能性の高い原因である。

iii. FIPは、猫のコロナウイルス（FCoV）感染症である。その他のコロナウイルス(非病原性のFCoVも含む)の多くが、病原性のFCoVに抗原性が類似している。その結果、抗体力価やPCR検査までもがFIPに特異的ではない。したがってこれら診断検査の結果は、仮診断のために、臨床所見や病歴と共に考察される。

FIPの最良の生前診断は生検であり、病理組織学的に確認することが可能である。FIP（滲出型と非滲出型）の特性的な病変は、化膿性肉芽腫性脈管炎である。この症例のFIPの診断は、剖検によって確定された。

設問62

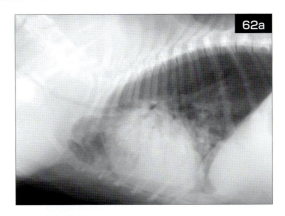

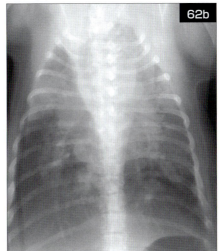

62 4カ月齢、雌のイングリッシュ・ブルドッグが努力性呼吸を呈し、この4日間で呼吸困難に陥っている。症例は発熱しており、白血球百分比は中毒性好中球を伴う変性性の核左方移動が認められる。X線検査で右下側方向像（**62a**）と背腹像（**62b**）が撮影された。

i. X線検査像に認められる異常を述べよ。
ii. X線検査における診断は何か？
iii. 2つの主な所見に関連があるとすれば、どのようなものか？

解答62

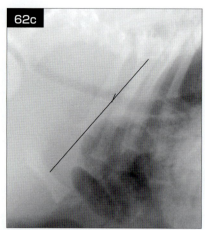

62 i. 両側の肺野腹側に軟部組織様の不透過性亢進が認められる。側方向像では、心陰影に重なって左前葉に限局したエアブロンコグラムが観察される。背腹像の第6肋間において、右前葉と中葉間に明瞭な肺葉の境界が確認できる。心臓と横隔膜の間において、軟部組織様の不透過性が不均質である。後葉の背側位は過膨張している。気管は正常よりも細く、気管：胸腔入口径比は0.06である。気管：胸腔入口径比の計測法を**62c**に示す。比率が0.13未満のブルドッグは、気管低形成である可能性が高い。
ii. 気管低形成と気管支肺炎。
iii. 気管低形成は、ブルドッグにおいて最も一般的な先天性疾患である。X線検査で気管低形成と確認した103頭の犬の研究において、気管支肺炎は最も一般的に併発する後天性疾患であるが、7症例だけであったため、気管低形成は気管支肺炎の素因ではないと考えられた。気管低形成は、他の呼吸疾患あるいは心疾患が併発しなければ、よく許容されうると著者らは結論づけている。

設問63、64

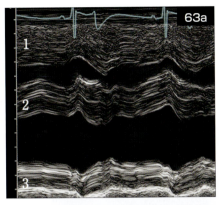
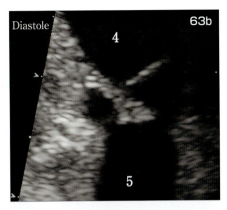
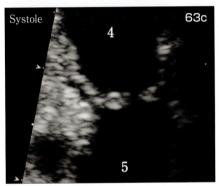
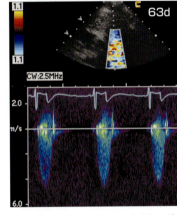

63 6歳、去勢雄のワイヤー・ヘアード・フォックス・テリアが、幼犬時から認められ、今やより大きくなった心雑音の評価のために来院している。症例に臨床徴候は認められず、活発で元気である。身体検査では、左側心基底部におけるグレード4/6の収縮期性心雑音以外に著変は認められなかった。心エコー図検査が実施され、心室レベルのMモード像（**63a**）、右傍胸骨短軸像の拡張期拡大像（**63b**）、同収縮期拡大像（**63c**）、同部位の連続波ドプラ像（**63d**）を示す。1：右心室壁、2：心室中隔、3：左心室壁、4：右室流出路、5：肺動脈。

i. 63aにより何が明らかとなるか？
ii. 63b〜dの所見を述べよ。
iii. 飼い主に何を推奨すべきか？

64 住血線虫症とは何か。また、どのように伝播するか。

解答63、64

63 i. 右心室壁の重度な肥大（1.2 cm、拡張期、左心室壁（0.8 cm）と比較）が顕著である。心室中隔の肥厚も認められるが、隣接している三尖弁のエコーによって誇張されている。この右心室肥大は、慢性的な著しい右心室の収縮期圧負荷（例えば重度の肺動脈狭窄症、あるいは肺高血圧症）を示唆する。

ii. 異常に肥厚した肺動脈弁（**63b**）は、癒合して形成不全の弁尖によって開放が不完全（**63c**）となり、収縮期の「ドーム化」を示している。診断は、先天性肺動脈弁性狭窄症（PS）である。肺動脈血流の収縮期最高速度は、5m/秒であり（**63d**）、推定される右心室−肺動脈の収縮期圧較差（PG）は、100 mmHgである（簡易ベルヌーイ式：PG = 4×v^2）。

iii. ドプラ法により80～100 mmHg以上の圧較差を認めるPSは、重度と判断される。PSの続発症は、右心室と右心房の拡大、三尖弁逆流、心筋虚血、不整脈、そしてうっ血性右心不全で、特に重度な狭窄の場合には突然死である。しかし、臨床徴候は数年間にわたって出現しないかもしれない。中程度から重度のPSにはバルーン弁口拡張術が推奨され、臨床徴候と生存期間を改善する。この緩和術は、いくつかの弁形成障害の症例において収縮期圧較差の有意な減少が可能で、単純な肺動脈弁癒合はよく成功する。中程度から重度のPSには、運動制限も実施される。β−遮断剤による治療は、心筋虚血や不整脈を減じるのに有用かもしれない。

64 *Angiostrongylus*属の線虫類は、複数の種に寄生できる。*A.vasorum*は、しばしば狐、野生の犬科動物、その他品種と共に犬によく寄生する。この寄生虫は、ヨーロッパ西部、イギリス、カナダ東部（ニューファンドランド）、南アメリカとアフリカの一部に認められ、その分布は拡大している。*A.vasorum*は、L_1幼虫が感染性のL_3幼虫に成長するために中間宿主（ナメクジまたはカタツムリ）が必要である。終宿主が、中間宿主あるいは待機宿主（カエル）を捕食することで感染が成立する。L_3幼虫は、宿主の腸管を穿孔して腸間膜リンパ節に移行し、そこでL_5幼虫へと成長する。そしてリンパ流に乗って右心系および肺動脈へと移動する。成虫は体長20～30 mmに達する。検出潜伏期間は、約1～3カ月である。雌の成虫の虫卵は、肺毛細血管内で孵化する。肺胞や気管支壁を通り抜けたL_1幼虫は、気管より喀出された後に嚥下され、糞便中に排泄される。感染した犬は数年間にわたって幼虫を排泄する。通常、呼吸器症状（咳、頻呼吸、呼吸困難）が目立つが、様々な程度の凝固障害、肺高血圧症、神経学的異常、非特異的な胃腸症状、元気消失、体重減少など、その他の一般的な症状に関連することがある。

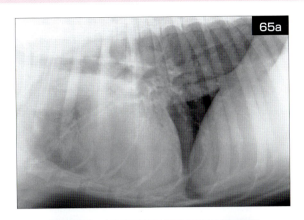

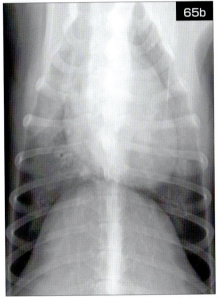

65 2歳、雄、体重41kgの雑種犬が、昨日からの沈うつと喀血のために来院した。口腔と喉頭内の検査のために橈側皮静脈からの鎮静が実施されたが、著変は認められなかった。後日、薬剤注入に使用した前肢は、腫脹して障害されていた。胸部X線検査において、右下側方向像（**65a**）と背腹像（**65b**）が撮影された。

i. X線検査所見および診断は何か？
ii. 確定診断のために、追加すべき検査は何か？

解答65

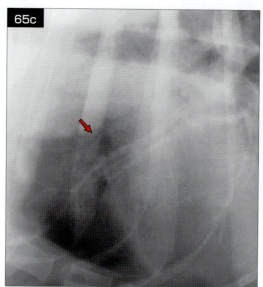

65 i．肺の右前葉と中葉および左前葉前部における軟部組織の透過性が亢進している。右前葉と中葉の間に明瞭な肺葉の境界、右前葉気管支を含むエアブロンコグラム（**65c**：矢印）、心臓の右頭側縁の消失が認められる。前縦隔の腹側縁は、腹側へ突出して認められる。しかし、いずれの像でも気管の偏位は認められない。X線検査による診断は、病因として肺出血、気管支肺炎、誤嚥性肺炎の鑑別が必要となる肺前葉と中葉の肺胞‒間質パターンである。

ii．急性喀血と静脈穿刺後の皮下溢血の経緯より、抗凝血系殺鼠剤中毒のような後天性の凝固障害が疑われる。止血機能検査が推奨される。この犬のプロトロンビン時間は120秒以上（正常値5〜12秒）で、部分トロンボプラスチン時間は45秒（正常値9〜19秒）であった。飼い主に対するさらなる問診により、殺鼠剤であるブロディファコウム（*brodifacoum*）に曝露していたことが明らかとなった。

設問66、67

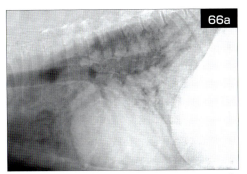
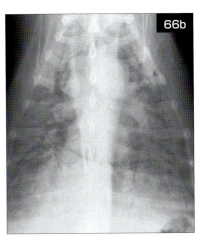

66 14歳、避妊雌のラブラドール・レトリーバーが水没後に蘇生し、9時間後に来院した。主な臨床徴候は、全体的な沈うつと頻呼吸である。胸部聴診では、喘鳴とラッセル音が聴取される。最初の経皮的動脈血酸素濃度測定は、85％である。来院から約36時間後に、胸部X線検査において側方向像（**66a**）と背腹像（**66b**）が撮影された。より早期のX線検査は、症例が不安定であり、安全ではないと判断した。

i. X線所見は何か？ 溺れた症例に典型的な像は認められるか？
ii. 淡水、海水の溺死において、主要な病態生理学的な違いは何か？
iii. 溺れている症例の主な治療の目的は何か？ また、これはどのように達成されるか？
iv. 溺れた症例における抗生剤治療の役割は何か？
v. 淡水に溺れた犬の予後はどうか？

67 努力性呼吸と食欲低下を示した7歳、雄のペルシャ猫が、呼吸数50/分、心拍数180 bpm、調律不整、左側頭側胸骨縁よりグレード2/6の収縮期性心雑音を示している。心電図検査が実施された（**67**：誘導は図に記載、25mm/秒、1 cm = 1 mV）。

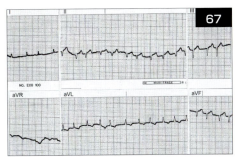

i. 心電図検査による診断は何か？
ii. これらの所見は、特に心疾患を示唆するか？
iii. この症例には、次に何をするか？

解答66、67

66 i. 顕著なエアブロンコグラムを伴った肺胞パターンが、広範に認められる。X線検査の変化は臨床徴候の変化よりも遅れるが、これは溺れた後に認められる早期の病態における典型像である。間質–気管支混合パターンの共存か、肺胞パターンが改善した後に残存するかもしれない。

ii. 低浸透圧の淡水は気道から急速に吸収され、循環血液量過多、低ナトリウム血症、そして時に溶血症（高カリウム血症、ヘモグロビン血症、ヘモグロビン尿を伴う）を引き起こす。しかし、液体の再分布が急速に生じ、電解質濃度が正常な肺水腫や循環血液量減少となる。高浸透圧の海水は血管内腔から液体を引き込み、肺内の液体貯留を増加させる。淡水はそのイオン構成の変更により、肺の界面活性物質の表面張力特性を障害する。海水は残存する界面活性物質の特性を変化させずに、界面活性物質を洗い流す。

iii. 低酸素血症は、酸素療法および必要ならば終末呼気陽圧呼吸あるいは持続的気道陽圧呼吸で治療すべきである。

iv. 抗生剤は溺れた動物の生存に影響するのではなく、細菌性肺炎に発展する場合に抵抗することができる。したがって、抗生剤の使用は明らかな感染症に制限されるべきである。

v. 淡水に溺れた犬の予後は、呼吸不全が起こらない限り良好である。長時間の潜水および蘇生の遅れは、より予後不良となる。

67 i. 心拍数は160 bpmである。調律は心房細動（AF）で、P波欠損と調律不整に注目する。左軸偏位（平均電気軸は約 −60°）が観察され、QRS波は0.04～0.05秒とわずかに幅広い。

ii. AFを呈する猫のほとんどは、基礎疾患として著しい心房拡大を伴う重度の心疾患が認められる。心房組織の「病的部位」が持続的なAFのために必要であり、体格の小さな動物では心房拡大が要求される。QRS波の左軸偏位（左脚前枝ブロックパターン）は、左心室肥大を示唆する。心電図所見に基づいて、最も有力な鑑別診断は、肥大型心筋症、あるいは拘束型心筋症であり、その他には甲状腺機能亢進症（この猫はかなり若いが）、慢性の重度高血圧症、あるいは長期経過した先天性心疾患（例えば大動脈弁下狭窄症や僧帽弁異形成）などである。

iii. 血圧測定と通常の血液検査と尿検査に加え、胸部X線検査と心エコー図検査の実施が推奨される。この猫は、肺水腫を伴った肥大型心筋症であった。肥大型心筋症とAFを伴う猫には、ジゴキシンではなく、ジルチアゼムあるいはβ–遮断剤が処方される。また、フロセミド、ベナゼプリル、低用量アスピリンも処方される。

68 アメリカ中部より、4歳、雄のラブラドール・レトリーバーが、抗生剤治療にもかかわらず持続する発熱と慢性的な発咳を主訴に来院した。発咳はプレドニゾンに反応するようだが、いったん中止すると再発する。症例は元気で機敏であり、反応性はよい。体温は40℃、心拍数は152 bpm、呼吸数は60回/分で、肺音は粗励である。下顎、右側浅頸、そして膝窩リンパ節はわずかに腫大している。胸部X線検査では、びまん性の間質性結節パターンと、左後葉の背側に4×4cm大の不明瞭な肺の腫瘤が観察される。心陰影、肺血管、その他の構造は正常範囲である。血液ガス検査のために、動脈血が採取された（以下に結果を示す）。

項目	結果	正常範囲	単位
pH	7.483	7.31〜7.42	
PCO_2	20.0	29〜42	mmHg
PO_2	56.8	85〜95	mmHg
HCO_3	14.7	17〜24	mmol/l
BE	-6.1		mmol/l
Total CO_2	15.3		mmol/l
酸素飽和度	92.3		%

i. 血液ガス検査所見を述べよ。
ii. 肺胞-動脈（A-a）較差とは何か？
iii. これは何を意味するか？
iv. この犬の症状として、最も考えられる原因は何か？

69 10歳、避妊雌のボストン・テリアが、右心不全徴候を主訴に来院した。タンポナーデを伴う心膜液貯留が疑われ、心エコー図検査が実施された（**69**：1；右心室、2；左心室、3；左心房）。心臓に腫瘤病変は確認されなかった。心膜腔穿刺が実施され、心膜液の細胞学的特徴に基づき、悪性の確定診断は不可能であった。心膜切除術のために開胸術が計画された。

i. 心タンポナーデは認められるか？
ii. 心膜液貯留の可能性の高い原因は何か？
iii. 開胸下心膜切除術のために推奨される肋間は何か？　それはなぜか？
iv. この症例の治療に胸腔鏡を使用する長所は何か？
v. この症例の治療に胸腔鏡を使用する短所は何か？

解答68、69

68 i. 呼吸性アルカローシスと代謝性アシドーシスを伴った顕著な低酸素血症。

ii. 肺胞気–動脈血酸素分圧較差は、肺胞気酸素分圧（PAO_2）と動脈血酸素分圧（PaO_2）との差のことである。PAO_2は、吸入気酸素分圧（FiO_2）×（大気圧－水蒸気圧）－動脈血二酸化炭素分圧/Rとして算出される。Rはガス交換比（産出された二酸化炭素あたりの酸素摂取）であり、0.8と仮定される。海抜0メートルで空気呼吸の動物では、PAO_2 = 150 mmHg－動脈血二酸化炭素分圧/0.8で算出される。この症例ではPAO_2は125であり、肺胞気–動脈血酸素分圧較差は、68.2 mmHgであった。

iii. 肺胞気–動脈血酸素分圧較差は、計測したPaO_2に対する低換気の影響を区別するのに役立つ。正常な肺では、PAO_2は肺毛細血管内の酸素圧、つまり動脈血酸素分圧（PaO_2）と基本的に同じであるべきである。肺胞気–動脈血酸素分圧較差は、10 mmHg以下であれば正常である。換気/血流比（V/Q）不適合、短絡、ガス拡散障害は、肺胞気–動脈血酸素分圧較差を増加させる。低換気はPAO_2も減少するため、肺胞気–動脈血酸素分圧較差は増加しない。15 mmHgより大きい肺胞気–動脈血酸素分圧較差は、通常ある程度のV/Qの不適正を示唆する。この症例の上昇した肺胞気–動脈血酸素分圧較差と低酸素血症は、重度の肺機能障害が示唆される。

iv. 全身的な真菌症、リンパ腫、あるいはその他の転移性腫瘍疾患が、最も疑わしい。この症例は、ブラストミセス症と診断された。

69 i. はい。心膜腔内圧が右室充満圧を凌駕すると、心タンポナーデが発生する。これは、図に示された拡張期における右心房壁の虚脱（矢印）によって示唆される

ii. 犬の心膜液貯留は、たいてい腫瘍あるいは特発性心膜炎に起因している。通常、右心耳あるいはその他の右心構造における血管肉腫が、最も一般的な心臓腫瘍である。次いで大動脈体腫瘍が一般的で、短頭種の犬によく認められる。中皮腫の発生も時に認められる。心膜液貯留はまた、右心不全、左心房破裂、血液凝固障害、尿毒症、迷入した異物の感染、およびその他の原因に続発して発生する。

iii. 右第5肋間での開胸術が、心膜切除術のためによく実施される。この部位での開胸術は、左側肋間開胸術に比較して、心膜切除や右心房腫瘤の生検のためにより良い術野を提供する。

iv. 胸腔鏡手術は、心膜切除術に際して最小の侵襲で胸腔内アプローチを提供する。主な利点は、経験を積んだ術者であれば、開胸術よりも少ない術後合併症罹患率となる優れた術野の展開である。

v. 胸腔鏡手術の主な短所は、右心房腫瘤が認められた際の生検あるいは切除における症例のリスク増加である。さらに、開胸術による広範な心膜切除範囲に比較して、より小さな切除範囲となることである。

設問70、71

70 10歳、避妊雌のボストン・テリアが、右心不全徴候を示している。心エコー図検査により心タンポナーデと診断され、心膜腔穿刺が実施された。心エコー図検査では、心臓腫瘤病変は確認されなかった。CT検査によるさらなる画像診断においても心臓腫瘤の確認はできなかったが、左肺前葉の末梢に1.5 cmの腫瘤病変と胸骨リンパ節の腫大が確認された。肺腫瘤（**70**）とリンパ節の生検と心膜切除術の実施のために開胸術が実施された。

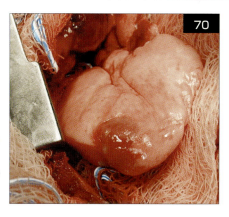

i. 図に示す腫瘤の鑑別診断は何か？
ii. どのような所見が、この腫瘤の予後が不良であることを示唆するか？
iii. 開胸術によってこの腫瘤にアプローチするために、どの肋間腔が推奨されるか？

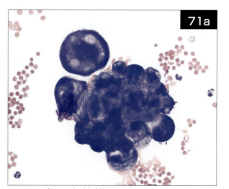
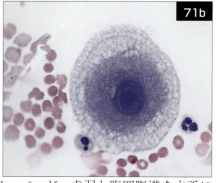

71 10歳、去勢雄のゴールデン・レトリーバーが、虚弱と腹囲膨満を主訴に来院した。身体検査所見は、腹水貯留、心音減少、および頸静脈怒張が確認された。胸部X線検査では、拡大し、わずかに円形の心陰影が認められた。心エコー図検査により心膜液貯留が確認された。心膜液塗抹が、ライト染色により示された（**71a**：直接塗抹50倍油浸、**71b**：サイトスピン塗抹100倍油浸）。

i. この液体の特徴に基づいて、最も適切な細胞学的鑑別診断をあげよ。
ii. 何の検査を追加することが有効か？

解答70、71

70 i. この腫瘍で最も可能性のある診断は、原発性肺腺癌であり、その他の原発性肺腫瘍として、扁平上皮癌、未分化癌および腺腫があげられる。組織分布的に原発性の肺癌は、気管支、気管支肺胞あるいは肺胞原発性である。この症例の組織学的診断は、気管支原発性癌であった。

その他には、転移性肺腫瘍、真菌性肉芽腫の可能性があるが、単発の腫瘍よりも多発性の肺腫瘍において、これらの条件がより特徴的である。例外的に、肺嚢胞あるいは膿瘍が、類似した外観を呈することがある。

ii. 原発性肺腫瘍の寛解および生存期間における最も一貫した予測因子は、気管気管支リンパ節への転移の有無である。この症例では、気管気管支リンパ節は気管支原発性癌が陽性であった。また、胸骨リンパ節の腫大がより明白であり、同様に転移性の気管支原発性癌で置き換えられていた。

iii. 外科的アプローチのために、左側第5肋間が選択される。なぜなら、完全な肺葉切除が必要な症例に対し、この肋間からは左側肺葉の基部に容易に到達可能だからである。

71 i. **71a**の好塩基性、多形性、円形から多角形の密着した細胞集塊と、**71b**の巨核性の大きな中皮細胞に注目する。さらに、分葉し核濃縮している好中球が認められる（**71b**）。この液体に含まれる細胞は、非常に多くの悪性所見（顕著な細胞と核の大小不同、多核化、核−細胞質比の増加と変動、巨大な核小体）を示している。これら細胞の外観は、中皮腫が主な鑑別診断である中皮細胞由来にとても一致している。しかし、もう一つの鑑別診断は、体腔内の慢性的な液体貯留に続発する中皮細胞の著しい過形成である。反応性の中皮細胞も多くの悪性所見を示すため、腫瘍細胞に類似する。最終的に、この検体中の多くの細胞は中皮細胞（好塩基性の豊富な細胞質と細胞周囲の明帯を伴った大きな円形細胞）のようであるが、細胞の外観だけでは悪性上皮細胞と悪性中皮細胞を鑑別できない。したがって、転移性癌や腺癌も考慮せねばならない。

ii. 完全な身体検査と、慎重な胸部と腹部の画像診断は、あらゆる腫瘍の識別をも可能にする。全血球計算、血液生化学検査、そして尿検査は、その他の臓器が関与していることを判断しやすくする。最終的に病理組織検査が、細胞学的な鑑別診断を行う最も有効な診断方法である。この症例は、剖検時の病理組織検査によって悪性中皮腫と診断された。

72 8歳、去勢雄のスプリンガー・スパニエルが、3カ月に及ぶ発咳を主訴に来院している。当初、発咳は乾性、粗励であり、時々吐気を伴っていた。2週間後には発咳は湿性となり、元気消失となった。来院1週間前には急に沈うつ、呼吸困難となり、39.8℃の発熱が認められた。アモキシシリン/クラブラン酸配合剤が処方され、発咳以外のすべての臨床徴候は著しく改善した。

来院時、症例は元気で反応が良く、中程度の肥満であった。直腸温は正常だが、気管の触診により発咳が容易に誘発された。聴診では、発咳中にラッセル音が聴取された。その他の異常は観察されなかった。血液検査および血液生化学検査は正常であった。糞便検査では、消化管寄生虫および肺虫感染は陰性であった。胸部X線検査が、全身麻酔下で用手により肺を拡張した状態で実施された（**72a**：背腹像）。

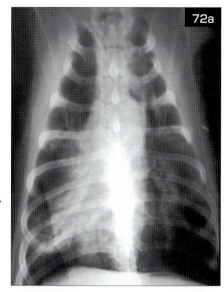

気管支内視鏡検査（**72b**）と気管支肺胞洗浄が実施された。気管支内

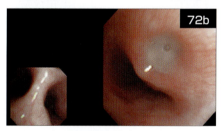

異物は確認されなかった。気管支肺胞洗浄液から保存状態の良い細胞が回収され、多数の高分化型線毛円柱上皮細胞、濃染した核をもつ好中球、多数の活性化した泡沫状肺胞マクロファージ、そして杯細胞と小リンパ球が散在していた。背景には、遊離した線毛、粘液、そしてムチン顆粒が認められた。感染性微生物は認められず、好気性、嫌気性培養検査は陰性であった。

i. X線検査所見の臨床的解釈は何か？
ii. 気管支内視鏡検査所見と気管支肺胞洗浄液所見では、どちらの異常がより明確か？
iii. 診断は何か？
iv. この症例をどのように管理すべきか？

73 米国心臓協会/米国心臓病学会（AHA/ACC）における、修正された心不全の病期分類とはどのようなものか？

解答72、73

72 i. 一部に気管支拡張症を伴ったびまん性気管支パターンが認められる。右肺中葉には浸潤陰影、右後葉には間質/肺胞混合パターンが認められる。病歴と身体検査所見から、気管支肺炎が疑われる。気管支パターンは慢性的な気管支疾患において認められ、続発性の感染症に罹患しやすい。

ii. 過剰な粘液産生を伴った気管支粘膜の浮腫と充血が観察される。特に右側の主気管支および気管支枝において、いくつもの粘液栓が認められる（**72b**）。気管支肺胞洗浄による細胞診では好中球性の気管支炎が認められ、前回実施された抗生剤治療は陰性の培養結果であったと判断される。

iii. 慢性気管支炎。確認されていないが、おそらく二次感染が発生した。他の慢性気管支炎の合併症は、寄生虫のオカルト感染やマイコプラズマ感染症である。病態が進行したときにだけ慢性気管支炎はよく確認されるが、その原因は解明されていない。遺伝的素因と同様に、環境刺激物質への慢性的な曝露による気管支の障害も慢性気管支炎の素因かもしれない。

iv. 目的は、発咳の制御、気道閉塞の除去、そして病態進行の抑制である。吸入された刺激物（例えばタバコの煙やカビ）への曝露は、最小限とすべきである。生理食塩水の噴霧吸入、胸壁叩打、そして軽い運動は気管支内の粘液を移動させるのに役立つ。ステロイド剤（例えばフルチカゾン）の吸入は、全身性副作用の出現は最小限に、局所の気道炎症や過剰な粘液分泌を軽減させる。二次的な細菌感染症は、慢性気管支炎を伴った潜在的合併症である。

73 i. 心不全（HF）の病期分類であるこの方法は、AHA/ACCに基づいている。このガイドラインは、心疾患が進行性疾患であることと早期診断の重要性に焦点を当てている。必ずしも浮腫や浸潤が臨床的に明らかとは限らないため、症例の水和状態は重要であるが、この分類では「うっ血」という用語を強調していない。4つのステージは次の通りである。

- **A：** 心臓の構造的異常はまだ認められないが、心疾患に罹患するリスクを有する症例。
- **B：** 心臓の構造異常（例えば心雑音）が明らかである。しかし、心不全の臨床徴候は認められない。
  - **B1：** 正常な心臓サイズ（血行動態の変化がない、あるいは最小限である）。
  - **B2：** 心臓リモデリングと心臓拡大が明確に認められる。
- **C：** 過去あるいは現在において、臨床的に心不全徴候を伴った心臓の構造異常。
- **D：** 持続的あるいは末期的な心不全徴候で、標準的な治療に難治性である。

設問74、75

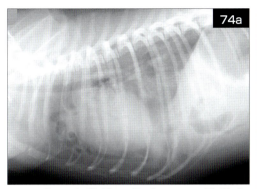
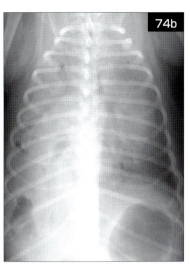

74 2歳、去勢雄、体重8.6kgの雑種犬が、2日前に車と衝突した。事故直後の外傷は目立たなかったが、それ以来、数回の嘔吐が認められ、苦しそうにしている。身体検査では、緊張して痛みを伴った腹部以外に著変は認められない。胸腹部X線検査が実施された（**74a、b**）。

i. X線検査所見は何か？
ii. X線検査による診断は何か？

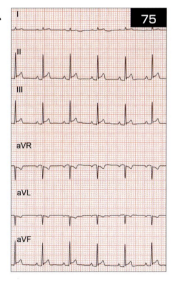

75 13歳、雌のゴールデン・レトリーバーが、別の獣医師によって元気消失、努力性呼吸、嘔吐、および食欲不振を指摘され来院した。胸水貯留が認められており、フロセミド（50mg、12時間毎）とエナラプリル（15mg、24時間毎）が処方されている。現在は、症例は元気、快活であるが、パンティング呼吸を呈している。体温は38.5℃で、心拍数は120 bpmである。聴診において肺音は正常であり、心音は小さいが心雑音は聴取されない。全血球計算および血清生化学検査のために採血が実施された。胸部X線検査では、少量の胸水を伴って中程度の心臓拡大が確認された。心電図検査が実施された（**75**：誘導は図に記載、25 mm/秒、0.5 cm＝1 mV）。

i. 心電図検査所見は何か？
ii. 心電図検査によって、どのような基礎疾患が示唆されるか？
iii. 次にどのような検査が推奨されるか？

解答74、75

74 i. 胸腔内には、軟部組織/液体様の不透過性亢進が認められる。さらに、右側胸腔の頭側腹部において、第3肋間にまで広がる円状、管状のガス充満構造が明らかに確認できる。横隔膜の右腹側半分、心臓辺縁のほとんど、および後大静脈が不明瞭である。腹腔頭側は腹側においてガス陰影が認められ、肝臓の腹側辺縁が不明瞭化している。

ii. X線検査による診断は、小腸とおそらく肝臓の一部が胸腔内へ逸脱している外傷性の右側横隔膜ヘルニアである。ここで示されているX線検査像は、横隔膜ヘルニアを診断するに十分であり、この症例にはこれ以上の画像診断は不要である。所見が明確でない場合は、消化管の位置を確認するために経口バリウム造影、腹部超音波検査および腹膜腔陽性造影が、横隔膜ヘルニアを確定診断するために実施する追加すべき画像診断である。

75 i. 心拍数は100 bpmの洞調律である。電気軸と波形計測値は正常である。ST分節は、尾側の誘導においてわずかに上昇（～0.2 mV）している。

ii. 犬と猫において、ST分節はQRS波の終点（J点）より開始し、（明瞭な境界を伴わずに）T波と融合する。ST分節の基線からの偏位は、（心筋虚血やその他損傷に起因した）異常な心室再分極、あるいは（心室肥大、伝導障害、薬剤の影響による）異常な脱分極による二次的変化の結果である。犬において0.15 mV以上（猫では0.1 mV以上）のST分節の上昇、あるいは0.2 mV以上（猫では0.1 mV以上）のST分節の降下は異常と考えられる。尾側の誘導（第Ⅱ、aVF、第Ⅲ誘導）におけるST分節の上昇は、心膜炎、左心室の心外膜障害、右心室の虚血性あるいは心内膜障害、壁内梗塞、心筋低酸素症、ジゴキシン中毒、心室肥大あるいは伝導障害の続発症として発生する。

iii. 心エコー図検査の実施が推奨される。心エコー図検査所見が曖昧である場合には、心臓バイオマーカー測定が有用である。循環血液中の心臓トロポニンIの上昇は、心筋の細胞膜障害あるいは壊死が示唆される。血漿中の脳性ナトリウム利尿ペプチド（BNP）、あるいはその前駆体であるNT-proBNPは、心疾患、特に慢性的な心室機能障害の非特異的機能マーカーである。

設問76、77

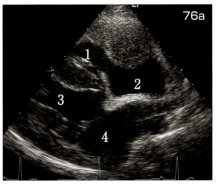
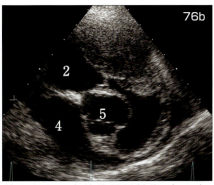

76 75において、心エコー図検査が実施された。右傍胸骨長軸像（**76a**）、および短軸像（**76b**）を示す。1：右心室、2：右心房、3：左心室、4：左心房、5：大動脈。

i. 画像上に示されているものは何か？
ii. 最も可能性のある疾患は何か？
iii. どのような治療が推奨されるか？

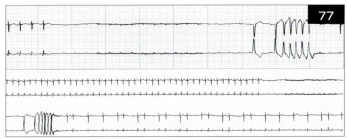

77 10歳、避妊雌の短毛種の猫が、「倒れる」という主訴で来院した。猫の活動は正常であるが、突然動きが止まって朦朧とし、その場で横臥となる。その直後、すばやく立ち上がり、その後再び正常となる。飼い主は、猫が家具や階段の手すり、そして冷蔵庫の上から落下したのでとても心配している。身体検査では、著変は認められなかった。24時間携帯心電図（ホルター心電図）検査が実施され（**77**）、同時に2チャンネルの記録が実施された。図上部の記録（方眼目盛りがある）は、図下部で示している長時間記録から、拡大した一部分である。

i. このホルター心電図に記録されている調律は何か？
ii. 臨床徴候は、この猫の心電図変化を原因とすることができるか？
iii. 診断のため、その他に何の検査が有用か？
iv. 治療の選択肢はどのようなものがあるか？

解答76、77

76 i. 大きな軟部組織腫瘤が、右側の房室接合部に浸潤している。腫瘤は、右心室への血流流入を部分的に障害しており、胸水貯留の一因となっているかもしれない。少量の心膜液貯留が認められる。

ii. 犬の心臓腫瘍では、血管肉腫（HSA）が最も一般的である。心臓のHSAは、右心構造に発生することが多く、最も多いのは右心耳である。心臓腫瘍は、その位置あるいは大きさによって、心膜液貯留や心タンポナーデに起因した心室充満障害、血流流入や流出障害、不整脈、心筋の機能障害あるいはそれらを併せて引き起こすことがある。中〜老齢犬が最も罹患しやすく、10〜15歳は最も高い発生率を示している。HSAは、雌より避妊雌の方がより発生リスクが高い傾向があり、またゴールデン・レトリーバーはその他の犬種よりも発生のリスクが高い。

iii. 本症の予後は悪い。遠隔転移や心タンポナーデを伴う腫瘍からの出血のリスクが高い。この腫瘍の大きさと位置は外科的切除の適応ではないが、生検は可能かもしれない。ほとんどの心臓腫瘍は化学療法に抵抗を示すが、いくつかの症例で一時的な効果が認められている。広範な心膜切除術は、心タンポナーデの発生を予防することが可能で、二次的な胸腔内転移が生存期間に影響を及ぼすようには思われない。HSAは術中に擦ると著しく出血するため、バルーン心膜切開術は推奨されない。心タンポナーデによる臨床徴候が認められたら、心膜腔穿刺による支持療法が必要である。

77 i. 上段の最初の4心拍は、正常な洞調律である。その後、心室への伝導を伴わない19個のP波が、心室拍動のない状態で続いている。これは、高度の第2度房室ブロック（心室伝導を伴わない多数のP波の連続）である。ついには心室補充収縮が出現し、その後短い発作性の心室頻拍が続いている。その後も、断続的な第2度房室ブロックが続いている（下段）。

ii. 長時間の心停止を伴う高度の第2度房室ブロックは、心拍出量が低下するため失神の原因となりうる。この症例のように房室ブロックが散発性である場合、心室補充収縮の活性が遅れるかもしれない。

iii. 心エコー図検査が、器質的な心疾患の精査のために推奨される。肥大型、あるいはその他の心筋症は、心筋の虚血、梗塞、線維化あるいは浸潤性病変が発生することから、房室ブロックに関係しているかもしれない。

iv. 有徴候の房室ブロックには、ペースメーカ植込み術が一般的に推奨される。しかし、経静脈的なアプローチは、猫において胸水の発生に関与する。抗コリン作動薬は、ほとんど有効ではない。ジルチアゼムやアテノロールは、房室ブロックを悪化させる可能性がある。興味深いことに、正常な（室内）活動を維持できる程十分な数の心室補充収縮のため、完全房室ブロックを呈した猫の多くは無徴候である。この症例の飼い主は、さらなる検査と治療を拒否した。結局この猫は虚脱しなくなり、数年間後には、心電図は安定した心室補充収縮を伴った完全房室ブロックを呈して良好に経過していた。

78 4歳、避妊雌の雑種犬が、歯科処置後から発熱し、食欲不振、緑色の粘液便、粗励な肺音が約36時間続いている。身体検査では、犬は発熱しており、頻拍および頻呼吸を呈している。胸部X線検査では、胸水貯留および左後葉の背側に限局性の不透過性病巣が認められる。胸腔穿刺が試みられたが、約2mlの赤色の濁った液体しか採取できなかった。胸水は、細胞診（**78**：サイトスピン塗抹標本、ライト染色、100倍油浸）および細菌培養/感受性検査に提出された。

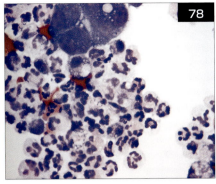

i. 図の所見に基づいた細胞診の診断は何か？
ii. 病歴を考慮すると、抗生剤の選択にどのような考慮をすべきか？

79 新しく導入した5カ月齢のオーストラリアン・シェパードが、健康診断のために来院した。症例は大きな心雑音を呈しており、胸部X線検査が実施された（**79a**：側方向像、**79b**：背腹像）。

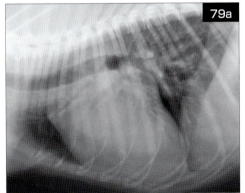

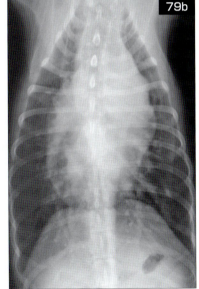

i. X線検査所見を述べよ。
ii. 診断は何か？
iii. この後、何が推奨されるか？

解答78、79

78 i. いくつかの大きな反応性単核細胞と共に、様々な形態の細菌（小桿菌、連鎖した糸状桿菌）を貪食した好中球の増加（外観上はほとんど変性している）が認められる。細胞診の診断は、細菌性敗血症を伴った好中球性炎症である。

ii. 最近実施した歯科処置の治療歴は、嫌気性細菌感染症罹患の懸念を高める。したがって、広域の抗生剤や特異的に嫌気性菌に活性を有する抗生剤が、培養と感受性検査の結果を待つ間に選択されるべきである。その後、抗生剤療法は必要であれば変更することができる。この症例は、胸水サンプルより*Escherichia coli*と*Bacteroides*属の細菌が分離され、二次的な膿胸を伴った塞栓性肺炎と診断された。

79 i. 左心拡大を伴う心拡大（VHS 〜13.7v）が認められる。膨隆した左心耳（**79c**：小矢印）や縮小した肺動脈幹（矢頭）と共に、下行大動脈の頭側に大きな動脈管の膨隆（大矢印）が認められる。心尖が、右側胸腔へわずかに偏位している。肺葉の動脈および静脈の拡張は、肺循環血流量の増大を示す。

ii. 現時点でうっ血性心不全を呈していない、左-右短絡の動脈管開存症（PDA）と診断される。胸部X線背腹像における肺動脈、大動脈および左心耳の拡張（時にPALと略称される）は古典的な所見であるが、しばしばすべてが認められる。運動耐性の低下、頻呼吸、発咳などの徴候が報告されているが、PDAに罹患した犬は、診断時においてしばしば無徴候である。PDAの罹患率は、雄よりも雌においてはるかに高い。

iii. 聴診では、特徴的な連続性心雑音を確認すべきである。亢進した動脈圧もPDAに典型的である。それにもかかわらず、合併する欠損症や弁膜閉鎖不全のスクリーニング、PDAの確定診断、動脈管を介した圧較差の評価、心筋機能の評価のため、心エコー図検査の実施が推奨される。カテーテル塞栓術あるいは開胸手術のいずれかによる動脈管の閉鎖が推奨される。動脈管を閉鎖しなければ、次第に心筋機能の悪化、不整脈、およびうっ血性心不全の発生が予期される。動脈管の閉鎖後は、生存期間は通常正常である。

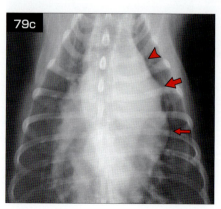

80 5カ月齢のオーストラリアン・シェパードが大きな心雑音の評価のために来院した。診断的評価の一つとして心電図検査が実施された（**80**：誘導は図に記載、25 mm/秒、1 cm＝1 mV）。

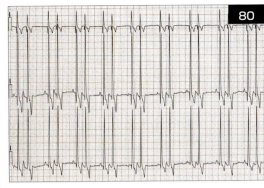

i. 心電図検査所見は何か？
ii. 心臓拡大を示す基準は、明確に記録されているか？
iii. どのような疾患が、これら所見を生じる可能性があるか？

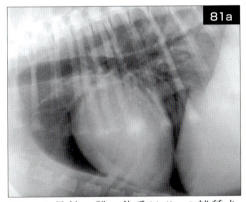

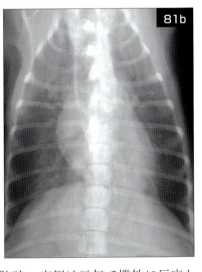

81 4カ月齢、雌、体重11.4 kgの雑種犬が、見あたらなくなって15～30分後に、デッキからリードでぶら下がった状態で発見された。犬は意識を失っていたが、飼い主によって蘇生させられた。来院時、症例は元気で機敏に反応している。右側の肺音が増大していたため、胸部X線右下側方向像（**81a**）と背腹像（**81b**）が撮影された。

i. この症例の胸腔において心配な点は何か？
ii. X線検査像に異常が認められるか？ また、もしあるならばそれらは何か？

解答80、81

80 i. 心拍数は140 bpmの洞調律で、二段脈として心房期外収縮が認められる（それぞれの洞調律波形に続いて期外収縮波形が認められる）。期外収縮のP'波は、先行するT波と重複している。洞調律のP波（0.05秒）とQRS波（0.08秒）は増幅しており、第Ⅱ誘導では著しく増高したR波（4.8 mV）が観察される。その他の計測値と電気軸は正常である。

ii. はい。増幅したP波は、左心房拡大を示唆する。正常な電気軸を伴う増高したR波は、典型的な左心室拡張を示し、増幅したQRS波は、心室の拡張あるいは心室内伝導障害によって生じる可能性がある。

iii. 若い犬であれば、先天性の動脈管開存症あるいは重度の僧帽弁閉鎖不全を伴った僧帽弁異形成が最も可能性の高い疾患である。後天性（変性性）僧帽弁閉鎖不全症は、著しいR波増高やP波増幅を引き起こすもう一つの一般的な原因疾患である。頻繁な期外収縮、心房頻拍、心房細動などの心房頻脈性不整脈は、心房拡大が進行した際によく認められる。この症例の不整脈は、持続せず悪化しなかったため特に治療されなかった。より頻繁な心房期外収縮あるいは発作性心房頻拍は、ジルチアゼム、β−遮断剤（例えばアテノロール）、あるいはジゴキシン、またはジゴキシンとジルチアゼムもしくはβ−遮断剤の組み合わせによって治療する。

81 i. 頸部絞扼は、長時間の上部気道閉塞を引き起こす。これは、結果的に非心臓性の（陰圧による）肺水腫を生じる。頸部絞扼の間、強烈な胸腔内陰圧が生じる。これにより、肺間質の静水圧減少と共に、静脈環流量、肺血流量、肺毛細血管静水圧が増大する。これらの変化は、肺毛細血管壁を介した血漿漏出増加を最大とする。低酸素により誘発された高アドレナリン状態は、さらに肺血管容積を増加させ、肺毛細血管透過性を亢進させる。

さらに気道閉塞に加え、頸部動脈や静脈の圧迫により中枢神経が障害される。頸部絞扼がかなりの高さからの落下または首つり状態によって生じたならば、舌骨骨折、喉頭または気管の損傷、および頭蓋骨や頸椎損傷が生じている可能があり、臨床徴候はより複雑かもしれない。

ii. 両側対称性に肺後葉の背側に肺胞パターンが認められる。この変化は、肺葉の中央や背側辺縁において最も強く出現している。側方および腹側辺縁の変化は、相対的に控えめである。これらは、非心原性肺水腫の代表的な所見である。

82 農場で生活している2歳のスプリンガー・スパニエルが、約1カ月前から間欠的な湿性発咳を示している。それ以降、食欲不振、元気消失そして10kgの体重減少が生じている。セファレキシンとエンロフロキサシンによる治療は効果的ではあるが、改善には至らなかった。これら抗生剤の投与は、昨日で終了した。症例は中程度に沈うつ状態である。体温、心拍数、呼吸数は正常範囲内であるが、可視粘膜は蒼白で、毛細血管再充満時間がわずかに延長（〜3秒）している。粗励な肺音と肺捻髪音が両側性に聴取される。気管の触診では、湿性の発咳が誘発される。浅頸リンパ節と左膝窩リンパ節が、中程度に腫大している。血液検査では、軽度の貧血（ヘマトクリット値33.5%）と、成熟好中球の増加（34,550 /μl）と単球の増加（1,960 /μl）を伴う白血球増加症（白血球数39,260 /μl）が認められた。血清生化学検査と尿検査では、著変は認められなかった。胸部X線検査では、気管支-肺胞浸潤像が混合して認められ、

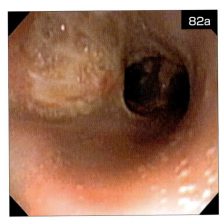

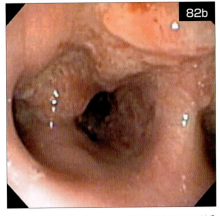

特に腹側においては結節性の間質パターンも混在している。肺門周辺の不透過性は明らかに亢進しており、気管の背側縁は、肥厚して波状に観察される。心陰影は正常である（VHS 10.6v）。腫大した末梢リンパ節の針生検では、診断に至る情報は得られなかった。気管支内視鏡検査が実施され（82a、b）、気管支肺胞洗浄液の細胞診では、わずかなマクロファージ以外はほとんど変性した化膿性好中球であり、感染性の病原体は確認できなかった。

i. 気管支内視鏡像では、どのような所見が示されているか？
ii. どのような鑑別診断を考慮すべきか？
iii. この症例の診断を、どのように進めるべきか？

83 シルデナフィルとはどのような薬剤か？　呼吸器循環器疾患における適応は何か？

解答82、83

82 i. 気道内粘膜は、潰瘍を伴ってびまん性に肥厚している。気管内には塊状の肥厚が認められ、粘稠な粘液分泌が認められる。

ii. 体重減少、リンパ節腫大、白血球百分比の異常は、慢性的な全身性炎症反応を示唆している。得られたX線検査所見から、鑑別診断は真菌性や寄生虫性肺炎（特定地域に限定）、あるいはリンパ腫のような腫瘍性疾患である。腹側の肺胞パターンは、誤嚥性肺炎の併発が示唆される。気管の肥厚は、肉芽腫、膿瘍、ポリープ、またはリンパ腫のような腫瘍を示唆している。気管支肺胞洗浄液の細胞診では、原因不明の化膿性滲出が示唆される。これまでの抗生剤治療が、原因である細菌の痕跡を隠したのかもしれない。

iii. 気管支肺胞洗浄液は培養検査を実施すべきであり、また深層までの気管生検を実施すべきである。真菌の抗原検査や、肺の寄生虫の糞便検査の実施が有用なこともある。確定診断のためには、肺生検が必須かもしれない。支持療法として、培養検査結果を待つ間に広域スペクトルの抗生剤投与、気道内の水和を改善するために噴霧吸入、そして気道内分泌物の喀出を改善させるために胸壁叩打が推奨される。この症例は培養検査において、好気性細菌、嫌気性細菌、マイコプラズマ、そして真菌の増殖は認められなかった。*Blastomyces*属の抗原検査、*Baermann*法による糞便検査も陰性であった。組織生検では、壊死細胞組織、多数の好中球が認められたが、感染性病原体は全く確認されなかった。気管の非典型的な層状の扁平上皮細胞は、化生/形成異常の反応を示唆する。明確に悪性ではないが、腫瘍性病変が疑われた。肺生検は同意が得られなかった。

83 シルデナフィルは、血中の環状グアノシン一リン酸濃度の上昇によって一酸化窒素依存性の肺動脈拡張作用を増強させる選択的ホスホジエステラーゼ-5阻害薬である。シルデナフィルは、重度の肺高血圧症（例えば慢性呼吸器疾患あるいは先天性の短絡性心疾患に起因）の治療のために使用されている。また、慢性左心不全によって肺高血圧症を呈した犬の管理においても、有用かもしれない。0.5〜2.0 mg/kg（最高3.0 mg/kgまで）12時間毎あるいは8時間毎の投薬用量は、犬において非常に効果的で、臨床徴候や運動不耐性の改善だけでなく、ドプラ法で評価される肺動脈圧も減少させる。副作用は、皮膚のほてりや鼻づまりなどである。その他、人で頭痛、持続勃起症、筋肉痛が副作用として報告されている。

設問84、85

84 7歳、雌の雑種犬、体重33 kgが、数時間前に車と交通事故に遭い、救急搬送された。主な症状は、努力性呼吸と頻拍である。肺音は左後葉領域において消失し、触診では腹痛が認められる。胸部と腹部X線検査では、術中写真において見られた異常と一致している（**84a**：開腹時、**84b**：術後）。症例は腹部正中切開に先がけて、約36時間安定化された。

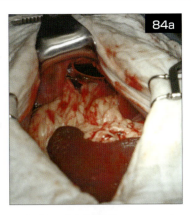

i. 診断は何か？
ii. 外科手術を実施する前に36時間待つ論理的根拠は何か？このような手術の待機は、この診断の犬にルーチンで行うべきか？
iii. 術中写真の開創器の名称は何か？ どのように手術に役立ち、あるいは邪魔となるか？
iv. 損傷した臓器の断端は、縫合によって修復する前に切り取るべきか？ なぜするのか？ またはしないのか？
v. なぜ、この状況は再拡張性肺水腫になりやすいか？ そして、この合併症の発生を最小にするために何をするか？

85 新しい飼い主が16カ月齢、避妊雌のロットワイラーをワクチン接種のために連れてきた。飼い主は、最近運動耐性が低下していると感じている。子犬には軽度の心雑音が確認されたが、関連がないと考えられていた。犬は元気だが、被毛粗剛で体格が小柄である。体温は正常で、心拍数は120 bpm、呼吸数は30回/分である。粘膜色はピンクである。大腿動脈圧はわずかに低下している。前胸部触診と頸静脈は正常である。聴診では、収縮期と拡張期に心雑音が聴取され、最強点は左側心基底部である。収縮期性心雑音はより大きいが、迅速に漸減し、第Ⅱ音（S_2）は聴取が可能である。肺音は正常である。

i. 心雑音の原因は何か？
ii. 次にどのような検査が推奨されるか？
iii. 幼齢のときに認められた心雑音は、現在の状況と関連があるか？

解答84、85

84 i. 外傷性横隔膜ヘルニア（**84a**：大網の脂肪と肝臓の一部が、裂けた横隔膜から胸腔内に移動している、**84b**：腹腔臓器を整復した後）。

ii. 症例が安定したら、直ちに外科的整復が適応である。この症例は外科手術のために安定するまで36時間が必要であったが、この長さの待機は規定通りであるべきではない。古い文献では、外傷から12時間以内に手術するときは、それよりも後に手術するのに比べてより高い死亡率が報告されている。より最近の文献では、症例の安定化が重要な要素であることが示唆されている。

iii. バルフォー開創器。腹部の探索にこの器具が役立っているが、横隔膜の整復を邪魔するかもしれない。

iv. 損傷した臓器の断端は、明らかに壊死した組織を除去する場合以外、切り取るべきではない。創傷の切除は、不要な出血や炎症過程の再開の原因となる。壊死した範囲は、炎症反応を最小化し、治癒することのない組織を縫合することを避けるため切除される。

v. 用手あるいは人工呼吸器の陽圧呼吸による急激な肺の再拡張は、虚脱して適応しにくい肺の微小血管系に物理的な障害を与える。この医原性外傷のために肺毛細血管は漏出しやすくなり、さらに再灌流障害が起こると、結果的に肺水腫をもたらす。再拡張性肺水腫は、陽圧換気を穏やかに適用して、肺を緩徐に、自然に再拡張することよって避けることが可能である。

85 i. 収縮期性と拡張期性の両方で聴取される心雑音は、その多くが動脈管開存症に特徴的な「連続性」心雑音である。しかし、この症例の急速に小さくなる収縮期雑音と聴取可能な第Ⅱ音は、連続性心雑音に典型的ではない。むしろ、それは収縮（駆出）中期と拡張期漸減心雑音で構成される、いわゆる往復心雑音である。往復心雑音では、収縮期雑音は収縮末期において漸減し、第Ⅱ音が明確に聴取可能である。往復性心雑音の最も一般的な原因は、大動脈弁下狭窄症（SAS）と大動脈弁閉鎖不全の合併である。連続性（機械様）心雑音は、収縮期の間ずっと雑音強度が増大し、第Ⅱ音から拡張期まで続く。この変化は、心臓周期の断続的な圧勾配に起因している。時々、全収縮期性心雑音と拡張期漸減性心雑音（例えば心室中隔欠損症と大動脈弁閉鎖不全）が同時に発生する。

ii. 胸部X線検査像とドプラ心エコー図検査が、心臓および肺の構造評価のために適応である。また、感染性心内膜炎が大動脈弁閉鎖不全の原因である可能性があるため、全血球計算、血清生化学検査およびその他検査（例えば血液培養検査、抗体価）が、病因および心内膜炎の続発症探索のため適応である。

iii. はい。症例の年齢や品種を考慮すると、二次的な大動脈心内膜炎を伴った先天性大動脈弁下狭窄症の可能性が高い。

設問86、87

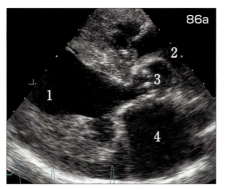
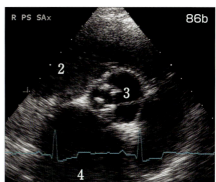
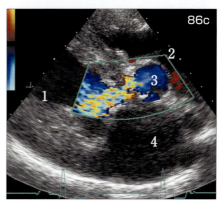

86 85の犬において、胸部X線検査および心エコー図検査が実施された。X線検査像では、左心房と左心室の突出を伴う中程度の心拡大が観察される。右傍胸骨位からの心エコー図検査像を示す（**86a**：収縮期長軸像、**86b**：拡張期短軸像、**86c**：拡張期長軸像）。1：左心室、2：右心房、3：大動脈、4：左心房。

i. 図に示されている異常所見を述べよ。
ii. 診断は何か？
iii. この症例の飼い主に、何を推奨するか？

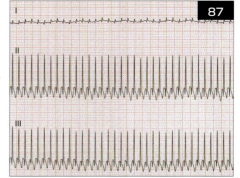

87 心雑音が認められる3カ月齢のラブラドール・レトリーバーが、来院時に虚弱と若干の呼吸促迫を呈している。粘膜面は蒼白で、心拍数は速く、脈圧は低下している。心電図検査が実施された（**87**：誘導は図に記載、25mm/秒、1cm＝1mV）。

i. 心電図検査所見を述べよ。
ii. 次に実施すべき検査は何か？
iii. この症例では、どんな先天性心疾患が疑われるか？

解答86、87

86 i. 左心室肥大は、慢性的な収縮期圧負荷が示唆される。大動脈弁下は、狭窄している。心室中隔と左心室壁の心内膜下のエコー高輝度は、心筋線維化と一致している。大動脈弁の弁尖にいくつかの明瞭な結節がある。左心房は中程度に拡張している。

ii. おそらく重度の先天性大動脈弁下狭窄症（SAS）。発熱や全身疾患の病歴がなかったことから、大動脈弁の結節は慢性的な大動脈弁の心内膜炎が示唆される。SASは、大動脈弁へのジェット傷害による損傷のため、大動脈弁の心内膜炎に罹患しやすくなる。重度のSASは、しばしば心筋の灌流障害、虚血そして線維化を引き起こす。また、大動脈弁逆流あるいは僧帽弁逆流の併発は、左心室に容量負荷をかける。合併症は、不整脈、失神、うっ血性心不全、そして突然死である。

iii. 運動制限とβ-遮断剤（例えばアテノロール）が、心筋酸素要求量や不整脈の減少を目的に推奨される。予防的な抗生剤治療は、菌血症の原因となりやすいため、外科処置（例えば歯科疾患）に先だって推奨される。この症例では、心内膜炎が疑われていたので、6～8週間にわたって広域スペクトラムの抗生剤投与が、推奨された。心不全に対する治療も必要であり、血縁のある犬には、SASのスクリーニング検査が推奨される。

87 i. 持続的な上室性頻拍（SVT：幅の狭い直立したQRS波に注目）を伴い、心拍数は370 bpmである。不整脈発生の潜在的な機序として、副伝導路や房室結節のリエントリー、あるいは心房や接合部組織性の異所性自動能が考えられる。

ii. 心拍数の速いSVTは、血行動態の安定を障害する。ストレスや運動は最小限とすべきである。迷走神経刺激は頻脈を遅くするか、中断させることがあり、その機序を識別するのに役立つ。迷走神経刺激は、頸動脈洞のマッサージ（頸動脈洞から喉頭部にかけて優しく持続的に圧迫する）、または15～20秒間両側の眼球を（瞼を閉じた状態で）圧迫する。後者は眼科疾患を伴う動物では禁忌である。迷走神経刺激は最初は無効かもしれないが、抗不整脈剤の投与後も不整脈が持続するならば、刺激を繰り返すことは有効かもしれない。静脈点滴は血圧を維持し、交感神経緊張亢進を減じる。ただし、うっ血性心不全が疑われている場合は注意が必要である。SVTの治療には、ジルチアゼムの静脈内投与が第一選択である。もし無効ならば、選択肢はリドカイン（時々効果的である）、プロプラノロールまたはエスモロールの緩徐な静脈内投与（陰性変力作用に注意しながら）、プロカインアミドの静脈内投与、アミオダロンあるいはソタロール（経口投与）、またはジゴキシンの静脈内投与（通常推奨されない）である。

iii. 三尖弁異形成（TD）が疑われる。遺伝性はラブラドール・レトリーバーにおいて証明されている。TDのため、予備的な心室興奮がより高まっている状態かもしれない。

設問88、89

88 4カ月齢、雌のチャウチャウが、検査のために来院した。症例の活動性や食欲は正常であったが、最近遊びだしてすぐに息が苦しそうになるようになった。症例は元気で興奮しており、浅速呼吸を呈している。聴診では、右頭側胸骨縁において最大の収縮期性心雑音と、増大した呼吸音が確認される。その他の身体検査に著変は認められない。その他の検査として、選択的心血管造影検査が実施された（**88a**）。

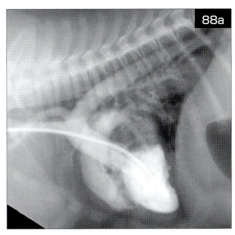

i. カテーテル先端はどの部位に位置しているか？
ii. この造影像ではどのような異常が示されているか？
iii. 身体検査所見は、この造影像を裏づけるか？
iv. この疾患の長期的な予後はどうか？

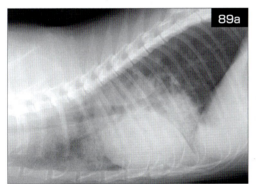
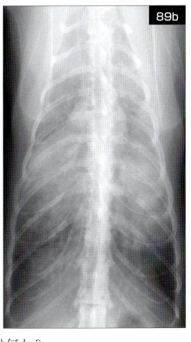

89 5歳、去勢雄の短毛種の猫が、2週間前からの浅速呼吸を主訴に来院している。最近、呼吸状態はより悪化している。診断として、猫喘息が疑われている。胸部X線検査で、右側方向像（**89a**）と背腹像（**89b**）が撮影された。

i. X線像に認められる異常は、猫喘息を裏づけるか？
ii. これらの異常を呈するその他鑑別疾患は何か？

99

解答88、89

88 i. カテーテルは頸動脈から挿入され、上行大動脈を経由して左心室内に留置されている（**88b**）。1：左心室、2：大動脈、3：右室流出路、4：肺動脈。

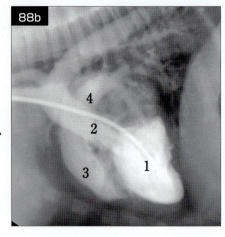

ii. 左心室内に注入された造影剤は大動脈へと流れているが、同様に右室流出路と肺動脈へも流出しており、左－右短絡の心室中隔欠損症（VSD）が示唆される。

iii. はい。通常のVSD欠損孔は、大動脈弁や三尖弁中隔尖の直下にある心室中隔膜性部に位置する。したがって、VSDを通過する乱流は、左側心基底部から右側腹側に向けて存在する。

iv. 小さな（限定的な）欠損孔は、臨床徴候を認めないことが多く、自然閉鎖する例さえ認められる。中程度から大きな欠損孔は左心室の容量負荷や、時に肺水腫を生じる。非常に大きな欠損孔では右心室拡大も認められ、共通心室として両心室拡大が引き起こされる。右－左短絡を伴った肺高血圧症は、非常に大きな欠損孔の症例でより発生しやすい。VSDでは、おそらく大動脈弁基部の支持が不十分となるために大動脈弁逆流も生じる。大動脈弁逆流は、左心室にさらなる容量負荷を負わせることとなる。

89 i. 肺門部および前葉領域に認められる肺の不透過性領域は、その分布と強度において猫喘息の典型像ではない。猫喘息の一般的なX線所見は、肥厚した気管支壁、空気貯留による肺の過膨張、および右中葉の虚脱である。この症例は、側方向像において心陰影と重複するように存在するエアブロンコグラムにより立証される重度の実質性疾患が認められる。

ii. 肺炎や肺水腫が、より疑わしい鑑別診断である。この症例は、利尿剤や抗生剤による治療に反応を示さずに死亡した。剖検において、肺胞内に脂肪滴を満たしたマクロファージを伴った化膿性肉芽腫性の肺炎が確認された。肺実質内には、炎症性細胞に取り囲まれた脂肪滴が散在しており、脂肪の誤嚥が原因として疑われた。

設問90、91

90 4歳、去勢雄の短毛種の猫が、突然認められるようになった努力性の腹式呼吸を伴った頻呼吸を主訴に来院している。心拍数は160 bpmの正常調律である。身体検査では、両側の頸静脈拍動が観察される。大腿動脈圧は両側とも強くて正常である。胸部聴診では、前葉領域において喘鳴音と捻髪音が聴取される。心臓聴診およびその他身体検査所見は、正常である。収縮期血圧は125 mmHgである。血清生化学検査では、血中尿素窒素値の軽度の上昇（28.9 mg/dl、正常値9.8〜22.4 mg/dl）が認められた。胸部X線検査では、少量の胸水、肺静脈のうっ血、後大静脈の拡張、散在する肺胞パターンと共に全体的な心臓拡大（VHS 9.5v）が認められた。心エコー図検査が実施された。右傍胸骨長軸2D像（**90a**）、左心室レベルMモード像（**90b**）。1：右心室、2：右心房、3：左心室、4：左心房。

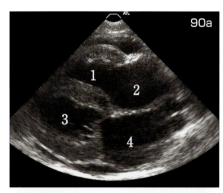
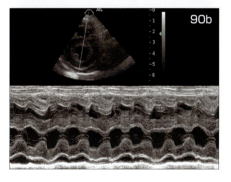

i. X線検査所見から何が疑われるか？
ii. 心エコー図検査像には、どのような異常が示されているか？
iii. この時点で、どのような治療を実施するか？

91 ソタロールとは何か？　どのようなときに使用されるか？

解答90、91

90 i. X線検査所見からは、左右のうっ血性心不全が疑われる。

ii. 二次元断層像では、両心房の拡大（左心房は2.1cm）と、両心室の肥大が認められる。左心室と心室中隔の肥大は、Mモード像において確認できる（**90b**）。左心室の大きさと収縮機能は、正常である。軽度の心膜液と胸水貯留が観察される。

心エコー図検査の計測値

	拡張期（cm）	収縮期（cm）
心室中隔	0.9	0.9
左心室内腔	1.4	0.7
左心室壁	0.8	1.0
左室内径短縮率	50%	(40〜66%)

左心室肥大の原因（例えば、左室流出路障害、高血圧症、甲状腺機能亢進症、先端巨大症など）が明らかにならない場合には、肥大型心筋症（HCM）と診断する。猫の最も一般的な心筋疾患であるHCMは、左心室拡大を伴わない（左右対称性あるいは非対称性の）特発性の左心室肥大が特徴的である。両側の心室が罹患することもある。肥大は心室壁の硬さを増加させ、それにより充満圧を上昇させる。充満圧の上昇は、肺静脈のうっ血や胸水貯留を引き起こす。

iii. うっ血徴候は、必要に応じてフロセミドの投与により治療される。長期にわたる治療では、効果的な最小量のフロセミドを経口投与する。アンギオテンシン変換酵素阻害剤、ジルチアゼム、あるいはβ-遮断剤による治療が実施されているが、長期投与における有効性の明らかな証明はなされていない。スピロノラクトンは、長期間のフロセミド治療による低カリウム血症を軽減する。抗血小板療法もまた推奨される。

91 ソタロール塩酸塩は、高用量でクラスⅢの抗不整脈効果（カリウムチャネル再分極の遮断作用による）を併せもつ非選択性β-遮断剤である。主に心室頻拍性不整脈に使用される。ソタロールの（L型異性体に由来する）β-遮断効果は、抗不整脈効果として重要である。ソタロールは低血圧や心筋機能の悪化を引き起こすかもしれないが、血行動態への影響は最小限である。犬で臨床的に使用される用量では主にβ-遮断効果を示すかもしれないが、ソタロールは（すべての抗不整脈剤に可能性があるように）不整脈誘発性であるかもしれない。その他の副作用は、抑うつ、吐き気、嘔吐、下痢、および徐脈などである。過去の報告では、ソタロール投与を中止した後に攻撃性が認められたことを報告するものもある。

92 2歳、雄のラサ・アプソが、徐々に進行する運動不耐性と虚弱を主訴に来院した。症例は、軽度から中程度の運動で舌が青く変色する。心雑音は聴取されないが、X線検査では右心系の拡大が認められる。ヘマトクリット管で遠心分離した血液の標本を**92**に示す。

i. このように高いヘマトクリット値を示す原因には何があるか？
ii. 赤血球増多症（多血症）の結果は何か？
iii. この症例では、赤血球増多症をどのように管理するか？
iv. この治療における一般的な副作用は何か？

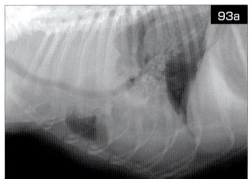

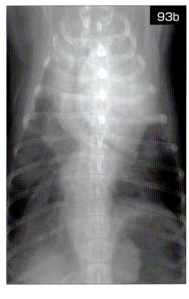

93 2歳、雄のビーグルが、5日前からの元気消失、吐き気、発咳を主訴に来院した。飼い主は、以前から症例の頸部と右大腿部中央に腫瘤が認められていることに気づいていた。身体検査では、体温、心拍数、呼吸数は正常である。胸部聴診も正常である。検査中に発咳は認められないが、何回か吐き気を催している。左側の下顎リンパ節が腫脹している。身体の様々な部位に、いくつもの皮下腫瘤が確認される。両側の第三眼瞼は突出している。胸部X線検査において右下側方向像（**93a**）と背腹像（**93b**）が撮影された。

i. 胸部気管が腹側へ偏位している原因は何か？
ii. X線検査像に認められる変化と、病歴および身体検査所見はどのように関連づけられるか？

解答92、93

92 i. 原発性赤血球増多症（真性多血症）は、エリスロポイエチン（Epo）に依存して発生する。Epoの産生増加は、二次的な赤血球増多症を引き起こす。組織の低酸素血症（例えば右-左短絡、肺疾患、高い標高などに起因）は、腎臓のEpo放出を正常に刺激する。いくつかの（Epo産生能を有する）腫瘍は、不適当な赤血球増多症を引き起こす。チアノーゼは、潜在的な組織低酸素血症を示唆する。

ii. 休息時の可視粘膜は明るい赤色を呈しているが、低酸素血症によってすぐにチアノーゼとなる。赤血球増多症は血液粘稠性を増加させ、血液乱流を減少させる。それにより、心雑音が小さくなったり聴取できなくなったりさえする。増加した血液粘稠度と血流抵抗は、高い酸素運搬能にもかかわらず組織循環を障害するかもしれない。血液の過粘稠により出現する徴候は、行動の変化、けいれん発作および運動不耐性などである。

iii. 選択肢は、周期的な瀉血（血液5〜10 ml/kg）あるいはハイドロキシウレアの投与（40〜50 mg/kg、PO、48時間毎あるいは1週間に3回投与）と必要に応じた瀉血の併用である。目標となるヘマトクリット値は、過粘稠に伴う徴候が最小となる値であり、たいてい〜60％程度である。全身性の血管拡張剤は使用を避けるべきで、運動も制限する。ファロー四徴症（この症例の診断名）では、肺血流量を増加させる緩和的な外科療法が可能である。

iv. ヘマトクリット値の減少が非常に先延ばしされると、低酸素血症の徴候は重症化する。瀉血が低血圧症を引き起こすなら、等張液輸液による置換が状態を改善する。ハイドロキシウレアの副作用は、食欲低下、嘔吐、骨髄抑制、脱毛、痒感であり、薬用量の減量により改善する。全血球計算は、最初は1〜2週間毎に、その後は4〜8週間毎に監視すべきである。

93 i. 胸腔内気管の腹側偏位の最も一般的な原因は、拡張した食道である。食道の拡張は、様々な理由で引き起こされる。気管よりも背側に存在する解剖学的構造は、食道、縦隔、気管気管支リンパ節、頸長筋、頸胸神経節そして胸椎である。食道は、気管を偏位させるのに十分な拡大の原因となる疾患に最もよく罹患する臓器である。しかし、気管背側に位置するその他組織の拡大（例えば膿瘍、肉芽腫、あるいは腫瘍など）によっても気管は偏位する。

ii. 頸背側にある縦隔腫瘤の圧縮による影響は、吐き気と発咳の原因である可能性が高い。胸部気管の直径は、頸部気管に比較して明らかに細くなっている。第三眼瞼の突出は、ホルネル症候群を含む多くの状況によって引き起こされている。胸部交感神経幹の二次ニューロンを、腫瘤が圧迫あるいは炎症や浸潤している可能性がある。

設問94、95

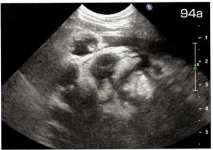
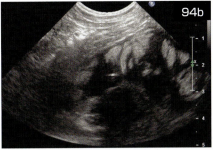

94 93において、X線検査により頭背側にある胸腔内腫瘤が明らかとなった。超音波検査によって、その病変の二次元断層像が撮影された（**94a、b**）。

i. どのように評価すべきか？
ii. この症例において、超音波検査実施の利点は何か？

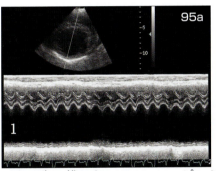
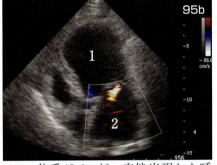

95 7歳、雄のドーベルマン・ピンシャー、体重43 kgが、突然出現した呼吸困難により来院した。これまでの病歴に特記すべきものはない。身体検査では、大腿動脈圧の低下、左側心尖部で最大となるグレード3/6の収縮期性心雑音が聴取される。収縮期血圧は70 mmHgである。血清生化学検査では、軽度のBUN値の上昇（23.2 mg/dl、正常値9.8〜19.6 mg/dl）とクレアチニン値の上昇（1.5 mg/dl、正常値0〜1.47 mg/dl）が認められた。尿比重は1.050である。胸部X線検査では、心拡大（VHS 13v、正常値<10.7 v）、肺静脈うっ血、そして重度肺水腫が認められた。心電図検査では、心拍数が160 bpmの洞調律だが、頻繁に多形性の心室期外収縮が観察された。心エコー図検査が実施された（**95a、b**）。1：左心室、2：左心房。

i. 心エコー図検査像に認められている異常は何か？
ii. この症例の総括的な評価は何か？
iii. 評価を進めるうえで有用な、追加すべき血液生化学検査は何か？
iv. この症例の最初の治療計画を述べよ。

解答94、95

94 i. 胸壁から肺が離れると、超音波検査による評価やガイド下に腫瘍組織や液体を採材するために、良好な音響窓が形成される。超音波画像には、複数の球形な低エコー性腫瘤とエコー源性の異なるより大きな1つの病変が描出されている。超音波を用いた両部位の生検により、腫瘍は細胞学的にリンパ腫と診断された。この症例は、腫瘍による影響が背側に位置するため、頭側の縦隔リンパ節か胸腺のどちらかの腫大が明らかとなった非典型的なX線検査像である。

ii. ほとんどの症例において超音波検査による探索や評価は、鎮静や全身麻酔を施さずに実施可能である。超音波検査は、重要な構造に近接しているかと同様に、腫瘤が充実性か空洞性で液体を貯留しているかなどの特徴を確認できる。例えば、この症例の腫瘤は、胸部の大血管構造に非常に近接していた。超音波画像の腫瘤の特徴は、一般に最終的な病因学診断に至ることはないが、腫瘍の直接的な視覚化は細胞診や培養検査のための採材や、病理組織学的な評価のためのコア生検材料の採取のガイドが可能となる。どのような症例であっても、生検材料採取の前に凝固障害のスクリーニング検査が推奨される。腫瘤の大きさ、重要血管や臓器に近接しているかに加え、症例の体格と気性に依存するが、ガイド下の採材には鎮静や全身麻酔が必要となるかもしれない。

95 i. 左心室は拡張し、壁運動は著しく減少しており（左室内径短縮率9％：**95a**）、収縮性の著しい低下が示唆される。その他所見は、左心室の円形化（左室形態指数（sphericity index）の減少）、左心房拡張、僧帽弁E点心室中隔間距離の増大（12mm：正常値＜7mm）である。軽度の僧帽弁逆流は、おそらく弁輪拡大による二次的変化である（**95b**）。

ii. 最も可能性の高い診断は拡張型心筋症（DCM）である。その他の鑑別診断としては、慢性僧帽弁逆流に起因した心筋不全（弁尖に肥厚は認められないが）、過去において診断されなかった先天性短絡性心疾患、栄養欠乏（例えばタウリン欠乏、L-カルニチン欠乏）、頻脈誘発性心筋症あるいは心筋虚血や心筋梗塞などである。また、うっ血性心不全、全身性低血圧症、腎前性高窒素血症、および心室頻脈性不整脈も認められている。

iii. この症例の診断に必ずしも必要ではないが、心臓トロポニンI（cTnI）やNT-proBNPは、それぞれ進行性の心筋傷害や心室拡大を指標することができる。これらの血中濃度は上昇していた（cTnI濃度：0.78 ng/ml、標準値0.15 ng/ml以下）（NT-proBNP濃度：2,928 pmol/l、標準値 0〜210 pmol/l）。

iv. 重度の肺水腫には、酸素吸入や静脈内フロセミド投与（ボーラス投与あるいは持続点滴）が必要である。投与量は、症例の反応に応じる。ドブタミン点滴投与は、心筋収縮性や収縮期血圧を支持するのに有用である。経口でのピモベンダンやアンギオテンシン変換酵素阻害剤は、可能な限り速やかに投与する。血圧や心調律は、厳密に監視する。抗不整脈療法やその他の補助療法が必要かもしれない。

設問96、97

96 2歳、去勢雄のペルシャ猫が、約1時間前から急に開口呼吸を始めたと来院した。症例は、これまで特に異常はなく健康であったが、約9カ月前にも同じような症状を呈していた。猫は元気で、健康状態は良好である。可視粘膜はピンク色である。身体検査の異常は、開口呼吸と軽度の漿液性鼻汁を認めるのみである。心音と呼吸音は正常である。酸素吸入が実施され、静脈カテーテルが装着された。短時間の酸素室内安静で症例は改善し、今や軽度の頻呼吸が認められる程度である。胸部X線検査が実施され、軽度のびまん性気管支間質パターンが観察された。白血球百分比、血清生化学検査、尿検査に著変は認められなかった。猫は、耳道内と咽喉頭内の観察および気管支内視鏡検査のために短時間の麻酔が実施され、耳道内と咽喉頭内は正常であった。気管（**96a**）および右中葉気管支（**96b**）の気管支内視鏡像を示す。

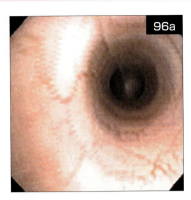
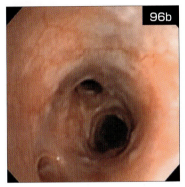

i. 気管支内視鏡検査の所見を述べよ。
ii. 鑑別診断は何か？
iii. この症例に、気管支肺胞洗浄は適応であるか？
iv. 猫の特発性気管支炎において、細胞診所見はどのようなものか？
v. この症例をどのように治療するか？

97 5歳、雄の猫が、急に後肢が麻痺して鳴き叫んでいると来院した（**97**）。検査時には、後肢は冷たく、大腿動脈圧は触知できなかった。症例は、後肢の触診をとても痛がった。後肢の爪床は紫色を呈していて、深く切除しても出血を認めなかった。胸部X線検査では、正常な肺野と左心房拡大が認められた。心エコー図検査では、肥大型心筋症を疑わせる左心室肥大が観察された。

i. この臨床徴候の原因は何か？
ii. 最初にこの症例をどのように管理するか？
iii. 予後はどうか？

解答96、97

96 i. 気管は、ほぼ正常に観察される。気管支粘膜（**96b**）には、蒼白な部位やわずかに隆起した部位を伴った炎症が認められ、浮腫の存在が疑われる。その他の気管支も同様の所見であった。

ii. 気道内炎症の原因は一般にアレルギー、寄生虫、伝染性の気道疾患などである。浸潤性疾患の可能性もありうるが、可能性は低い。

iii. はい。気管支肺胞洗浄（BAL）と気管支粘膜掻爬による標本には、細胞診および培養検査を実施すべきである。BALは、微小気道、肺胞や肺間質疾患の診断の一助となる。しかし、BALは低酸素血症を一時的に悪化させるため、呼吸障害の症例には推奨されない。

iv. 過敏症反応を示唆する好酸球性炎症が、猫の特発性気管支炎あるいは猫喘息で最も一般的である。肺の寄生虫感染や犬糸状虫症（地域限定疾患）は、除外すべき疾患である。時間をかけて、混合の炎症反応が進行するかもしれない。しかし、特発性気管支炎の猫で、好中球性の炎症反応（たいていは非変性性）を示すものもいる。

v. BALの培養検査や寄生虫検査が陰性であるならば、糖質コルチコイドや気管支拡張剤が、たいてい有効である（**99**と**100**を参照）。可能性のある刺激物やアレルゲン（例えば敷き藁、煙、カーペットクリーナー、家庭用エアロゾルなど）の吸引は避けるべきである。急性呼吸障害のために、酸素吸入と共に、即効性の糖質コルチコイド（例えばコハク酸プレドニゾロンナトリウム　最大10 mgまで、IVあるいはIM、あるいはリン酸デキサメサゾンナトリウム　最大2 mg/kg、IV）とテルブタリン（0.01 mg/kg、SC）あるいはアルブテロール（吸入投与1回量）の投与が推奨される。

97 i. 遠位大動脈における動脈血栓塞栓症（ATE）。組織の虚血は、大腿動脈圧の触知不可と共に、急性の疼痛を伴う後肢不全麻痺の原因となる。低体温、頻呼吸、高窒素血症が一般的である。猫の肥大型心筋症は、ATEの発生リスクを増加させることに関連している。血栓発生は、乏しい心臓内の血流、血液凝固能の変化、局所の血管内皮損傷などに起因している。

ii. 発症当初の治療目的は、猫を落ち着かせ、さらなる血栓の増大やATEの発生を防止することである。支持療法は、組織灌流を最適化し、うっ血性心不全（もし存在するなら）を管理するために実施される。鎮痛剤（例えばハイドロモルフォンやブトルファノールなど）の投与が必要である。ヘパリンは、さらなる血餅形成を抑制することができる。未分画ヘパリン（最初は静脈内投与、その後は皮下投与）は、活性化部分トロンボプラスチン時間を、投与前値の1.5～2.5倍に延長させるために使用される。その他に、低分子量ヘパリンは出血リスクが少ないものの、最適な1回投薬量が不明である。ダルテパリンナトリウム（100～150 U/kg、SC、8～24時間毎）、およびエノキサパリン（1 mg/kg、SC、12～24時間毎）が使用されている。フィブリン溶解療法は問題が多く、ほとんど実施されない。血小板数が十分であれば、低用量アスピリンまたはクロピドグレルは、血小板凝集を抑

制するのに有効である。腎機能と血清電解質濃度は、注意深く監視すべきである。

iii. 後肢の機能は数週間以内に改善し、2～3カ月以内に臨床的に正常となる猫も認められる。しかし、ATEはよく再発し、一般的に長期予後は不良である。

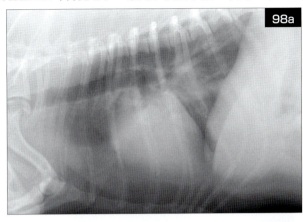

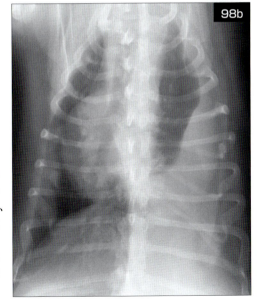

98 4歳、雄のダックスフンドが、特に飲水後や食後の発咳を主訴に来院した。発咳は、5週間前より生じている。症例は5カ月前に破裂した椎間板のため、脊髄の手術を受けている。一般身体検査は正常である。胸部X線検査で、右下側方向像（**98a**）と背腹像（**98b**）が撮影された。

i. 病歴と主訴から考えられる臨床的な鑑別診断は何か？
ii. X線検査所見および診断は何か？
iii. 確定診断するために、次にどんな検査を実施すべきか？

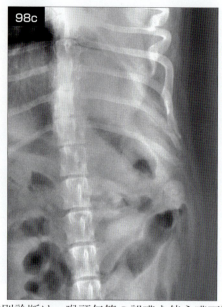

98 i. 本症例の鑑別診断は、喉頭気管の誤嚥を伴う嚥下障害、咽頭炎/喉頭炎、食道炎、巨大食道症、気管支食道瘻である。
ii. 左側胸腔内のほとんどは、均一な軟部組織あるいは液体様の不透過性組織によって占拠されている。それにより左側の肺葉は胸壁から偏位し、左側の心陰影と横隔膜は不明瞭となっている。心臓は、心臓辺縁と胸骨の間の脂肪様組織によって、右背側に偏位している（撮影体位によって胸骨が左側に偏位したときに生じる効果の反対側）。気管は脊椎に平行であり、横隔膜の左脚は明瞭に観察できない。肺野のエアブロンコグラム、胸水による葉間裂あるいは食道の拡張は認められない。X線学的な診断は、左側胸腔内の腫瘤による影響である。鑑別診断には、巨大な肺葉腫瘤、胸膜腫瘤、そして左側の横隔膜ヘルニアである。
iii. 腹腔内臓器が適当な位置に存在しているか評価するために腹部X線検査、さらなる不透過性部位の特定のために胸部超音波検査あるいはCT検査を実施する。腹背像（**98c**）における左頭側腹部の拡大は、脾頭部分の欠損を示す。側方向像において脾尾は観察されなかった。超音波検査によって、心臓に隣接した脾臓と横隔膜欠損が確認された。手術時の探索により、脾臓が横隔膜の左側裂創から胸腔内へ脱出しているのが確認された。

設問99、100

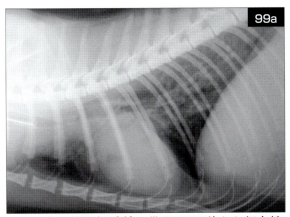
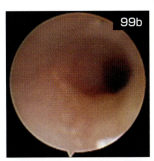
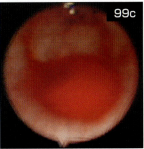

99 1.5歳、雄の短毛種の猫が、2日前から努力性呼吸を呈すると来院した。努力性腹式呼吸、開口呼吸および喘ぎ呼吸は、およそ10分間持続して、その後緩徐に正常に戻った。中程度に肥満の症例は、今や元気で周囲への反応も良好である。身体検査では、呼気時に軽度に増加する努力性腹式呼吸が認められる。胸部聴診ではラッセル音と喘ぎ音が聴取され、わずかな気管の触診で容易に発咳が誘発された。血液検査、血清生化学検査は正常である。

　猫は、気管支内視鏡と胸部X線検査（**99a**）のために全身麻酔された。気管支粘膜は浮腫性で、内視鏡が接触すると容易に出血した（**99b, c**）。粘稠な粘液性の栓子が、複数の気管支内を閉塞している。気管支肺胞洗浄の標本には、多くの好酸球と共に、保存状態の良い大量の混合細胞が含まれていた。よく分化した繊毛円柱上皮細胞と共に、好中球や、細胞質にいくつもの泡沫を有する活性化気管支マクロファージが散見された。感染性病原体や寄生虫卵や子虫は認められなかった。培養検査では、明らかな細菌の増殖は確認されなかった。

i. この症例のX線検査所見は何か？
ii. 診断は何か？
iii. この症例をどのように管理するか？

100 気管支拡張剤による治療の選択肢について述べよ。

99 i. びまん性気管支パターンと、軽度の肺葉の過拡張が観察される。心陰影は正常で、心不全を示唆する静脈うっ血あるいは間質/肺胞パターンは認められない。

ii. X線検査における気管支パターンと、活性化した泡沫状マクロファージや過剰な粘液産生および多量の好酸球を伴う気道粘膜の炎症は、気道の過敏症（いわゆる「猫喘息」）を示唆する。この状況では、急性の発作性呼吸器症状は典型的である。症例の聴診所見からは、気道分泌物貯留や気管支けいれんが示唆される。

iii. 気道炎症を軽減することが非常に重要であり、通常長期作用型コルチコステロイドが投薬される。吸入による投与（例えばフルチカゾン）は全身的な副作用を避け、ステロイドを気道内に直接的に投与する。吸入療法専用に作成された吸入器（例えば*Aerokat Feline Aerosol Chamber*）は役に立つ。気管支拡張剤は、気管支けいれんを軽減するのに重要である。経口あるいは注射投与が可能な薬剤（例えばテルブタリン）が使用されるが、専用の吸入器によって投与される吸入用の気管支拡張剤（例えばアルブテロール、サルブタモール）はより効率が良く、呼吸困難の猫により迅速な反応を提供することができる。

タバコの煙、埃（寝床の埃）、エアロゾル（例えば脱臭剤、洗浄剤）などの環境要因あるいは刺激因子などは、可能ならば症例から遠ざけるべきである。ネブライザーによる噴霧吸入と胸壁叩打は、気道深部の分泌物の軟化と喀出を促すかもしれない。過剰な脂肪は呼吸機能を障害するので、肥満の猫は食餌の減量によって良化するかもしれない。

100 メチルキサンチン気管支拡張剤（テオフィリンやその関連薬剤）や$β_2$-アドレナリン受容体作動薬（例えばテルブタリン、アルブテロール）がよく使用される。テオフィリンは呼吸筋の疲労を軽減し、気道粘液の除去を亢進し、炎症を軽減させることも可能である。副作用は、不整脈、洞性頻脈、胃腸の不調、神経質、てんかん発作などである。長時間作用型テオフィリン製剤は、1日2回の投与で通常効果的である。血漿中濃度の測定は、使用量を示唆してくれる。治療的な濃度（最高値）は、5〜20 μg/mlであると考えられている。血液の採取は、投薬後4〜5時間後（長時間作用型製剤）あるいは、1.5〜2.0時間後（即効作用型製剤）に行う。$β_2$-作動薬はメチルキサンチン製剤の代用、あるいは併用剤として使用される。副作用は、不整脈、洞性頻脈、神経質、そして時々低血圧が認められる。計測した用量を、吸入器や麻酔のマスクを用いて投与するアルブテロールは、特に猫において効果的かもしれない（巻末参照：p.255〜261）。

設問101、102

101 7歳、雄の雑種犬、体重18.6kgが6日間にわたる元気消失、散発性の発咳、努力性呼吸（特に呼気中）を主訴に来院している。また、症例は24時間前より食欲不振である。殺鼠剤摂取の可能性があったため、ビタミンK剤の注射投与による治療が実施されていたが、改善は認められなかった。症例は、犬糸状虫の予防が実施されておらず、肺音は減少している。胸腔穿刺により、乳び貯留が確認された。胸部X線検査の右側方向像を示す（**101a**）。

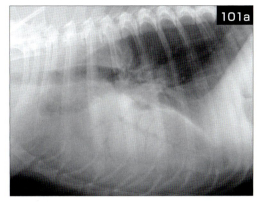

i. X線検査側方向像に認められる顕著な異常は何か？
ii. X線検査による診断は何か？

102 1歳、避妊雌のビション・フリーゼが、5週間ほど持続している乾性発咳と、2日前に認められた虚脱を主訴に来院した。症例は元気があり活発で、周囲への反応も良好である。初診時の身体検査では、心拍数が88bpmの不規則な心調律が確認された。心音や肺音は正常である。可視粘膜の色調や毛細血管再充満時間は、動脈脈圧や前胸部触診と同様に正常である。症例は、規定通りの全血球検査と血清生化学検査のための採血を行った直後に嘔吐し、明らかな呼吸停止を伴って虚脱した。心拍数は〜12bpmで、粘膜はチアノーゼを呈していた。気管チューブが挿管され、用手呼吸により酸素吸入が実施された。自発呼吸はまもなく再開して心拍数は増加した。短時間の用手呼吸の後に気管チューブが抜管され、血液ガス検査のために動脈血が採血された（以下に検査結果を示す）。

項目	結果	正常範囲	単位
pH	7.25	7.31〜7.42	
PCO_2	34.4	29〜42	mmHg
PO_2	65.8	85〜100	mmHg
HCO_3	14.6	17〜24	mmol/l
Base excess	−12.7		mmol/l
Total CO_2	15.7		mmol/l
酸素飽和度	89.9		%

i. 血液ガス検査の結果は、どのように解釈されるか？
ii. 低酸素血症の主な原因は何か？
iii. 鑑別診断のために推奨される検査は何か？

101

i. 背側中央の胸腔に、明瞭なエアブロンコグラムが観察される。頭側のエアブロンコグラムは、腹側方向の胸骨に向かっている。尾側のエアブロンコグラムはより長く、角度を変えて横隔膜腹側へと向かっている。軽度の小さな肺胞パターンがより長いエアブロンコグラムと共存している。いずれにも気管との連続性は認められない。胸水も認められている。

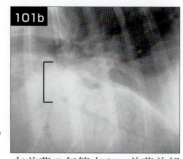

ii. 左前葉の肺葉捻転。右側方向像において、左前葉の気管支や、前葉前部と前葉後部の区域気管支の起始部は、通常明瞭に描出される。前葉前部の区域気管支は、胸骨柄へ向かって頭側を走行すべきである。前葉後部の区域気管支は、まっすぐ腹側へと走行すべきであり、尾腹側へ向かうべきではない。この症例において、エアブロンコグラムは明瞭に観察されるが、一般に観察可能な気管支分岐部が欠損している（**101b**：括弧内の領域）。一般的な気管支の形態は、気管から先細りとなっている（第5肋骨部で集合する（重なる）ように）。これらエアブロンコグラムの周辺部を取り囲んでいる肺葉は、軽度の小さな肺胞パターンを示している。

およそ肺葉捻転を示唆するX線検査像の特徴は、縮小して鈍化した軟部組織様の肺葉、そして/または異常な走行の肺葉気管支を伴う肺葉に認められる小さな肺胞からなる肺気腫である。胸水貯留は一般的であるが、特異的な所見ではない。肺葉捻転の術前診断の確定には、CT検査が有用である。

102

i. 血液ガス検査から、低酸素血症が明らかで、血液pHはアシドーシスを示している。呼吸性アシドーシスであれば、PCO_2は上昇し、HCO_3は補正を試みて上昇する。しかしこの症例では、HCO_3は減少しており代謝性アシドーシスが示唆される。正常値内で低値のPCO_2は、不完全な呼吸性代償を反映している。60mmHg未満のPO_2は、危険なヘモグロビンの低酸素飽和を引き起こす。チアノーゼは、ヘモグロビンの5g/dl以上が不飽和（非酸素化）だと認められるようになる。正常なヘマトクリット値の動物のチアノーゼは、PO_2がおそらく50mmHg未満である。

ii. 低酸素血症の原因は、通常、肺胞の低換気、様々な程度の静脈血混入（換気に携わらない領域への還流（短絡））を伴う肺の換気/血流比（V/Q）不適合、解剖学的な右–左短絡、またはこれら要因の組み合わせである。低換気は、V/Q不適合を伴ってPCO_2を上昇させる。PCO_2は低値あるいは正常である。肺胞内ガスの拡散障害、あるいは吸入した空気の低酸素濃度は、低酸素血症の一般的な原因ではない。血液の酸素運搬容量の減少（例えば貧血、異常血色素症）もまた、PO_2が正常であったとしても末梢組織の低酸素血症を引き起こす。

iii. 胸部X線検査。もしも明らかにならないならば、気道のX線透視検査

や気管支内視鏡検査が推奨される。不規則な心調律はおそらく洞性不整脈であるが、心電図検査によって房室ブロックやその他異常が明らかとなる。血液検査は、低酸素血症が慢性的（赤血球増多症）か、あるいは心停止以外の代謝性アシドーシスの別の原因か判断する一助となる。

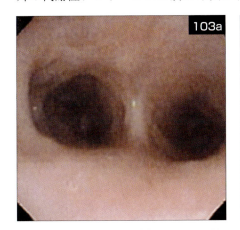

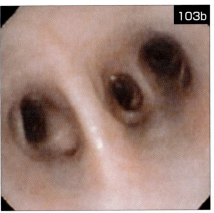

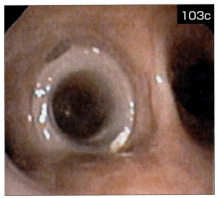

103 102の胸部X線検査像では、心陰影の大きさ（VHS 10.0v）、肺血管、肺野、主要な気道は正常である。細い肺葉間裂が右中葉近傍で認められる。心電図検査では明確な洞性不整脈が確認されるが、記録中の心拍数は100bpmを上回り、平均電気軸や波形計測値は正常である。心エコー図検査と、規定通りの血清生化学検査や白血球百分比に、著変は認められない。翌日、気管支内視鏡検査が実施された。気管分岐部（**103a**）、左主気管支（**103b**）、そして右中葉気管支の病変部（**103c**）の画像を示す。

i. 気管支内視鏡像をどのように評価するか？
ii. 症例の咳、低酸素血症、徐脈、虚脱の説明として成り立つか？
iii. この症例をどのように継続治療していくか？

解答103

103 i. 気管分岐部と右気管支の内部（**103a、c**）に、軽度の粘膜浮腫と紅斑が観察される。白い円形の異物が、右中葉の気管支内に認められる（**103c**）。このプラスチックの円錐型異物（コーキング剤チューブの先端：**103d**）は自由に移動でき、鉗子による摘出を試みている間、気管支開口部に滑り入ったり出たりしていた。左側肺葉への気道は正常に認められ、気管虚脱の徴候も認められなかった。

ii. はい。発咳の刺激となる異物の物理的な存在以外に、異物はおそらく発咳や嘔吐の最中に右主気管支内あるいは気管内へと移動して重大な気道障害を引き起こし、低酸素血症や虚脱の原因となっていたと考えられた。重度の徐脈は、基礎的な肺疾患や気道疾患に関連して著しく亢進した迷走神経緊張の結果である。嘔吐はおそらくこの状況を悪化させた。

iii. 気管支内視鏡検査の際に採取した気道洗浄液の培養検査が推奨される。特に発咳やその他の徴候が持続するならば、適切な抗生剤による治療が必要である。残存した感染や炎症の可能性があるため、1〜2週間後の再診と胸部X線検査が推奨される。この症例では、異物が取り除かれた後は、発咳や徐脈の再発は認められなかった。

設問104、105

104 室内外を行き来している10歳、雄の短毛種の猫が、2日間の元気消失と食欲不振の後に救急状態で搬送されてきた。外傷は認められなかったが、症例は外で鼠や鳥を獲っていた。症例は、開口状態で頻呼吸を呈している。可視粘膜色は、極めて蒼白である。胸部、腹部において、多数の皮下出血が確認される。聴診によって増大した呼吸音が聴取されるが、心雑音は認められない。ヘマトクリット値は10%で、総蛋白濃度は5g/dlである。酸素吸入が実施された（**104**）。

i. 原因不明の呼吸障害の猫が来院したときに、最初に考えるべきことは何か？
ii. 身体検査所見とヘマトクリット値に基づいて、鑑別診断は何か？
iii. この時点で推奨される、追加すべき検査や治療は何か？

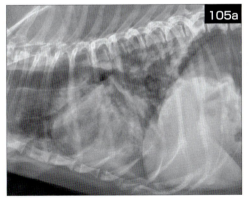
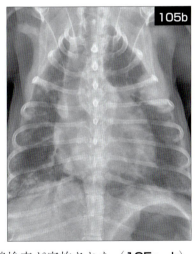

105 11歳、雄のマルチーズが、膵炎に関連した症状を治療した。回復は速やかで何事もなかった。退院して2日後に、急な呼吸困難を呈して来院した。胸部X線検査が実施された（**105a、b**）。

i. X線検査像に認められている異常は何か？
ii. 急性呼吸器症状の原因となりやすいのは何か？
iii. この症例は、どのように管理するか？

解答104、105

104 i. 重度の呼吸障害（起坐呼吸）が明らかである。症例は、肘頭を外転、頸部を伸展、開口呼吸で喘ぎながら（流涎を伴って）胸骨位でかがみ込んでいる。検討すべきは、気道閉塞（例えば急性喘息）、重度の肺疾患（例えば肺水腫、肺炎、出血、腫瘍など）、あるいは胸腔内疾患（胸水貯留、気胸、胸腔内腫瘤病変、横隔膜ヘルニアなど）である。呼吸様式や聴診所見は、潜在的な病態を指し示すのに役立つ（**1**や参考文献を参照）。

ii. 重度の貧血を伴った皮下出血は、脈管内への体液移動の時間を伴った外傷あるいは凝固障害を示唆する。貧血と共に認められる肺出血や血胸は、呼吸障害を助長させる。殺鼠剤中毒が強く疑われる（そしてこの症例では実証された）。猫は、抗凝固性殺鼠剤を摂取した齧歯類を食べることにより、二次的に中毒となることもある。凝固障害のその他の原因は、播種性血管内凝固、重度の血小板減少症、および肝不全などである。

iii. プロトロンビン時間（PT）と活性化部分トロンボプラスチン時間（aPTT）を測定すべきである。aPTTの延長よりも著しいPTの延長は、抗凝固性殺鼠剤中毒を強く示唆するため、ビタミンK_1による治療（例えば、最初は5mg/kg、SC）を開始すべきである。この症例には、新鮮な全血輸血も推奨される。胸部X線検査は有用である。胸腔内の液体あるいは血液は、換気改善のために抜去が必要かもしれない。追加の支持療法を必要に応じて実施する。

105 i. 肺には、びまん性に中程度の間質パターンから肺胞パターンが観察され、主に尾側辺縁の大部分（特に右側）に認められる。不透過性亢進領域の中心は、左前葉前部である。左心系は軽度に拡大している。重度の間質パターンは、部分的に肺血管陰影を覆い隠しているが、明らかな肺静脈のうっ血は認められない。空気で充満した胃体は、呑気を伴った呼吸困難が示唆される。

ii. 急性呼吸窮迫症候群（ARDS）による非心原性肺水腫が最も疑われる。急性心不全（例えば、僧帽弁の腱索断裂による）の可能性もあり、非典型的な浮腫の分布を生じているかもしれないが、より顕著な左心房拡大と肺静脈うっ血は、慢性僧帽弁疾患を予想させる。ARDSは、毛細血管透過性が急激に破綻する症候群である。ARDSは、敗血症、消化管酸性分泌物の誤嚥、吸入障害、複数回の輸血、ショック、膵炎、感染性肺炎、薬剤反応や過剰投与、大きな外傷や外科手術など、多くの疾患に関係している。

iii. 酸素吸入、その他の支持処置、潜在的な異常の治療を実施する。利尿剤は、治療当初は有効であるが、ARDSの後期ではその有効性も乏しい。あまりに積極的な点滴治療は、肺水腫と低酸素血症を悪化させる可能性がある。それ故に、心拍出量と動脈血圧を維持するために必要だけの最小量を投与する。コルチコステロイドは、未確認であるが有効といわれている。

設問106、107

106 急性の呼吸困難を呈して来院した、105の犬の短時間の身体検査では、良好な栄養状態、重度の頻呼吸と呼吸困難、左側心尖部における軽度の収縮期性心雑音、そして吸気と呼気における粗励な肺音が確認された。

酸素室による酸素吸入とフロセミドの筋肉内投与（4mg/kg）が、最初に実施された。胸部X線検査では、特に肺の尾側と辺縁領域に間質と肺胞浸潤が認められ、軽度の左心拡大も観察された。肺血管は、重度の間質パターンにより明瞭ではないが、明らかなうっ血は認められない（105a、bを参照）。初期の治療に全く改善が認められず、間もなく呼吸停止した。気管チューブが挿管され、気道内から液体が吸引された（106）。

i. この症例において、最も可能性のある診断は何か？
ii. 次に何をすべきか？
iii. 吸引された液体は、どのように潜在的な病因の鑑別に役立つか？

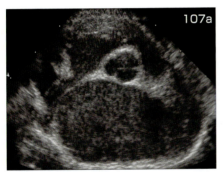 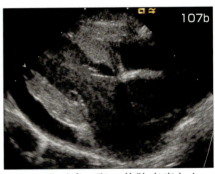

107 10歳、去勢雄の短毛種の猫が、遊具に飛び乗る際に後肢麻痺となった。症例は後肢を引きずって移動し、両後肢共に痛覚反射が消失している。大腿動脈圧は触知できないが、後肢末端は温かく、肢端部背側の脈圧は確認可能である。聴診では、奔馬調律音とグレード2/6の収縮期性心雑音が聴取される。胸部X線検査では、肺水腫を伴わない著しく拡大した心陰影が確認された。心エコー図検査によって、右傍胸骨短軸像（107a）と長軸像（107b）が描出された。

i. 心エコー図検査像に、どのような異常が描出されているか？
ii. これは、何を示すか？
iii. この症例をどのように管理するか？

解答106、107

106 i. 心原性か非心原性の肺水腫が疑わしい。明らかな静脈うっ血は認められず、肺浸潤病変の尾側/末梢への分布、そしてX線検査における心臓拡大が最小限であることなどから、急性の心原性浮腫に対しては（まだ可能性はあるけれども）否定的である。非心原性の浮腫は、急性呼吸窮迫症候群（ARDS）、感電によるショック、てんかん発作などを伴って出現する。びまん性の肺腫瘍、あるいはその他の浸潤性疾患もまた可能性がある。膵炎は、ARDSに関連がある。その他の目立たない組織学的な所見からも、ARDSが最も可能性のある診断であった。

ii. 救急治療は、100%酸素を用いた陽圧換気装置を用いて開始される。そして、フロセミドが静脈内ボーラス投与（4 mg/kg）される。気管支拡張剤も使用される。この時点で、補助呼吸とその他の支持療法以外に、ARDSに対する特異的な治療法はない。この症例では、救急治療に反応は認められなかった。

iii. 気道内から吸引された浮腫の液体の分析は、心原性浮腫からARDSを鑑別診断するのに役立つ。浮腫の液体の含有蛋白濃度（E）と血漿蛋白濃度（P）の比率は、ARDSでは79～90%であるが、心原性肺水腫では典型的に50%未満である。この症例の浮腫の液体のE：P比は、86%であった。ARDSの症例は、しばしば急激に悪化する。この症例は、呼吸不全で死亡した。

107 i. 左心房は重度に拡張（～2.6 cm）している。もやもやエコー像（渦巻き状の煙様像）が、左心房と左心室内に認められる。心膜液貯留と軽度の左心室肥大も確認される（拡張期左心室壁 ～0.6 cm）。

ii. 僧帽弁閉鎖不全症が存在するならば左心房拡大の一因となるが、この症例の左心房の大きさは、重度の左心室の拡張障害（例えば、拘束型あるいは肥大型心筋症）を示唆する。もやもやエコー像は、血液が細胞凝集した状態であり、血栓塞栓症（TE）の前兆であると考えられている。心膜液貯留は、猫の進行した心筋症において発生する。

iii. 症例の肺野透過性は良好であり、後肢にはいくつもの側副血行路が認められる。治療は、さらなるTE発生を予防し、心血管機能を最適化とし、必要に応じた支持療法を実施することを目的とする。この症例では、低分子量ヘパリン（LMWH）が使用された（エノキサパリン：1 mg/kg、SC、12時間毎）。LMWHは凝固時間に対する影響は最小であり、その効果は間接的に抗-Xa活性によって監視できる。血中の血小板数が十分である場合、低用量アスピリン（例えば5 mg/cat、72時間毎）や、クロピドグレル（18.75 mg/cat、PO、24時間毎）の併用が追加される。アンギオテンシン変換酵素阻害剤やジルチアゼムもまた投与が推奨される。この症例は、内科療法によってさらに1.5年間を維持管理されたが、4回目の動脈血栓塞栓症の発生後に死亡した。

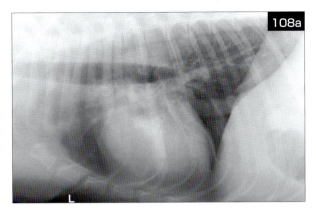

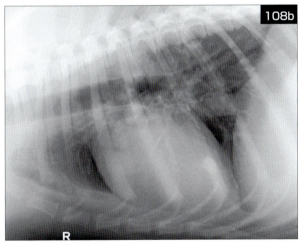

108 1歳、去勢雄のアラスカン・マラミュートが、間欠的な喀血を伴った3カ月間にわたる発咳を主訴に来院した。症例はアメリカのミシシッピー川の流域で飼育されている。気管の中央部を触診すると発咳が誘発され、身体検査中に血様粘液を喀出している。全血球計算および血清生化学検査に著変は認められない。胸部X線検査において、左側方向像（**108a**）と右側方向像（**108b**）が実施された。

i. X線検査像には、どのような特徴が認められるか？
ii. これら病変の病因学的な鑑別診断は何か？
iii. 確定診断のために、次に実施すべき検査は何か？

解答108

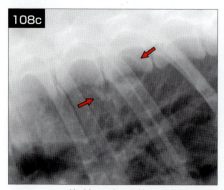

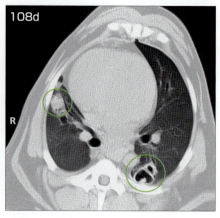

108 i. 複数の空洞状小結節が認められる。小結節の壁構造は、均一に薄く滑らかな内層や外層境界を呈するものから、中程度に肥厚し少し不規則な内層境界を示すものまで様々である（**108c**：矢印）。そのうちいくつかは、複数の空洞状の透過性が関連して、軟部組織/液体様の縁を伴って、多胞状内腔の様相を呈している。CT検査により2つの空胞性病変が確認され（**108d**）、1つは左葉の背側、もう1つは右葉の腹側に存在していた。肺葉気管支と隣接する肺動脈も明瞭である。

ii. 空胞性の肺病変は、外傷（ブラやブレブ）、肺炎（肺囊胞）、細菌性膿瘍、肉芽腫、寄生虫性囊胞（ケリコット肺吸虫）、あるいは腫瘍によって形成される。この犬は若齢であり、腫瘍性疾患の可能性は低い。外傷の病歴はなく、白血球百分比は正常で、発熱も認められないことから、細菌感染の可能性も少ない。中間宿主になりうるザリガニに接触しているならば、肺吸虫症が地域特異的に強く疑われる。肺の先天性空胞病変もまた可能性がある。

iii. 糞便検査、喀痰や気管洗浄液の細胞診において吸虫卵が検出されれば、肺吸虫症の診断が確定する。

設問109、110

109 7歳、雄のボクサーが2〜3カ月間にわたる体重減少を主訴に来院した。さらに最近では、頭部や前肢が大きくなり始めた（**109a**）。症例には痛がる様子はないが、食欲がほとんど認められない。体温は正常である。両前肢、前胸部、頸部腹側、口唇は、冷感を伴って腫脹し、痛みはないものの指圧に対し圧痕が認められる。心音と肺音は、胸部中央および後部では正常であるが、前胸部では聞こえにくい。体幹の尾側は、とても削痩している。

i. 疾患の部位は、外観と身体検査所見に基づいて特定可能か？
ii. どのような疾患が、この状況の原因となるか？
iii. 次にどのような検査が推奨されるか？ それはなぜか？

110 1週間前に、主に屋外飼育の6歳、雄の短毛種の猫が、努力性呼吸と食欲不振を発症した。肺音は軽度に増大していたが、その他の身体検査所見に著変は認められなかったと報告されている。X線検査では、中程度の肺うっ血を伴った心臓拡大が示されている。フロセミド投与（12.5 mg 12時間毎）による治療が試みられた。飼い主は、症例の臨床徴候は改善したと感じていた。心疾患が疑われたが、心エコー図検査は実施できなかった。非選択的心血管造影検査が実施された（**110**）。

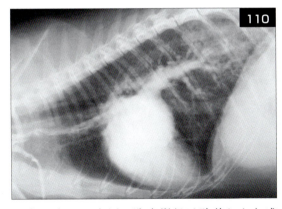

i. この検査結果は、犬糸状虫症の診断を示唆するか？
ii. 心血管造影検査の所見を述べよ。
iii. 飼い主に対して推奨することは何か？

解答109、110

109 i. 腫脹は、皮下浮腫である。浮腫の分布は、いわゆる「前大静脈症候群」に典型的であり、前大静脈血流の障害は、この血管へ流入する部位の静脈圧や毛細血管の静水圧を上昇させる。前胸部では心音と肺音は聞こえにくいが、後部はそうではない。胸腔に腫瘤病変が存在し、心臓と肺を尾側へ偏位させていることが示唆される。

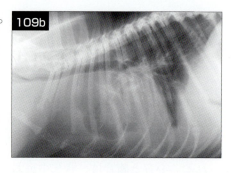

ii. 前大静脈の圧迫（通常、腫大した前縦隔リンパ腫、胸腺腫、またはその他の腫瘤）、または血栓による完全な塞栓が、この症候群を引き起こす。左右対称性の頭側浮腫以外に、ここで認められているような胸水貯留が一般的である。大静脈血栓塞栓症は、凝固亢進状態を引き起こす疾患（例えば免疫介在性血小板減少症や溶血性貧血、敗血症、ネフローゼ症候群、そしていくつかの腫瘍）と共に発生することがあり、たいていは中心静脈カテーテルの使用と同時に発生する。

iii. 胸部X線検査は、前縦隔の腫瘤の存在を示唆していた（**109b**）。超音波検査もまた、腫瘤や大静脈血栓が存在するならば、確認することができる。腫瘤の針吸引あるいは生検（この症例はリンパ腫であった）、そして規定通りの血液検査と尿検査が、治療方針決定のために推奨される。大静脈血栓塞栓症のために、潜在的な疾患を探すべきである。

110 i. わずかに残存した造影剤が前大静脈に確認されるが、この造影像は、造影剤が肺から左心系に到達した後に撮影されたものである。拡張してわずかに蛇行した後葉の血管系が観察されるが、これらは肺静脈であり肺動脈ではない。ここでは、犬糸状虫症に特異的な徴候は認められない。

ii. 後葉全体において、拡張した肺静脈を伴った重度の左心房拡大が観察される。これら所見は、慢性的な内圧の上昇を意味している。左心室は拡大し（挙上した気管分岐部と近位の後大静脈に注目）、心室腔内にいくつかの充填欠損があるように思われる。可能性のある原因は、肥大した乳頭筋、不規則な心室壁の肥大、心内膜の瘢痕化などである。重度の肥大型あるいは拘束型心筋症が疑われる。

iii. 心エコー図検査はさらなる情報を提供し、慢性的な拡張障害を示唆する。心不全の代償不全、動脈血栓塞栓症、不整脈のリスク増加が予想される。肺水腫を制御するのに必要な最小限の用量でフロセミドを継続投与すべきである。飼い主は、症例の呼吸、活性の程度、食欲を監視する。アンギオテンシン変換酵素阻害剤や、血栓塞栓症のリスクを減じる治療（例えばアスピリン、クロピドグレルなど）も推奨される。難治性の心不全や頻脈性不整脈に対するその他の薬剤（ピモベンダンやスピロノラクトン、あるいはアテノロールやジルチアゼムなど）も有用かもしれない。

設問111、112

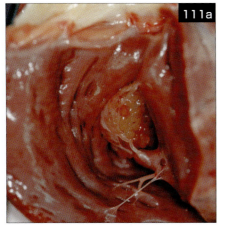

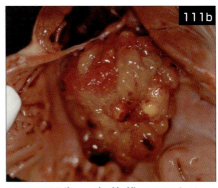

111 13歳、去勢雄のアイリッシュ・セターが、腹囲膨満を主訴に来院している。腹部波動感は、腹水貯留を示唆している。心雑音は聴取されないが、頸静脈拍動と怒張が確認される。大腿動脈圧は正常である。心エコー図検査所見が重篤な病変を示したため、飼い主は安楽死を選択した。剖検時の所見を図に示す（**111a**：右心室の自由壁を切開した所。三尖弁と肺動脈弁は図の上部。**111b**：右心房を切開した所）。

i. 病変とその部位を示せ。
ii. 症例に認められた臨床徴候は病変と一致するか？　その理由は何か？

112 18歳、避妊雌の短毛種の猫が、次第に頻度と程度が悪化してきた虚脱を主訴に来院している。さらに、症例が数週間前よりベッドに飛び乗るのに何回か失敗している様子に飼い主は気づいている。猫は元気で、栄養状態は良好である。身体検査に著変は認められず、胸部X線検査や血圧は正常である。観察のために猫を入院させた。その後、猫は少し鳴いた後に、横臥状態で虚脱して四肢を硬直させた。夕方までに、同様の徴候が何回も確認された。その虚脱時の写真を示す（**112**）。

i. 心血管疾患に起因した失神の一般的な特徴として、痙攣発作との鑑別診断に有用なものは何か？
ii. この症例において考慮すべき、鑑別診断は何か？
iii. この症例では、次に何をすべきか？

解答111、112

111 i. 111a（右心室腔から見た図）では、光沢のある黄色の腫瘤塊が三尖弁輪からはみ出るように認められる。弁尖の一葉は、腫瘤（左側）を覆うように認められる。腫瘤は、多胞性でゼラチン状である。111b（右心房内から三尖弁輪を見た図）では、腫瘤は完全に右心室の流入部を閉塞しているようである。この心臓内腫瘍は、病理組織学的に粘液腫と診断された。心臓内の粘液腫は、多能性の間葉系細胞に起因した良性腫瘍である。粘液腫は、たいてい卵円窩近傍の心房中隔から発生する。左心房内に認められることが最も一般的であるが、時に右心房にも認められる。この腫瘍は、犬ではとてもまれである。

ii. 心房収縮と関連した頸静脈拍動は、右心室充満圧が上昇する様々な原因によって発生する。この症例では、腫瘤が三尖弁の流入を部分的に閉塞して、右心室充満の抵抗が上昇した。頸静脈怒張は、右心房圧が高いときに出現する。心室充満の障害が悪化すると頸静脈怒張は持続するが、頸静脈拍動は減少し、消失するかもしれない。全身静脈や毛細血管静水圧の上昇は、毛細血管からの液体漏出を増加させるため、腹水が出現する。これは、うっ血性右心不全に類似する。

112 i. 失神は突然の一時的な意識消失であり、多くは急激な脳血流の減少に起因する。横臥状態、四肢硬直、後弓反張、失禁、奇声に至る虚脱は、一般的である。失神はしばしば興奮や激しい運動と関連する。非典型的な失神は、顔面の引きつけ、持続的な強直性/間代性の体動、脱糞、前駆症状、（発作後の）精神的異常、および神経学的障害などである。重度の血圧低下は、低酸素血症の痙攣様症状（「発作性の失神」）を引き起こすかもしれないが、多くは筋肉緊張の消失がこれに先行する。神経学的な痙攣発作の多くは、虚脱前の非典型的な四肢や顔面の動きあるいは、短時間の凝視が先行する。

ii. 発作前あるいは後の意識状態の明らかな欠如は、心血管疾患の失神を強く疑えるが、ここでは失神と痙攣様発作の両方が発生しているかもしれない。失神には多くの原因があるが、猫の年齢、心雑音は認められず、胸部X線像は正常であるので、この症例では、間欠的な頻脈性あるいは徐脈性不整脈が最も疑わしい。また、心筋疾患が存在しているかもしれない。痙攣発作の可能性のある鑑別診断は、脳腫瘍、一過性の脳血管障害、および大脳の炎症性疾患などである。

iii. 心電図検査、心エコー図検査、神経学的検査、そして血液検査データ（例えば、全血球計算、生化学検査、T_4、尿検査、犬糸状虫検査など）が推奨される。もし、安静時の心電図検査が正常であれば、ホルター心電図検査による監視が、不整脈の確定あるいは除外に有用である。

設問113、114

113 112が頻繁に虚脱症状を呈するため監視下に置かれ、心電図監視中に虚脱した。発作前から発作中の心調律を示す（**113**：第Ⅱ誘導、25mm/秒、1cm＝1mV；3段は連続した記録）。

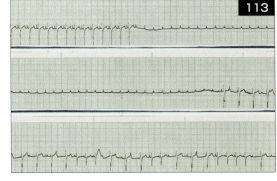

i. 心電図検査をどのように解釈するか？
ii. 潜在的な疾患が、房室結節内に認められるか？
iii. どのような治療選択肢があるか？

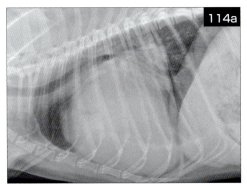
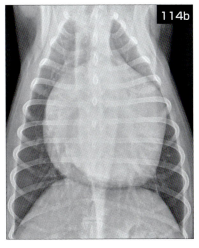

114 栄養状態の良い7歳、雌のイングリッシュ・スプリンガー・スパニエルが、数カ月間にわたる進行性の元気消失と運動不耐性を主訴に来院した。症例は、こ
こ2週間は散発性の軽度発咳を呈し、歩行を敬遠している。身体検査では、可視粘膜はピンク色で、喉頭部において左右の頸静脈拍動が確認され、心拍と同期して増強した大腿動脈圧が確認される。脈拍数は40 bpmで規則的である。聴診では、左右の前胸部において全収縮期性の均一心雑音が聴取され、左側心基底部では駆出性雑音の存在も疑われた。肺音は正常である。胸部X線検査の右側方向像（**114a**）と背腹像（**114b**）が撮影された。

i. X線検査像に認められる異常は何か？
ii. 検査で得られた情報に基づいて、この症例の鑑別診断をあげよ。
iii. この時点で、うっ血性心不全のための利尿剤を処方すべきか？
iv. その他にどのような検査が必要か？

解答113、114

113 i. 心電図は、心拍数200 bpmの洞調律で始まっている。QRS波は、右脚ブロック（RBBB）に典型的な、深く幅広いS波を呈している。上段の中程より房室伝導は障害され、洞性P波だけが生じている。心室補充調律（中段の右側）が出現するまでに、約12秒が経過している（そして、失神した）。心室補充調律を伴う完全房室ブロックは、下段まで続いている。5番目のQRS波の後に、3拍の洞性P波がRBBBによって伝導され、その後は補充収縮を伴う房室ブロックと房室伝導の短い交互期間が続いている。

ii. 洞調律中の明らかなRBBBは、心室内伝導系の異常を示唆する。間欠的な左脚ブロックが完全房室ブロックを発生させているので、より広範な心室内の疾患が疑われる。それでも、房室結節の疾患は存在しているかもしれない。最も高度な房室ブロックは、潜在的な構造の疾患に関連する（例えば、心内膜炎/心筋炎、心筋症、心内膜症、線維症、外傷など）。

iii. 断続的な房室ブロックは問題が多い。持続的な第3度房室ブロックを呈している猫のほとんどは、90～120 bpmの心室補充調律で、無症状である。内科療法の効果は不明である。人工的なペーシングは、失神発作を緩和できる。現在、猫では心外膜からの装着がより良いと考えられている。（この症例で実施した）経静脈的ペーシングの後には、一般に乳び胸が出現する。

114 i. 全体的な心拡大が認められ、左心室と特に左心房の拡大が顕著である。これは、心陰影の高さ（側方向像）と幅（背腹像）によって明らかである。拡大した左心房の尾側端は、背腹像において左心室心尖部と重なっており、左心耳の膨隆は2時の方向に認められる。後大静脈が拡張している。肺血管径と肺実質は、正常に認められる。

ii. 鑑別診断は、慢性的な徐脈に続発した慢性的な容量負荷による心拡大、あるいは拡張型心筋症、伝導障害を合併した慢性房室弁疾患などである。この症例の規則的な徐脈の潜在的原因で最も可能性が高いのは、完全房室ブロック、あるいは症例の徴候を考慮すると心房静止である。その他の間欠的な洞停止、洞不全症候群、第2度房室ブロックのような徐脈性不整脈は、不規則な心調律となるのが典型的である。

iii. 肺水腫（左心不全）の徴候は認められない。肺血管は正常の太さであり、肺実質の透過性も良好である。この時点で利尿剤は不要である。

iv. 心調律の診断のために、心電図検査の実施が推奨される。心エコー図検査は、心室腔の大きさや収縮機能評価のために実施すべきである（**115**も参照）。

115 これは、114の心電図（**115a**：第Ⅰ、Ⅱ、Ⅲ誘導、50mm/秒、1cm＝1mV）である。心エコー図検査では重度に拡張した左心房と、中程度から重度に拡張した左心室が描出された。左心室の収縮機能は正常に確認され、左室内径短縮率は55％である。血清生化学検査も正常である。

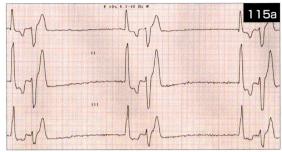

i. 心電図に記録されている調律の診断名は何か？
ii. どのような治療法が推奨されるか？
iii. この症例の長期予後はどうか？

116 18歳、雌猫が、2～3週間前より始まった努力性呼吸と体重減少を主訴に来院している。現在、開口呼吸と努力性の腹式呼吸を呈している。症例は、長期間にわたり猫白血病ウイルスと猫免疫不全ウイルスに陽性反応を呈している。身体検査では、元気が無く削痩し、脱水気味であった。呼吸数は24回/分で努力性、心拍数は160bpmで正常である。聴診では、喘鳴音が聴取される。胸部X線検査では、遠位気管内部に軟部組織様の不透過性亢進が認められる。血液検査では、軽度の高窒素血症が認められている。気管支内視鏡検査のための全身麻酔に先行して、酸素吸入と静脈補液による治療が開始された。図は、気管内中央部（**116a**）と遠位部（**116b**）である。

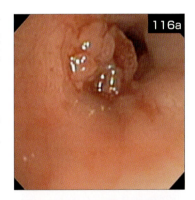
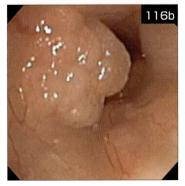

i. 気管支内視鏡検査所見は何か？
ii. 今、何をすべきか？
iii. 猫の気道閉塞の最も一般的な原因は何か？
iv. 気管支内視鏡検査の後、この症例はどのように管理すべきか？

115 i. 心室補充調律や頻繁な心室期外収縮（VPCs）を伴った心房静止。持続性の心房静止は、検出可能なP波を伴わない接合部性調律あるいは心室固有調律が特徴的である。この心電図では、VPCはすべての補充収縮に反復するように続いており（心室性二段脈）、病的心筋内

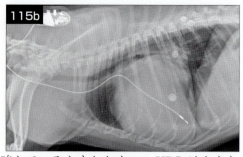

のリエントリー伝導路の存在を示唆しているかもしれない。VPCsはかなり早期に発生しており、動脈の脈圧が発生しないかもしれない。この症例の血清電解質は正常だが、臨床所見およびX線所見は重度の心疾患であった。
ii. 心房静止に内科療法は、たいてい十分な効果を示さない。アトロピン反応試験は、この徐脈性不整脈が迷走神経緊張の変化に反応するかをみる。経静脈的な恒久的ペースメーカ植込みが、治療の選択肢となる（**115b**）。
iii. 房室筋ジストロフィーとも呼ばれる持続的な心房静止は、主にスプリンガー・スパニエルやオールド・イングリッシュ・シープドッグに発生すると認識されている。持続的な心房静止は人の筋ジストロフィーと比較され、進行性の心房筋や心室筋変性と関係している。しばしば、うっ血性心不全が認められる。ペースメーカを装着しても、この疾患は診断から12～18カ月以内に通常致命的である。

116 i. 気管分岐部の近傍において、不整な肉質の腫瘤が気管の側壁に付着している。
ii. 内視鏡鉗子を用いて可能な限り腫瘤を減容し、摘出した組織を病理組織検査に供する。この症例では、気管内腫瘤を切除するため、内視鏡の生検用導管を介してワイヤースネアも使用した。不完全な切除では、腫瘤再発の結果を招くかもしれない。しかし、この腫瘤の胸腔深部の位置、猫の年齢を考慮すると、外科的切除は非常に危険であると考えられた。
iii. リンパ球プラズマ細胞性炎症性ポリープや、リンパ組織過形成も報告されているが、腫瘍性病変（例えば、リンパ腫、腺癌、扁平上皮癌）が最も疑われる。リンパ組織過形成は、今後の腫瘍性変化の前兆かもしれない。気管内腫瘤よりも、喉頭部の腫瘤がより一般的である。喉頭麻痺は、上部気道閉塞のもう1つの考慮すべき問題である。この腫瘤は、腺腫あるいは超高分化腺癌であると疑われた。
iv. 麻酔覚醒中は、酸素吸入を継続すべきである。プレドニゾロン（治療開始時1mg/kg、その後数日かけて漸減し中止する）は、気道の炎症と浮腫を減じるのに役立つ。広域スペクトラムの抗生剤も使用すべきである。長期予後は、腫瘍の再発によりたいてい不良である。

設問117、118

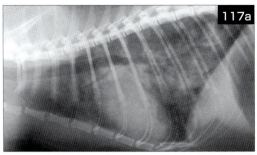
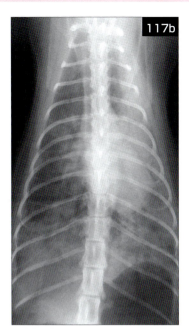

117 2歳、雌の長毛種の猫が、呼吸困難を主訴に来院した。症例は、不安そうに頻呼吸を呈している。体温、粘膜色、脈圧、頸静脈、前胸部の触診は、正常である。心拍数は240 bpmで、グレード2/6の収縮期性心雑音と第Ⅳ音を伴う奔馬調律が、左側心尖部より聴取される。呼吸音は、粗励である。胸部X線側方向像（**117a**）と背腹像（**117b**）が撮影された。

i. X線検査所見を述べよ。
ii. 最も疑わしい診断は何か？
iii. 次に何をすべきか？

118 12週齢、雄のベンガルの子猫が、呼吸困難を主訴に来院している。症例は、図に示す異常以外は健康的であった（**118**：写真内で猫は、頭部を左側にして仰臥位保定されている）。

i. 図でみられる身体所見の異常は何か？
ii. この原因は何か？
iii. 診断のための検査と理由をあげよ。
iv. どのような合併症がみられるか？

解答117、118

117 i. 心陰影は拡大し（VHS 〜8.8v）、気管は中程度に挙上している。後葉背側の肺野には、びまん性に間質性から肺胞性にムラのある浸潤像が顕著に認められる。右後葉への肺血管が最も多く観察され、それらは拡張している（第10肋骨との交差部において、肋骨よりも幅広い：**117b**）。胃内の呑気は、呼吸困難と一致する所見である。

ii. 心原性の肺水腫。猫におけるこの状況は、不均一でムラのある不透過性の分布がたいてい関係しており、肺野全域にわたって広範に、あるいは肺野中心部に限局して展開する。猫において、肥大型心筋症が、第Ⅳ音を伴う奔馬調律やうっ血性心不全の最も一般的な原因である。しかし、その他の心筋症も潜在的な原因である。先天性の短絡性心疾患あるいは僧帽弁形成不全は、しばしばうっ血性左心不全の原因となる。肺静脈と肺動脈の両方の拡大は、しばしば肺の過剰な血流に伴っているが、うっ血性心不全によっても生じる（肺静脈のうっ血と、二次的な肺動脈圧の上昇）。その他の間質性肺浸潤の鑑別診断は、感染、出血、そして腫瘍浸潤である。

iii. 酸素吸入と非経口的なフロセミドを投与する。症例へのストレスと手技操作を最小限とする。呼吸状態が改善したならば、さらなる治療指針のために、血圧測定と血液検査および心エコー図検査を実施する。この症例は、重度の肥大型心筋症と診断された。

118 i. 漏斗胸。この凹んだ胸骨の形状異常は、中央から尾側の胸骨とそれに接続する肋骨弓の背側への偏位に起因している。

ii. 漏斗胸は、胸骨と肋軟骨の先天性形状異常で、胸腔の背腹方向への狭小化が生じる。この疾患の正確な発生機序については、よくわかっていない。

iii. 胸部X線検査は、肺炎、心臓偏位、そして背腹方向の狭小化の程度を評価するために、実施すべきである。これらのX線像は、治療の有効性を評価するための指標も提供する。特に心雑音が聴取されるのであれば、心エコー図検査は有用かもしれない。

iv. 気管形成不全や先天性心疾患を合併するかもしれない。漏斗胸の動物は、下部気道感染症や肺炎に正常な動物より罹患しやすい。しかし、漏斗胸の動物において聴取された心雑音は、必ずしも先天性心疾患を示唆するわけではない。漏斗胸であるが構造的な心疾患を伴わない動物の心雑音は、漏斗胸の外科的整復後にしばしば消失する。そのような心雑音は、本質的な心疾患よりも心臓の胸腔内偏位に関連していると考えられている。

設問119、120

119 118の子猫の身体検査では、胸骨の異常が触診される。胸部X線検査が実施された（**119**：右側方向像）。

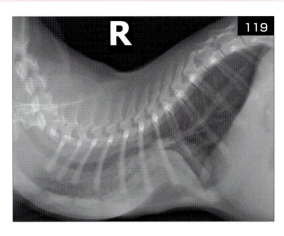

i. 身体検査の異常は、X線検査像にどのように描出されているか？
ii. この疾患に推奨される治療は何か？
iii. この疾患への最終的な治療はいつまでに実施すべきか？
iv. この疾患を治療しない場合、可能性のある結果は何か？

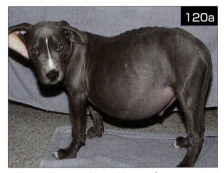

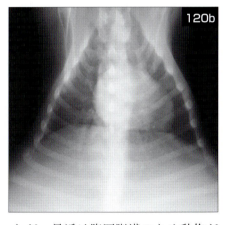

120 5カ月齢、雄のピット・ブル・テリアが、2カ月以上前から始まった腹囲膨満を主訴に来院している（**120a**）。行動や食欲は正常であったが、最近は腹囲膨満のため動作が緩慢になってきた。症例は元気で活動的であり、可視粘膜色や毛細血管再充満時間は正常である。左右の大腿動脈圧も正常である。頸静脈怒張は認められず、拍動も確認されない。心拍数と心調律、心音と肺音は正常である。多量の腹水貯留が確認され、変性漏出液である。胸部X線検査では、心臓陰影の大きさと形状は正常で肺野や肺血管陰影も正常である（**120b**：背腹像）。

i. 腹腔に多量に貯留している、変性漏出液（腹水）の原因は何か？
ii. この症例は、うっ血性右心不全か？
iii. どのように検査を進めるか？

解答119、120

119 i. 胸骨の背側偏位による漏斗胸が明らかである。

ii. 治療は、軽量の熱可塑性素材で外枠を作成する。胸骨周囲と枠の穴を介して縫合し、外枠と動物を固定する。まず胸骨の周囲を縫合した後、枠に計画的に開けられた穴に糸を通してしっかりと枠を固定する。きつく縫合すると、漏斗胸を逆転させるように胸骨は外枠に牽引される。外枠は3週間維持させる。

iii. 動物がまだ成長過程であれば、治療は理想的に進行し、動物が大きくなり外枠に合わなくなる前に、胸郭の再形成が速やかに起こる。

iv. 呼吸障害が、最も一般的な漏斗胸の徴候である。臨床徴候の重症度は、胸骨偏位、胸郭容積の縮小化、および肺虚脱の重症度に関連している。二次的な肺炎や循環障害が合併症である。臨床徴候は、軽度の運動不耐性から著しい呼吸困難や死亡にまで及ぶ。ある症例では、持続的な発咳を呈していた。その他は胸骨周囲の陥没を除き、無徴候である。しかし、漏斗胸は胸郭がそれほど柔軟ではない大人の動物よりも、活発に成長している動物の方がより容易に治療されることから、臨床徴候の出現を待つのは慎重なことではないかもしれない。

120 i. 腹水は、たいてい異常なスターリング力、しばしば高い全身静脈圧や門脈圧に起因する。毛細血管透過性の上昇（例えば、炎症）、毛細血管コロイド浸透圧の低下（例えば、低アルブミン血症）そしてリンパ流の閉塞が、その他の発生機序である。静脈静水圧の上昇に起因した腹水は、病因の位置によって分類することが可能である。いわゆる「肝後性」（後類洞性）腹水は、肝静脈と右心室との間で血流が制限されることによって生じる。肝臓の類洞における過剰な液体の産生は、肝臓の被膜を透過したその時に、腹膜腔へ拡散する。「肝後性」腹水は、通常、うっ血性右心不全または心タンポナーデに続発する。まれに、後大静脈あるいは右心房の流入障害または外部からの圧迫が原因となる。肝臓疾患に起因する「肝性」腹水は、その他の機序も可能考えられるが、通常は門脈高血圧に関係している。「肝前性」腹水は、門脈の血流障害から発展する。腸の漿膜からの過剰な液体漏出は、リンパ液形成を促進させる。「肝前性」腹水は、側副血行路である門脈−体循環短絡が門脈高血圧を低下させるため、まれである。

ii. うっ血性右心不全は、心拡大または心機能不全などの徴候だけでなく、頸静脈怒張の原因でもある。しかし、このX線検査像では、後大静脈が拡張しているようである。

iii. 近位の後大静脈や右心房の流入路に血流障害が認められないか確認するために、心エコー図検査が推奨される。そして可能であれば、腹部超音波検査あるいは前後大静脈の血管造影検査が推奨される。

設問121、122

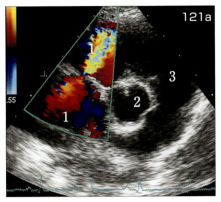
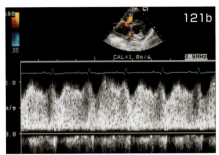

121 120のピット・ブル・テリアの子犬に、心エコー図検査が実施された。右心房上にカラードプラ領域を表示した拡張期の右傍胸骨短軸像（**121a**）と、右心房内の三尖弁上にサンプルボリュームを置いたパルスドプラ像（**121b**）を示す。1：右心房、2：大動脈、3：右心室。

i. 121aの所見を述べよ。
ii. 121bには何が描出されているか？
iii. 診断は何か？
iv. どのように治療することができるか？

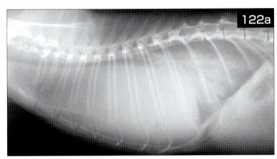
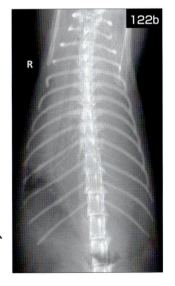

122 3歳、避妊雌の長毛種の猫が、1週間継続した努力性呼吸を主訴に来院した。身体検査所見は、頻呼吸、特に背側での胸部聴診の濁音、触診による胸部コンプライアンスの低下である。胸部X線検査を実施した（**122a、b**）。

i. X線検査像の異常は何か？
ii. X線検査による診断は何か？
iii. 病因学的な鑑別診断は何か？
iv. CT検査は、この症例に対してどのような価値があるか？

解答121、122

121 i. 小さな孔のある膜様構造が、右心房を二分割している。低速の血流（赤色表示）が尾側の大きな右心房を通過し、膜様構造にある小さな孔を通過して加速し、頭側の右心房へ移動している。三尖弁、右心室、大動脈および主肺動脈は正常である。

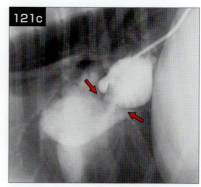

ii. サンプルボリュームは、頭側の右心房内に位置している。血流速度は、心房内の膜様構造を通過することによって増加（最高速度2m/秒以上）し、圧較差は心周期にかかわらず10～20mmHgを示している。

iii. 右側三心房心。この非常にまれな心疾患は、胎子期の右静脈洞弁が退行しないときに発生し、右心房を2つに分割する異常な膜様構造が形成される。後大静脈と冠静脈洞の血流は頭側の右心房へ流入する。異常な膜構造を通過する際に障害された血流は、後大静脈とそれに流入する静脈系の静水圧を上昇させ、進行性の腹水の原因となる。血管造影は、拡張した後大静脈と右心房内の膜様物で制限された血流を描出している（**121c**：矢印）。

iv. 異常な膜様構造は外科的に切除するか、バルーン拡張カテーテルを使って開口部を拡張させることができる。

122 i. 胸腔のほとんど全域は、軟部組織様あるいは液体様の不透過性である。右後葉の一部だけが、正常な肺の透過性を示している。気管は、全体的に著しく背側へ偏位しており、右側へ移動している。主気管支も右側へ移動して、エアブロンコグラムを形成している。心陰影は、背腹像で認められる右側に移動した心尖部のわずかな一部を除き、不明瞭である。横隔膜の左側半分は不明瞭で、印象では右側半分は尾側へ偏位している。肺葉間裂は観察されない。

ii. おそらく肺や胸膜よりも縦隔に起源をもつ、大きな左側胸腔内腫瘤。

iii. 胸腺起源の腫瘍（リンパ腫や胸腺腫）、前縦隔のリンパ腺腫大（リンパ腫）、胸腺嚢胞、鰓嚢胞。この症例は、悪性の胸腺腫であった。

iv. 犬と猫に限定した研究では、CT検査画像は前縦隔腫瘍の病因学的な診断を提供しないようである。しかし、これら腫瘍の局所的な浸潤段階を把握し、そして外科治療に有益であると理解されている。

設問123、124

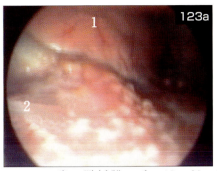
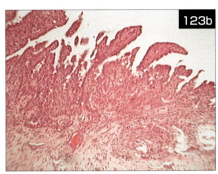

123 13歳、避妊雌のビーグルが、1週間の元気消失と来院2日前より認められるようになった発咳と呼吸困難を主訴に来院している。症例は、軽度の努力性呼吸（呼吸数45回/分）を呈している。身体検査では、正常な体温（38.9℃）、良好な大腿動脈圧が触知でき、頸静脈怒張や拍動は認められなかった。肝頸静脈逆流は、陰性であった。胸部打診では、両側性に濁音の水平境界が認められた。その他の所見に著変は認められなかった。胸部X線検査では、軽度の胸水貯留に一致する、肺葉を扇形に退縮させた胸部腹側全体の不透過性の亢進が認められた。心エコー図検査と腹部超音波検査では著変は認められなかった。胸腔穿刺によって漿液性血様液が150ml抜去された。胸水性状：総蛋白5.05 g/dl、アルブミン3.41 g/dl、グロブリン2.04 g/dl、A/G比1.49、pH7.4、比重1.035、色調：赤色混濁、細胞保存状態：良好、細胞診：細胞質に多数の空胞を有した個々の小さな細胞塊や大きな細胞集塊、様々な円形から卵円形の細胞核と散在した核分裂像、様々な核/細胞質比の細胞、背景には多数の好中球が認められた。微生物検査：好気性、嫌気性培養は共に陰性。

　胸腔鏡検査が全身麻酔下に実施され、その画像を**123a**に示す（1：心膜、2：右肺中葉）。肺実質病変や腫瘍性病変は確認できなかった。胸膜の生検が実施された（**123b**：25倍、HE染色）。

i．この症例の鑑別診断は何か？
ii．胸腔鏡検査所見を述べよ。
iii．胸膜生検には、何が示されているか？

124　ピモベンダンの効果とその適応は何か？

解答123、124

123 i. 液体は、胸膜滲出液の性状を示している。これは、炎症（胸膜炎）によって、胸膜表面の蛋白性液体に対する透過性が増加することによって生じる。胸膜炎の原因は、細菌感染、腫瘍（肺、縦隔、胸膜）、胸腔外傷、あるいはその他の原因による慢性的な液体貯留などである。

ii. 胸腔鏡画像では、臓側胸膜表面上に直径数mmの灰白色斑状が、いくつも認められている。同様の病変は、心膜や壁側胸膜にも認められた。

iii. 胸膜病変の生検と病理組織学的検索が、確定診断のために必須である。この症例では組織学的検査において、索状細胞や、腺房状、乳頭状の放射が認められた。いくつもの領域の表面で観察された大型の異形細胞は、胸水中に認められた細胞と類似している。明らかな原発腫瘍はどこにも認められず、細胞診における細胞形態から、これらは胸膜中皮腫と一致している。

　生存期間は、化学療法（そして心膜液貯留を併発するなら心膜切除）によって延長するかもしれないが、中皮腫症例の平均余命はほぼ1年未満である。シスプラチンまたはカルボプラチンの胸腔内投与、可能であればピロキシカムの併用によって、数カ月間の臨床的な寛解を得られるかもしれない。胸腔内への投与経路は、より高い濃度の薬剤を腫瘍組織に送り届け、毒性のリスクを減じる。

124 ピモベンダンは心臓の収縮性を増大させ、全身および肺血管拡張を促進させることにより、心臓のポンプ機能を改善させる。ピモベンダンは、心臓収縮性蛋白におけるホスホジエステラーゼ-3（PDE-3）の阻害（カルシウムイオン流入によるアドレナリン作用の増強）と、カルシウム感受性増強効果によって収縮性の増大をもたらす。後者は、心筋の酸素要求量を増加させることなく収縮性を増大させる。PDE-3阻害は、薬剤の血管拡張作用の基礎となる。ピモベンダンは、神経ホルモンと炎症性サイトカイン活性も調整することができる。ピモベンダンは、慢性弁膜疾患あるいは拡張型心筋症によるうっ血性心不全の犬に処方され、従来までのうっ血性心不全治療に追加されたときに、臨床徴候と生存率を改善する。他の心筋機能不全の原因による犬や、再発を繰り返すうっ血性心不全の猫でも効果を得られるかもしれない。

設問125

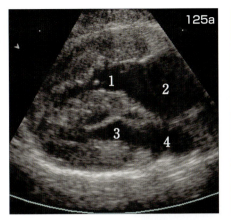
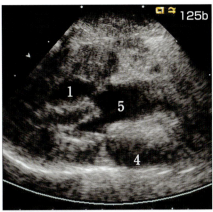
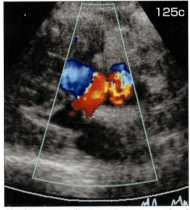

125 5歳、避妊雌、体重3 kgの猫は、チアノーゼの既往があり、主に遊んだ後に呼吸数の増加と努力性呼吸の悪化を呈している。紹介元の獣医師はエナラプリルとフロセミドを処方しているが、改善はほとんど認められていない。猫は元気である。呼吸数は72回/分、心拍数は240bpm、体温は38.8℃である。聴診では心雑音は聴取されないが、増大した呼吸音が聴取される。大腿動脈圧と頸静脈は正常である。数分間遊んだ後には、口腔粘膜面にわずかなチアノーゼと、努力性呼吸が認められる。心エコー図検査が実施され、3つの右傍胸骨長軸像が描出された（**125a～c**）。1：右心室、2：右心房、3：左心室、4：左心房、5：大動脈。

i. 心エコー図検査所見を評価せよ。
ii. 診断は何か？
iii. なぜ心雑音が認められないのか？
iv. この症例をどのように管理するか？

125 i. 中程度の右心室肥大と右心房拡大が明らかである（**125a**）。**125b**では、大動脈基部の騎乗を伴った大きな心室中隔欠損が示されており、右心室（青色）と左心室（赤色）の両方から大動脈へ血液が流入している（**125c**）。わずかに上昇した肺動脈流出血流速度は、軽度の肺動脈弁狭窄症と一致する。

ii. ファロー四徴症。構成する奇形は、心室中隔欠損症、肺動脈狭窄症、大動脈の右側偏位、そして右心室肥大である。肺動脈狭窄症は、軽度（この症例のように）から完全な肺動脈閉鎖まで、変動する可能性がある。大動脈の右側偏位は、右心室から大動脈への短絡を助長する。右心室肥大は、収縮期圧負荷に対して二次的に発展する。

iii. この症例の軽度の肺動脈狭窄症に加え、相対的に均衡した両心室の血圧が、心雑音消失の説明である。その他の症例では、低酸素血症誘発性の赤血球増多症による血液の高粘稠性も、血液の乱流を減じて心雑音の強度を低下させる。

iv. 右心室−大動脈短絡の程度は、肺動脈狭窄症の重症度（固定された右心室流出路の抵抗）と全身性の動脈血圧（様々に変動）に依存する。短絡血流量は、運動による全身血管抵抗の低下によって増大するため、運動制限は賢明である。ヘマトクリット値は定期的に監視する。瀉血は、重度の赤血球増多症と血液の高粘稠性による徴候を制御するのに役立つ。ハイドロキシウレアと外科的な緩和療法が犬において実施されている。フロセミドとエナラプリルは、この症例では中止された。

設問126、127

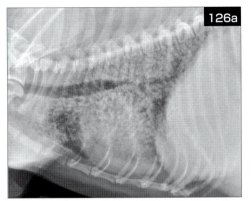
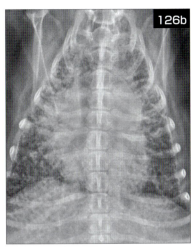

126 11歳のヨークシャー・テリアは、最近、副腎皮質機能亢進症（クッシング症候群）と診断された。再評価の検査において飼い主は、症例の「呼吸状態の悪化」と発咳を訴えている。心雑音は聴取されないが、時々深い吸気の最後に軽度の捻髪音が聴取される。胸部X線検査において、側方向像（**126a**）と背腹像（**126b**）が撮影された。

i. X線検査像に認められている異常は何か？
ii. 可能性のある原因は何か？

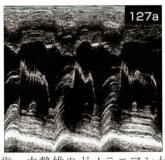
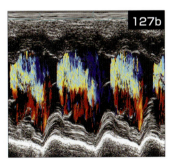

127 6歳、去勢雄のポメラニアンが、虚弱、嘔吐、そして浅速呼吸と共に、四肢を強直させて震えている。心エコー図検査が実施された（**127a**：僧帽弁レベルにおけるMモード像、**127b**：同位置におけるカラーMモード像）。

i. 両図には何が示されているか？
ii. これはなぜ起こるか？
iii. どんな原因によってこれが生じるか？
iv. これの結果、特定の身体検査所見は生じるか？

解答126、127

126 i. 粟粒性から結節性が混合した重度のびまん性肺間質パターンが認められる。そのパターンは不透過性が強く、肺の石灰化または骨化を示唆する。背腹像では、中程度の右心室拡大と重度の右心房、主肺動脈の拡大が認められ、右心室の圧負荷において認められるいわゆる「逆D像」と一致している。これらの心臓の変化は、おそらく重度の間質性肺疾患に続発している肺高血圧症が示唆される。中程度から重度の肝腫大も認められる。

ii. 体幹部における皮膚の異栄養性石灰化（皮膚石灰沈着症）は、時々、副腎皮質機能亢進症の症例に認められる。カルシウム沈着は、気管支や肺のような他の部位でも生じる可能性がある。この症例の肺の石灰化は、内分泌障害に関連していると疑われた。副腎皮質機能亢進症に関連した石灰化は、特発性肺骨形成との鑑別が困難かもしれない。ほとんどの特発性肺骨形成の動物は無徴候であり、肺病変は偶発的な所見である。副腎皮質機能亢進症に関連した皮膚の石灰化の改善は、内分泌治療の数週間から数カ月後に生じる。

127 i. 拡張期における僧帽弁前尖の振戦が認められる（**127a**、**127c**：矢印）カラードプラ像では、心室中隔と僧帽弁前尖の間における左室流出路内に存在する著しい拡張期乱流が示されている（**127b**）。僧帽弁E点心室中隔間距離は、増大している。

ii. 大動脈弁閉鎖不全に起因した逆流噴流は、拡張期の左室流出路乱流を作りだし、僧帽弁弁尖に当たって僧帽弁弁尖を震わせ、完全に開放した位置から押し続けるからである（**128**を参照）。

iii. 大動脈弁の感染性心内膜炎が、最も可能性の高い後天性の原因である。大動脈基部の支持が不足する先天性心室中隔欠損症、大動脈弁奇形、そして大動脈弁狭窄症を伴った大動脈弁逆流が、その他の鑑別診断である。

iv. 中程度から重度の大動脈弁逆流では、拡張期性の漸減性心雑音が左側心基底部においてしばしば聴取される。関連する大動脈弁狭窄症の収縮期性心雑音もまた、聴取が可能である。それは、大動脈弁逆流が左心室に容量負荷を負わせ、1回拍出量を増加させるからである。大動脈弁逆流は、正常時に比べて拡張期圧がより早期により低値に下降するため脈圧の振れ幅（収縮期血圧と拡張期血圧の差）が拡大し、動脈の脈圧を増大させる原因となる。進行性の左心室拡張、二次的な僧帽弁閉鎖不全、そして左心不全が、大動脈弁逆流によって生じることがある。

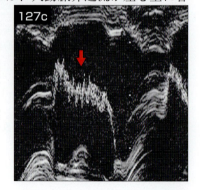

設問128

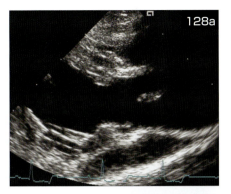
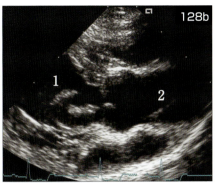
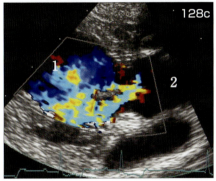

128 6歳のポメラニアンは、振戦、四肢の硬直、虚弱、嘔吐、そして浅速呼吸の既往を有している。症例は元気がなく、削痩（4.6kg）している。体温は40℃である。左側心基底部において、グレード4/6の収縮期性心雑音と2/6の拡張期性心雑音が聴取される。左側の大腿動脈圧はとても強いが、右側は触知できない。胸部X線検査では、心臓全体の軽度な拡大を示す。全血球計算では、核の左方移動を伴った好中球増多症（>25,400/μl）、軽度の貧血（PCV30%）、そして血小板減少症（99,500/μl）が認められた。心エコー図検査では左心室の容量負荷と、中程度の収縮機能障害が観察された。これら描出像は、左側頭側からの長軸断面像である（**128a**：収縮期、**128b**：拡張期、**128c**：拡張期）。1：左心室、2：大動脈。

i. 心エコー図検査所見を述べよ。
ii. この症例の診断は何か？
iii. この症例の管理計画は何か？

解答128

128 i. 大動脈弁に付着している大きな細長い疣贅病変が、収縮期には上行大動脈内に伸び、拡張期には左心室内に戻っている。カラードプラ像（**128c**）では、疣贅を取り囲むような乱流を伴って、著しい大動脈弁逆流が示されている。

ii. この症例では、発熱を伴った大きな疣贅病変、全血球計算の異常、動脈血栓塞栓症の徴候（右側大腿動脈圧の欠損）、その他所見に基づいて、大動脈弁部の感染性心内膜炎が最も疑われる。一般に心内膜炎の仮診断は、血液培養の陽性結果と、心エコー図検査における疣贅、あるいは弁構造の破壊（例えば、腱索の断裂、弁尖先端の動揺）、あるいは逆流性心雑音の直近の出現のどれかに基づいて行われる。

iii. 目標は、病原体と感染源の同定、適切な殺菌性の抗生剤治療の選択、合併症（心疾患、血栓塞栓症）の管理である。しかし、この症例では *Enterococcus faecalis* が培養されたが、血液培養と尿培養の陰性結果では、感染性心内膜炎の可能性を除外できなかった。

培養標本の採材の後、積極的な抗生剤治療が直ちに開始され、培養結果に基づき必要に応じて薬剤を変更し、少なくとも6〜8週間継続された。セファロスポリン、ペニシリン、あるいはアミノグリコシドかフルオロキノロンと合成ペニシリン誘導剤の組み合わせが、一般的によく使用される。クリンダマイシンあるいはメトロニダゾールは、嫌気性菌への効果のために追加される。

設問129、130

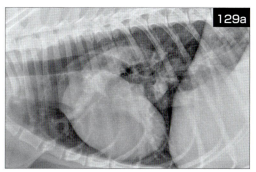
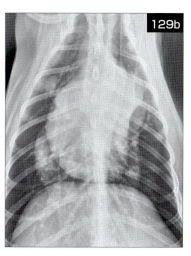

129 10歳、避妊雌のイングリッシュ・セターが、進行性の運動不耐、過度の浅速呼吸を呈し、最近はわずかな運動で虚脱すると来院している。症例の栄養状態は不良である。心臓血管系の身体検査では、淡いピンク色の可視粘膜、頸静脈拍動、心尖部拍動に対応した弱々しい大腿動脈圧が認められた。胸部の聴診では、右側心尖部において最大の全収縮期性心雑音と第Ⅱ音の増強が聴取されるが、その他に異常は認められない。胸部X線右側方向像（**129a**）と背腹像（**129b**）が撮影された。

i．胸部X線検査像には、どのような異常が認められているか？
ii．どのような鑑別診断を考えるべきか？
iii．追加すべき臨床検査は何か？

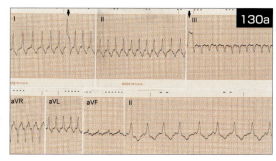

130 4カ月齢、雄の短毛種の子猫が、時々虚脱するので、心臓評価のために来院している。身体検査に、著変は認められなかった。心電図検査が実施された（**130a**：誘導は図に記載、下段右の第Ⅱ誘導50mm/秒を除いて25mm/秒、1cm=1mV）。

i．矢印は何を示しているか？
ii．心電図をどのように解釈するか？
iii．刺激伝導障害の存在を説明せよ。
iv．これは、虚脱の既往と関連しているか？　それはどのような関連か？

解答129、130

129 i. 主肺動脈と左右肺動脈（特に右肺動脈）は重度拡大しているが、末梢は著しく切り詰められている。軽度に円形化した右心室（**129b**）と突出した主肺動脈（1～2時方向）は、心臓の「逆D像」を形成している。また、円形化した右心室は、左心室の心尖部を胸骨から離れるように背側へ偏位させている（**129a**）。

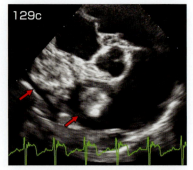

ii. 「逆D像」は、右心室の圧負荷を示唆する。よくある原因は、先天性の肺動脈狭窄症と肺動脈性高血圧症（PAH）である。この高齢犬の心雑音は肺動脈狭窄症に特徴的ではないことから、その可能性は少ない。しかし、三尖弁逆流（TR）の心雑音と第Ⅱ音の増強は、常に聴取可能ではないが重度のPAHに典型的である。PAHは、慢性的な左心不全のみならず、慢性的な気道疾患、浸潤性肺疾患、犬糸状虫症や肺血栓塞栓症（PTE）などの肺血管疾患と共に進行する可能性がある。

iii. 心エコー図検査はPAHを確定し、その重症度も示唆できる。典型的な所見は、右心室肥大、右心系および肺動脈の拡張、そしてTRである。TRの最高血流速度は、右心室と（肺動脈狭窄症が存在しなければ）肺動脈の収縮期圧の評価に使用される。この症例で認められた慢性的なPTEのような血管異常は、時々確認される（**129c**）。輝度の高い2つの血栓（矢印）が、拡張した右肺動脈内に認められる。

130 i. キャリブレーション波形（第Ⅰ誘導はQRS波形が重複している）。
ii. 心拍数は220～240bpmの洞調律で、平均電気軸（0°）は正常である。PR間隔は短縮（～0.03秒）、QRS波持続時間は増大（～0.06秒）している。第Ⅰ誘導のR波高（最大のQRS波）は1.3mVで正常よりも増大している。
iii. 心室早期興奮。正常な房室結節における緩徐な刺激伝導を副伝導路が短絡させるため、PR間隔は短縮している。結節外（房室結節の外側）の副伝導路による早期心室脱分極は、幅の広い緩徐な立ち上がりのQRS波形である「デルタ波」（**130b**：矢印）の原因となる。これは、Wolff-Parkinson-White型の早期興奮に典型的である。この症例のQRS波高の増大は、おそらく異常な心室興奮に二次的である。
iv. はい。リエントリー性上室性頻拍は、副伝導路や房室結節（房室回帰性頻拍）などのマクロリエントリー回路経由で発生する可能性がある。通常、心室の興奮

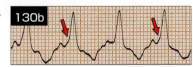

は、副伝導路を通じて逆方向に心房へ伝導し、その後、正常な方向（順行性）に伝導して房室結節から再び心室へ伝導する。著しい房室回帰性頻拍は、虚弱、失神、うっ血性心不全そして死亡の原因となりうる。アテノロールによる治療で、この猫の虚脱症状は制御された。

設問131、132

131 若齢、雌のコッカー・スパニエルが、運動耐性に乏しい（**131**）。症例はこの5カ月間に、室外で遊んでいるときに立てなくなったり、後肢に力が入らなくなったりする頻度がますます頻繁になり、飼い主達はとても心配している。症例は、その他の時は正常と思われる。口腔粘膜面はピンク色で、左右の大腿動脈圧は正常である。前胸部の拍動は力強く、特に右側において顕著である。心拍数や心調律は正常である。心雑音は聴取されないが、第Ⅱ音がかなり亢進している。呼吸は正常である。症例を室外へ連れ出して散歩させると、間もなく後肢が弱々しくなり、それ以上歩くことに抵抗する。症例は、正常なピンク色の舌と口腔粘膜の状態で、元気なままである。

i. 最初の鑑別診断は何か？
ii. 心雑音が聴取されないことは驚くべきことか？
iii. この症例の運動時チアノーゼの検出は、舌や口腔粘膜面の色調評価だけで十分か？

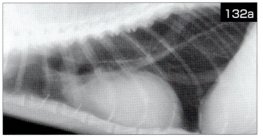

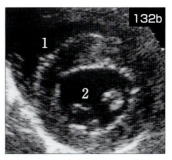

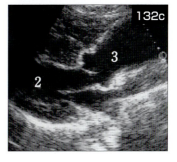

132 16歳、避妊雌の猫は、以前に甲状腺機能亢進症と診断され、メチマゾールの処方を受けている。心拍数は200bpmである。呼吸は正常である。第Ⅳ音を伴う奔馬調律が聴取されるが、心雑音は聴取されない。血圧は収縮期で220 mmHgである。胸部X線検査側方向像が撮影され（**132a**）、心エコー図検査が実施された（**132b、c**）。1：右心室、2：左心室、3：大動脈。

i. X線検査で描出されている異常は何か？
ii. 心エコー図検査所見を述べよ。
iii. この症例の高血圧症をどのように管理すべきか？

131 i. 最も可能性が高いのは、右-左短絡（逆短絡）の動脈管開存症（PDA）である。出現している後肢の虚弱と運動による明らかな無気力は、逆短絡のPDAに典型的である。なぜなら後ろ半身には、短絡を介して相対的に酸素化されていない血液が流れるからである。右側前胸部の力強い拍動は、右心室肥大（二次的な重度肺高血圧症）を示唆する。聴診における大きく鋭い（そして時に分裂した）第Ⅱ音は、肺高血圧症を示唆する。その他検討すべきは、後肢に影響を及ぼす動脈血栓塞栓症やその他の血管疾患（正常な大腿動脈圧がこれに矛盾するが）、あるいは神経筋障害である。前胸部の異常所見と聴診所見が、これらの疾患ではないと予期させる。
ii. 逆短絡のPDAでは、連続性の心雑音は聴取されず、しばしば消失あるいは軽度の収縮期性心雑音だけとなる。この要因は、肺動脈と大動脈間圧較差の減少と、二次的に発展した多血症による血液粘稠度の増加である。
iii. いいえ。逆短絡のPDAは、後ろ半身だけの粘膜面のチアノーゼの原因となる（分離チアノーゼ）。前半身は、動脈管よりも上流の大動脈弓から起始する腕頭動脈や左鎖骨下動脈を経由して、正常に酸素化された血液が流れる。心臓内の短絡は、身体全体において同程度のチアノーゼの原因となる。

132 i. 水平位の心臓像は、老齢猫に一般的である。軽度の心拡大（VHS～8.5v）は、慢性高血圧症に一致する。胸腔内大動脈は、（波状に）蛇行している。大動脈基部の拡大と蛇行した胸腔内大動脈は、高血圧症の猫において報告されている。
ii. 心室中隔（7mm：**132**）と、左心室壁（6mm）の軽度肥厚が認められる。慢性全身性高血圧症は、軽度から中程度の左心室肥大を誘発する。症例の奔馬調律音はおそらく、心肥大が最小であるにもかかわらず、心室壁の硬さが増加したことの反映である。上行大動脈は拡張している（**132c**）。一般に猫において、大動脈弁輪径は正常であるにもかかわらず、上行大動脈径と収縮期血圧の関連性について報告されている。高血圧症の猫では、近位上行大動脈の直径：大動脈弁輪径比は、1.25以上であると報告されている。
iii. 白血球百分比、血清生化学検査（T_4測定を含む）、尿検査、眼検査を実施する。潜在あるいは合併する疾患は、可能な限り治療する。高血圧が重度（例えば200/110mmHg以上）であるときには、高血圧に対する治療を重点的に行う。（160〜）170mmHgより低い収縮期血圧が、通常の治療目標である。アムロジピンは、ほとんどの高血圧症の猫において最も優れた治療薬剤である。しかし、β-遮断剤が甲状腺機能亢進症誘発性高血圧症に代用されるので、この症例ではT_4測定が特に重要である。潜在的な腎障害があるならば、アムロジピンとベナゼプリルの組み合わせが有効かもしれない。

設問133、134

133 16歳、雄のミニチュア・プードルが、呼吸困難を呈して来院している（**133**）。この1カ月間、症例は発咳を呈しており、最近は元気がなく食欲も乏しい。症例は興奮時あるいは長時間の緊張時に発咳を呈するが、本症状の要因は異なるようである。1週間前に別の獣医師が、肺が非常にうっ血していて心拍数が遅く不整であるということで、フロセミドとトルブトロールを処方していた。臨床徴候は最初のうち改善したが、その後に悪化した。歯牙疾患のため、アモキシシリンも処方されていた。症例は、著しい努力性の吸気を伴って起坐呼吸を呈している。粘膜面はわずかにチアノーゼである。体温は38.9℃で、呼吸数は24回/分、心拍数は130 bpmである。僧帽弁領域におけるグレード2〜3/6の収縮期性心雑音と、吸気時に増大した呼吸音が聴取される。

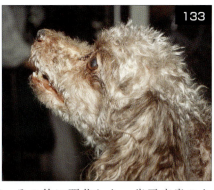

i. この症例は心原性肺水腫か？ その理由は何か？
ii. この呼吸様式は、通常何を意味しているか？
iii. 酸素吸入以外に何をすべきか？

134 3.5歳、雄のポメラニアンが、再発した気胸に関連した呼吸困難のために来院している。胸部X線検査では、これら2枚の図に示す病変が認められた（**134a、b**：頭部は左側）。開胸法は、胸骨正中切開法である。

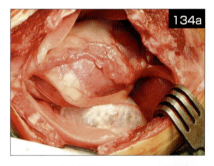

i. この犬が繰り返す気胸は、どのような病変が原因か？
ii. この疾患において、肋間切開法よりも胸骨正中切開法がより良い開胸法であるのは何故か？
iii. この疾患の治療において、胸骨正中切開法は肋間切開法に比較してどのような術中の不利益があるか？
iv. この疾患で、保守的な治療法よりも外科治療法において報告されている長所は何か？

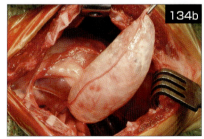

解答133、134

133 i. いいえ。心雑音は慢性僧帽弁逆流と一致し、この症例において最も一般的な心原性肺水腫の原因である。しかし、特にチアノーゼとなる程の重度の肺水腫を伴って、吸気に努力を伴った比較的遅い呼吸数は非典型的である。

ii. 遅く、そして努力性の吸気は、ほとんど上部気道閉塞に関連している。原因には、喉頭麻痺、重度の頸部気管虚脱、咽喉頭の異物、肉芽腫、膿瘍あるいはその他の腫瘤病変があげられる。

iii. 開通している気道の確保と酸素化の継続が重要である。症例の呼吸状態が安定しているならば、喉頭部、頸部、そして胸部のX線検査は、気道狭窄部の位置特定に有用である。しかし、喉頭の検査と気管内挿管(あるいは必要であれば全身麻酔下での気管切開)のために、直ちに鎮静が必要かもしれない。この症例は、1枚のX線側方向像により狭窄部の位置が特定され(**9**参照)、その後外科的に取り除かれた。

134 i. 右肺前葉のほとんどを、大きなブラが含んでいる。肺のブラとは、隣接した肺胞が融合したときに形成される肺実質内に空気が充満した空胞である。ほとんどの症例において肺胞が融合する原因は、特発性である。ブラの自然破裂は、気胸を引き起こす。

ii. 肺のブラが診断あるいは疑われたときには、胸骨正中切開が実施される。なぜなら、多発したブラやブレブが存在しているかもしれず、肋間切開ではすべての肺葉の探査が許容されないからである。

iii. 胸骨正中切開の短所は、肋間切開を実施したときよりも、肺葉切除が技術的により困難になることである。なぜなら、肺葉気管支、肺動脈、そして肺静脈が、胸腔背側の深部に位置するからである。

iv. 外科的に介入することで再発率がより低いため、保守的な管理に代わってむしろ外科的な治療が好まれる。しばしば、破裂したブラは手術時には既に閉鎖しているが、将来的な自然気胸の発症を予防するため、残存した病変部やさらに形成されたブラを、たいていは部分肺葉切除によって摘出することができる。また、小さなブレブは手術中に破裂するかもしれず、これらが再発する自然気胸の原因となることを予防するために、制御され、監視された状況の下に閉鎖することが可能となる。

135 15歳、雌のスキッパーキは、長い洞停止や失神を伴う洞結節の機能障害を呈している。VVIRモードの電気パルス発生装置を用いて、右側頸静脈より経静脈的ペースメーカ装置が植込まれた。翌日、この心電図が記録された（**135a**：誘導は図に記載、25 mm/秒、1 cm＝1 mV）。

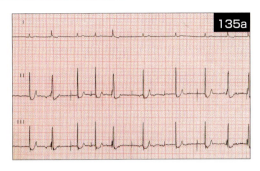

i. VVIRは何を意味するか？
ii. 記録された心電図は、正常に調律された心拍か？
iii. 心電図検査所見を述べよ。
iv. これはどのように発生するか？

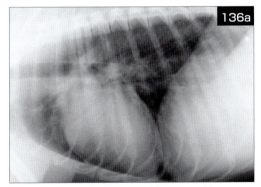

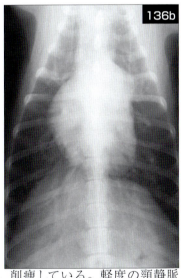

136 7歳、避妊雌の雑種犬は、数週間にわたる運動耐性の低下、軽度の発咳、体重減少を主訴に来院している。ワクチンの実施状況は不明である。現在は、何も投薬されていない。最近、同居の別の犬が、犬糸状虫症と診断された。症例の被毛はくすみ、削痩している。軽度の頸静脈怒張と拍動が認められ、左側心基底部において大きな第Ⅱ音、そして右側心尖部においてグレード3/6の収縮期性心雑音が聴取される。肺音は粗励であるが、捻髪音や喘鳴音は聴取されない。胸部X線検査において、側方向像（**136a**）と背腹像（**136b**）が撮影された。

i. X線検査像をどのように解釈するか？
ii. 症例の身体検査所見は、犬糸状虫症を示唆するか？
iii. 犬糸状虫症の診断を確定する検査は何か？

135 i. このペースメーカの命名規約では、刺激される部位が心室「V」、自発的な電気活動が感知される部位が心室「V」、感知された自発的な電気刺激に対するペースメーカの応答様式が抑制「I」（あらかじめ設定した心周期より早く自発的な活動電位が検知されたらペースメーカは放電しない）、そしてペースメーカの設定が心拍数調節「R」（活動性に応じて電気刺激数を変動させる）と指示される。

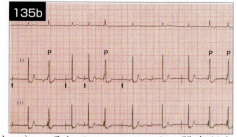

ii. いいえ。

iii. 心拍数は80bpmである。散見されるQRS波だけが、ペースメーカが刺激した拍動である（**135b**：P印）。その他波形は、接合部補充収縮である。QRS波を刺激することができなかった6個のペーシング波形が認められ（矢印はいくつかを示す）、これらはペースメーカの進出ブロックを示す。また、自発的な刺激伝導の感知の失敗（進入ブロック）が、時々認められる（左から3番目の矢印）。自発的な（ペーシングされていない）刺激伝導は感知されるべきであり、またペースメーカの出力は頻脈性不整脈の誘発を避けるために、あらかじめ設定された時間だけ抑制される。洞結節の活動は明らかではないが、時折、異常な陰性P（P'）波が認められる。

iv. ペーシング不全と感知不全は、リード線逸脱、心筋穿孔、リード線断裂、絶縁体の破損、接続部の緩み、そして組織の炎症や線維化によるペーシング閾値の上昇の結果生じる。後者の場合、パルス発生装置の出力や感知パラメーターの再設定によって、正常な機能を回復することができる。胸部X線検査は、リード線の逸脱あるいは断裂を描出することができる。

136 i. 心臓の大きさは正常（VHS ～10.5v）だが、背腹像において右心系の突出が認められる。主肺動脈部は拡大し、尾側の肺動脈は第9肋骨との重複部においてわずかに太く（**136b**）、頭側の肺動脈は併走する静脈よりも太い（**136a**）。肺高血圧症が疑われる。肺野は正常である。

ii. 頸静脈怒張と拍動は右心室充満圧が高いことを示し、右側心尖部の心雑音を考慮すると三尖弁閉鎖不全症が示唆される。大きく、増強あるいは分裂した第Ⅱ音をしばしば引き起こす肺高血圧症の潜在的な原因と一致する。時間経過から考慮するに、犬糸状虫症が原因である可能性が高い。

iii. 犬糸状虫の成虫抗原検査。オカルト状態の犬糸状虫感染症では、循環血液中のミクロフィラリア（mf）は当然認められない。月毎の犬糸状虫予防薬もまた、成虫の繁殖能力を障害するため、血中のmfを排除する。本症例は月毎の犬糸状虫予防をしていないので、血中にmfが存在するならその検出によって診断可能だろう。mf集虫試験（例えば、ミリポアフィルタ法または修正ノット法）は、新鮮血の厚層塗抹検査よりも正確である。

設問137、138

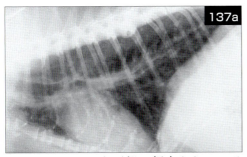
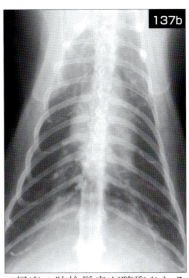

137 アメリカ中西部で飼育されている13歳、避妊雌の短毛種の猫が、間欠的な発咳を2年間呈している。症例の栄養状態は良好であるが、わずかに頻呼吸である。身体検査では、中程度の歯牙疾患と軽度の水晶体硬化症が認められる。聴診では明らかな心雑音は認められず、正常な心拍数と心調律であるが、肺野の腹側において軽度の肺捻髪音が聴取される。胸部X線検査において側方向像（**137a**）と背腹像（**137b**）が撮影された。

i. この猫は、心不全が疑われるか？
ii. 猫における発咳の主な原因は何か？
iii. X線検査所見を述べよ。
iv. 追加が推奨される検査は何か？

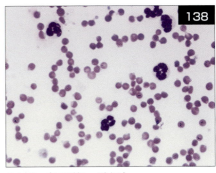

138 メインクーンが、急性の頻呼吸と呼吸困難を呈して来院している。症例は開口呼吸しており、口腔内粘膜面は暗赤色である。飼い主達は、症例はとても好奇心が強く、昨日、台所用の戸棚をあさり、その内容物を床にこぼしていたと述べた。胸部X線検査は正常である。血液が、規定通りの全血球検査、生化学検査に提供された。この血液塗抹（**138**）は、ニューメチレンブルーによる染色である（100倍、油浸）。

i. この血液塗抹に異常は認められるか？
ii. これは猫の臨床徴候とどのように関連しているか？
iii. この症例をどのように管理するか？

解答137、138

137 i. いいえ。心筋症の猫の中には心雑音を認めない症例もあるが、うっ血性心不全を呈した猫に発咳を認めることはまれである。

ii. 反応性の気道疾患（喘息）、犬糸状虫症、そして肺虫感染が、この地域において猫に発咳を生じる最も一般的な疾患である。猫では、肺胞の咳嗽受容体が欠損しているため、肺実質疾患により発咳が認められないと説明されている。咽頭の痛み、鼻咽頭部のポリープ、鼻咽頭分泌物の排液、そして毛球なども、猫の発咳や何かを吐き出そうとえずく原因である。

iii. 心臓の大きさは正常である。特に、左右の後葉へと向かう肺動脈は著しく拡張しているが、蛇行はしていない。肺野には気管支間質浸潤が認められ、それは特に後葉で顕著である。胸部食道の頭側には少量の空気が認められる。その他の所見は、脊椎症、軽度の胸骨変形、既に癒合している肋骨骨折（右尾側の2本の肋骨）、そして軽度の肝臓腫大である。

iv. 肺の浸潤像と肺動脈拡大は猫の犬糸状虫症の典型像であるため、犬糸状虫症の血清学的検査が推奨される。心エコー図検査は、肺動脈あるいは右心系に成虫が認められたときに、犬糸状虫症を確定診断することができる。気道の洗浄や糞便検査は、肺虫感染症を探索するのに有用である。この症例では、犬糸状虫症の血清学的検査は陰性であったが、剖検時に一隻の成虫が発見された。

138 i. ハインツ小体が、赤血球表面から突出する青紫色の小球として認められている。ハインツ小体は、酸化したヘモグロビンが凝集して沈殿したものである。赤血球の酸化傷害は、アセトアミノフェン、タマネギ、亜鉛、メチレンブルー、フェナゾピリジン、ベンゾカイン、ビタミンK_3、DL-メチオニン、プロピレングリコール、フェノール化合物の摂取の結果生じる。

ii. ヘム鉄の酸化は、酸素と結合することができないメトヘモグロビンを形成する。臨床的に低酸素血症とチアノーゼに陥る。

iii. 症例が曝露したかもしれない既知の物質は、唯一アセトアミノフェンであった（台所用戸棚内にあった）。治療には、支持療法、可能ならば酸化物質の除去、反応性のアセトアミノフェン代謝産物と結合させる代替基質を提供するためにN-アセチルシステインの投与（負荷用量140 mg/kg POあるいはIV、その後70 mg/kg 6時間毎に7回投与）が含まれる。アセトアミノフェン中毒の予後は様々であり、摂取量、毒物の識別（あるいは疑い）、そして敏速な治療に依存している。この症例は治療に良好に反応し、4日後に退院した。

設問139

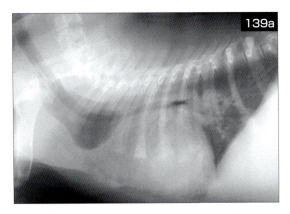

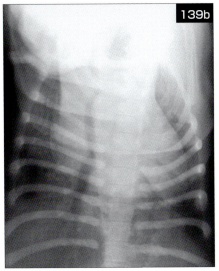

139 7カ月齢、雌のチャウチャウ系雑種が、最初の身体検査とワクチン接種のために来院している。飼い主達は、食餌を頻繁に吐出すると告げている。症例は痩せているが、その他は健康な様子である。聴診では、左側心基底部の高位に連続性心雑音、右側胸骨縁で最大の収縮期性心雑音が聴取される。胸部X線検査側方向像（**139a**）と背腹像（**139b**）が撮影された。

i. X線検査所見を述べよ。
ii. この症例の吐出の原因は明らかであるか？
iii. この疾患を確認するために一般に追加されるX線検査は何か？
iv. 聴診所見は、この疾患に典型的であるか？

解答139

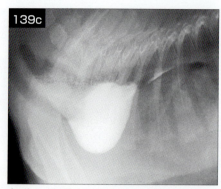

139 i. 前胸部の食道が拡張して空気が充満している。心陰影は拡大している。肺後葉領域には、間質浸潤が認められる。背腹像では、拡張した肺血管が認められる。

ii. 心基底部の頭側における食道拡張は、血管輪異常の症例に特徴的である。右大動脈弓遺残症（PRAA）が最も一般的であるが、その他の胎子期における大動脈弓の奇形も、血管輪内に食道を絞扼することが可能である。PRAAは、大動脈弓（右側と背側）、動脈管索（左側）、および心基底部（腹側）によって食道を取り囲む。固形食が正常に通過できないので、一般に離乳から6カ月以内に吐出や発育障害が出現する。拡張した食道内には、食渣や空気が貯留するかもしれない。誤嚥性肺炎が一般的な合併症である。X線検査上のPRAAのその他の徴候は、心臓縁頭側近傍の気管の左方への偏位（この症例ではあまり確認できない）、心臓より頭側の気管における局所的な狭小化と腹側への偏位、前胸部縦隔の幅広化などである。

iii. バリウム食道造影が、食道の狭窄と狭窄前部拡張を描出する（**139c**）。

iv. 血管輪異常は、心雑音の原因とはならない。この症例では、合併した動脈管開存症と心室中隔欠損症が心雑音、心拡大、過剰な肺循環血流、早期の肺水腫の原因であった。

設問140、141

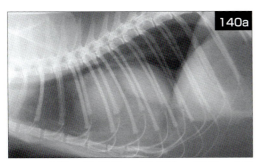
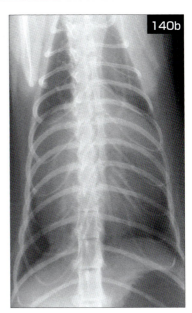

140 3歳、避妊雌の短毛種の猫が、2日間の元気消失と嘔吐を主訴に来院した。腹部に疼痛は認めず、痩せている。心音は左側からは正常に聴取されるが、右側からは困難である。その他の身体検査に著変は認められない。引き続き胸部X線検査を実施した（**140a、b**）。

i. X線検査所見を述べよ。
ii. 最も可能性の高い診断は何か？
iii. この疾患はどのように発生するか？
iv. 診断を確定するために実施されるその他の検査は何か？

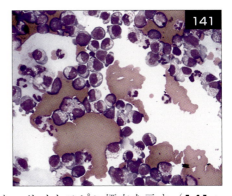

141 7歳、去勢雄の短毛種の猫が、3週間にわたる元気消失と、1週間前からの間欠的な呼吸困難を主訴に来院している。症例は、沈うつ状態のようである。左側胸骨縁よりグレード2〜3/6の収縮期性心雑音が聴取されるが、心音は聞こえにくい。胸部X線検査では胸水貯留が確認され、心陰影は拡大して球状を呈している。心エコー図検査では、心膜液貯留が確認された。細胞診のために採取された心膜液の標本が準備された。サイトスピン標本を示す（**141**：ライト染色、50倍油浸）。

i. 最も疑わしい診断は何か？
ii. どのような検査の追加が有用か？

解答140、141

140 i. 心陰影は極端に拡大しており、横隔膜辺縁との境界が不明瞭である。気管は背側へ偏位している。脂肪や軟部組織の不透過性構造が、心陰影内に認められる。心陰影と横隔膜との間には、胸膜の折り重なり（**140c**：矢印）が明瞭である。

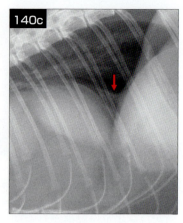

ii. 心膜横隔膜ヘルニア（PPDH）。

iii. おそらく胎子期の横中隔の発育異常が、腹側正中部において心膜腔と腹腔間の持続的な連絡を可能にしている。胸膜腔は含まれない。腹膜と心膜の連続性は外傷誘発性ではないが、外傷は元々存在していた欠損孔を介した腹腔内容の移動を助長するかもしれない。PPDHは、犬と猫において最も一般的な心膜の奇形である。

iv. PPDHは、単純X線検査によってしばしば診断可能あるいは高率で疑える。その他の所見は、心膜腔内に認められる空気の充満した腸管像、小さな肝臓陰影、減少した腹腔内臓器、胸骨や胸郭の形状異常などである。心エコー図検査は、心膜腔内の肝臓、脂肪、あるいは小腸を描出することが可能である。胃あるいは小腸が心膜腔内にある場合には、バリウム消化管造影が診断的である。非選択的血管造影（特に鎌状間膜や肝臓のみが逸脱している場合）、腹膜陽性造影、あるいはCT検査もまた診断に有用である。

141 i. この標本では、リンパ芽球が優勢に認められる細胞である。したがって、細胞診ではリンパ腫と診断される。この診断は、剖検によって確定診断される。多くの胸腔臓器が巻き込まれる（心臓、縦隔リンパ節、上皮小体）。腫瘍性の心膜液貯留は、犬に比較して猫では非常にまれである。猫では、うっ血性心不全や猫伝染性腹膜炎が、より一般的な心膜液貯留の原因である。

ii. 全血球計算、生化学検査、尿検査、そして猫白血病検査が、その他臓器への浸潤や予後を評価するのに有用である。腹部画像診断と骨髄生検も、リンパ腫のステージングのために有用かもしれない。さらに、リンパ腫診断は細胞診だけで確定できるが、細胞標本の免疫表現型検査は、現時点において特定施設のみ実施可能である。この症例は、剖検時に採取された病理組織標本の免疫組織化学検査によって、B細胞性リンパ腫であると確定診断された。

142 3歳、避妊雌のジャーマン・ショートヘア・ポインターが、元気消失、発熱、こわばった歩様、四肢の腫脹を主訴に来院している。前肢遠位端（**142a**）と骨盤（**142b**）のX線検査像を示す。

i. X線所見は何か？
ii. 本症例に胸部X線検査をする理由は何か？

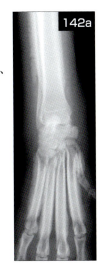
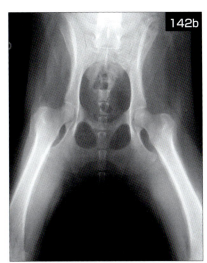

143 12歳、雄のイングリッシュ・コッカー・スパニエルが、他院で2週間前に心臓疾患と診断された。その際、ジゴキシン、フロセミド、アスピリンが処方された。1週間後、症例は元気がなく、異常に眠るようになった。現在、食欲はほとんどない。症例は大人しいが、機敏である。バイタルサインは正常である。左側心尖部にグレード5/6の収縮期性心雑音が聴取される。肺音は正常である。全血球検査は正常である。血液生化学検査の異常は、アルカリホスファターゼとコレステロール値の軽度上昇のみである。X線検査では、左心房拡大を伴った著しい心拡大が認められるが、肺血管と肺野は正常である。心電図検査が、入院時（**143a**：誘導は図に記載、25 mm/秒、0.5 cm＝1 mV）と入院6時間後（**143b**：連続していない第Ⅱ誘導、25 mm/秒、0.5 cm＝1 mV）に実施された。

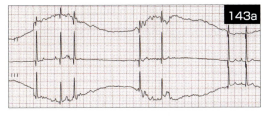
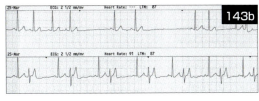

i. 心電図所見を述べよ。
ii. この時点でその他の検査は必要であるか？
iii. この症例には何が推奨されるか？

142 i. 各々の大腿骨には、骨幹長軸の内側と外側に沿って均一で平坦な骨膜の新骨形成が認められる。中手骨、橈骨および尺骨では、骨幹の骨膜性新生骨が柵状パターンを示している。同様に、しかしより微かに、骨膜性新生骨が第1指骨の骨幹で確認される。皮質骨溶解像は、どこにも確認されない。

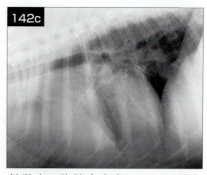

ii. 骨膜性新生骨の特徴および分布（特に第2と第5中手骨）は、肥大性骨症（HO）の典型である。肥大性骨症は、併発する胸腔内疾患によって最も一般的に促進する全身性の疾患である。肺、心臓、食道の異常を含む多種多様な胸腔内疾患が、肥大性骨症と関係している。多くの犬が、潜在する胸腔内疾患よりも、肥大性骨症によって引き起こされた跛行を主訴に来院する。したがって、肥大性骨症病変を確認したら、X線検査による胸腔疾患の調査を実施すべきである。この症例の胸部X線側方向像（**142c**）は、悪性肉腫と診断された前胸部の大きな胸腔内腫瘤を描出していた。

143 i. 心拍数は50 bpmで、調律は洞停止を伴った洞性の徐脈性不整脈である（**143a**）。1発の接合部性補充収縮が認められる（左から1番目のQRS波）。R波高の増高（3.8 mV）は左心室拡大を示唆する。第1度房室ブロックが間欠的に出現している（左から3番目のQRS波）。心電図基線の乱れが認められる。その後、様々なP-R間隔の洞性徐脈性不整脈が持続し（**143b**）、そして多源性の心室早期拍動が出現する（上段の最後の波形や、下段の二段脈のパターン）。

ii. 心電図検査の異常と臨床徴候から、ジゴキシン中毒が示唆される。血清ジゴキシン濃度を測定すべきであり、ジゴキシン用量を明確に数値化する。この15 kgの老齢犬は、0.25 mgのジゴキシンを12時間毎に経口投与（推奨用量の2〜3倍）されて、血清ジゴキシン濃度は6.5 ng/mlであった（治療域0.5〜2.0 ng/ml）。心エコー図検査と血圧測定も必要である。ジゴキシン中毒は、この症例で認められた不整脈以外にも、より重篤な上室頻脈性不整脈や心室頻脈性不整脈、接合部調律、そして第2度房室ブロックの原因となる可能性がある。

iii. 直ちにジゴキシンの投薬を中止し、心調律、血清電解質、肺の状態を監視する。カリウムを補給した輸液の慎重投与は、ジゴキシンの排泄を促進し、心筋への取り込みを減少させる。必要に応じ、過度の徐脈にアトロピンやグリコピロレートを使用する。ジゴキシン誘発性の重度の心室頻脈性不整脈には、まずリドカインを使用し、効果的でない場合、ジフェニルヒダントインを使用する。危機的なジゴキシン過剰摂取の症例では、ジゴキシン特異抗体フラグメント療法（ジゴキシン免疫Fab）が実施可能である。

設問144、145

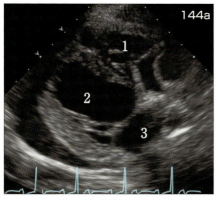
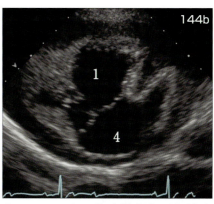

144 10歳、去勢雄のゴールデン・レトリーバーが、腹水貯留と元気消失を呈している。身体検査において粘膜は薄いピンク色、大腿動脈圧はわずかに弱く、左右の頸静脈は怒張している。前胸部の心拍動は触知が困難である。心音はとても小さいが、肺音は正常である。胸部X線検査では、後大静脈の拡張を伴う全体的な心拡大が認められる。心エコー図検査が実施され、右傍胸骨からの二次元断面像（**144a**）と左頭側からの長軸像（**144b**）が描出された。1：右心室、2：左心室、3：左心房、4：右心房。

i. 心エコー図検査所見を述べよ。
ii. 心タンポナーデとは何か？
iii. このような症例においてどのような超音波像が、特殊な重要性をもっているか？

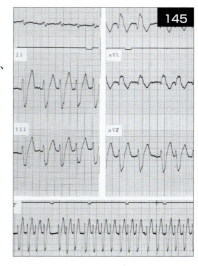

145 9歳、雌のジャーマン・シェパードが、元気消失、腹囲膨満、そして吐くような発咳を主訴に来院している。心拍数は頻拍である。呼吸音は増大していて、肺捻髪音が時々聴取される。心電図検査が実施された（**145**：誘導は図に記載、50mm/秒、再下段のaVF誘導は25mm/秒、1cm＝1mV）。

i. 心電図の診断は何か？
ii. リドカイン静脈内投与による治療は推奨されるか？
iii. この症例をどのように管理するか？

解答144、145

144 i. 高輝度な心膜と心外膜間の無エコー空間は、心膜液貯留である（**144c**：5）。拡張期および収縮早期における右心房壁の虚脱（**144c**：矢印）は、心タンポナーデを示している。左心房径は、許容範囲である。腫瘤病変は認められない。

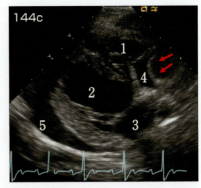

ii. 心タンポナーデは、心膜液貯留によって心膜腔内圧が正常な心臓拡張期圧よりひときわ高く上昇したときに発生する。この外部からの心臓の圧迫は、右心室そして左心室へと充満の制限が生じる。全身の静脈圧は上昇し、心拍出量は減少する。虚弱、運動不耐性、虚脱、頸静脈怒張、腹水貯留、胸水貯留、そして大腿動脈圧の低下が、よくある起因した徴候である。

iii. 老齢犬の心膜液貯留は、たいてい腫瘍に起源する。ほとんどの心臓腫瘍は、右心室、特に右心耳（血管肉腫）、あるいは大動脈起始部（非クロム親和性傍神経節腫やその他）に発生する。中皮腫はもうひとつの鑑別診断であり、独立した大きな腫瘤病変を呈さないかもしれない。超音波検査による完全な探索は、全ての構造を視覚化することが重要で、右心耳（**144b**）の最良の断面は、左頭側からの長軸像により描出できる。

145 i. 心拍数は240bpmで、調律は心房細動（AF）である。識別できるP波は認められず、調律は速くかつ不整である。QRS波は幅広く（〜0.1秒）、異常である。平均電気軸は、右頭側に偏位（−150°〜−90°の間）している。QRS波の後半が特に幅広であるため、右脚ブロックの可能性が疑われる。右心室拡大の原因を検討すべきである。

ii. 初回の標準的なボーラス投与が有害であることはないと思われるが、リドカインの静脈投与が心房細動に効果的なのは極めてまれである。

iii. ジルチアゼムの静脈内投与は、心房細動の心拍数（心室の反応）を速やかに減少させることができる。心拍数を減少させた後の聴診で、異常な心音が明らかになるかもしれない。循環と呼吸状態を評価するために、胸部X線検査と心エコー図検査が必要である。この症例は、うっ血性心不全を伴った拡張型心筋症であった。

　重度の心疾患のため、洞調律への復帰は難しい。通常の治療目標は、潜在する心疾患とうっ血性心不全徴候の治療と共に、心拍数の（房室伝導の遅延による）制御である（**38、95、124、157、187、189、190、216**も参照）。来院時の心拍数が150bpm未満であることが望ましい。うっ血性心不全を伴った犬の長期的な心房細動治療は、通常、経口のジルチアゼムあるいはβ−遮断剤と、ジゴキシンを組み合わせて実施される。

設問146

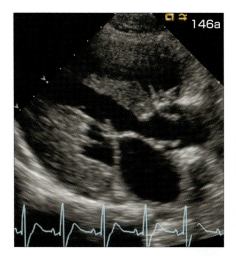
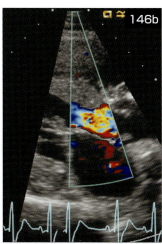

146 1歳、雌のニューファンドランドが、2週間以上前から進行性の運動不耐と虚脱を呈している。症例の栄養状態、精神状態、呼吸状態、粘膜色、そして左右の頸静脈は正常である。大腿動脈圧は弱波である。グレード4/6の収縮期性心雑音が、右側心基底部への放散を伴って、左側心基底部のわずかに下方から聴取される。肺音は正常である。全血球計算および血清生化学検査に著変は認められない。心陰影は、左心系の拡大を伴い、軽度に拡大（VHS 10.6

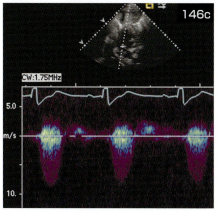

v）している。肺血管と肺実質は正常である。収縮期血圧は110 mmHgである。心エコー図検査が実施された。図は、収縮期の右傍胸骨長軸像（**146a**：Bモード像、**146b**：カラードプラ像）と、肋骨下像の左室流出血流（**146c**：連続波ドプラ像）である。

i. 心エコー図検査所見を述べよ。
ii. 診断は何か？
iii. この疾患は、この症例の臨床徴候の根拠となるか？
iv. この症例をどのように管理するか？

解答146

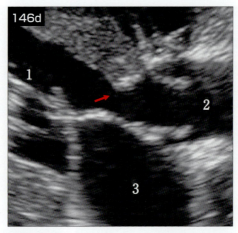

146 i．エコー輝度の増加した領域が、心室中隔から突出し（**146a**、**d**：矢印）、左室流出路を狭めている。著しい収縮期乱流は、ここから生じている（**146b**）。左室流出路血流の最高速度は、8.4m/秒（推定圧較差284mmHg：**146c**）と著しく増加している。左心室自由壁および乳頭筋の肥大が認められる（**146a**）。（**146d**、1：左心室、2：大動脈、3：左心房）。

ii．重度の先天性大動脈弁下狭窄症（SAS）。

iii．はい。重度なSASは、正常な運動を維持するための心拍出量の十分な増加を妨げる。発作性の頻脈性不整脈、あるいは反射性の徐脈も失神を引き起こす可能性がある。重度のSASは、より緩徐な収縮期動脈圧の上昇のため、脈圧の弱波を引き起こす。SASの収縮期駆出性心雑音は、左側心基底部のわずかに下方（狭窄部近傍）と、右側心基底部（上行大動脈と大動脈弓への放散）において最もよく聴取される。

iv．運動制限とβ–遮断剤による治療が、虚血誘発性不整脈の発生を減少させることができる。この症例は繁殖に用いるべきではない。SASは、ニューファンドランドでは遺伝することが知られている。SASでは、大動脈弁心内膜炎の危険性が増加する。そのため、歯牙処置やその他「汚染した」処置の際には、予防的な抗生剤治療が実施される。重度なSASでは、突然死とうっ血性心不全が一般的である。外科的治療では、確信できるような予後の改善は認められていない。

設問147、148

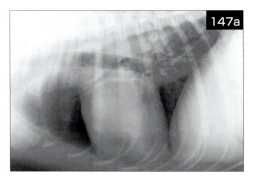
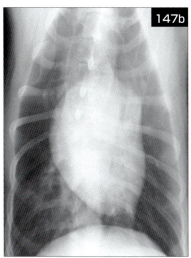

147 11カ月齢、雄の雑種犬、体重31.8kgが、2日前に穀物運搬トラックに轢かれた。症例は、ショックの治療後、骨盤損傷の評価のために紹介来院した。身体検査では、肺音と心音が微弱であり、心調律は不整であった。胸部X線検査が実施された（**147a、b**）。

i. 身体検査所見に基づき、どのような潜在性の胸部疾患が疑われるか？
ii. X線検査像にはどのような異常が認められるか？

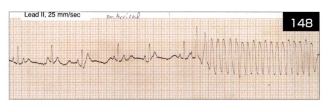

148 8歳、雄のドーベルマンが、ここ1カ月間にわたって進行性の元気消失を呈している。最近、短時間の虚脱を2回起こしている。現在は持続性の軽度発咳を認め、軽度に喉が渇いているようだが食欲は低下している。栄養状態は良好である。体温は37.8℃、心拍数は170bpm、呼吸数は75/分で努力性である。可視粘膜は蒼白で、毛細血管再充満時間は2.5秒である。心調律は、時々不整である。聴診では左側心尖部において、グレード1/6の収縮期性心雑音と、低調の小さな拡張期心音が聴取される。吸気時の肺捻髪音とゼイゼイとした呼吸音が肺野全域より聴取される。心電図検査が実施された（**148**：第Ⅱ誘導、25mm/秒、0.5cm＝1mV）。

i. 心電図検査はどのように解釈されるか？
ii. この症例は、どのように評価されるか？
iii. 聴診における拡張期心音の、最も可能性のある原因は何か？
iv. この症例を、どのように継続治療するか？

解答147、148

147 i. 気胸、胸水貯留（出血）、肋骨骨折、肺出血（肺挫傷）、外傷性ブラ、そして横隔膜ヘルニア、これらすべては交通事故後に可能性のある胸部の続発症として考えるべきである。身体検査所見は、これら病変と共に多様に変化する可能性がある。一般的ではないが、心臓構造に達する外傷は、心膜腔出血や心膜液貯留を引き起こすかもしれない。

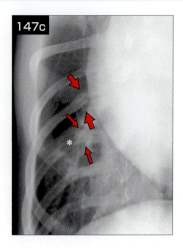

ii. 右側第7、第8肋骨の近位に、各1カ所の骨折が認められる（**147c**：矢印）。各々の肋骨の遠位部分は、適度に頭側近位方向へ偏位している。肋骨骨折は、特に近位1/3は、X線検査によって検出するのが難しい。各々の肋骨辺縁の慎重な探索そして肋間幅の比較は、これら骨折の検出を改善する。骨折部位の肺は、肺出血に一致する中程度の間質パターンを呈している。軟部組織様の不透過性のこの病変内には、薄く仕切られた円状の透過構造（中央に*）があり、外傷性ブラに一致する。この症例は、右側の股関節脱臼の整復と大腿骨骨折の固定のため、翌日に順調に全身麻酔された。

148 i. 正常な洞調律が、記録の最初に認められる（基線のアーティファクトが少し認められる）。しかし、その直後に心室頻拍（VT：390 bpm）の急激な発作となる。洞性波形の各計測値は正常である。
ii. 症例の特徴、病歴、そして臨床所見は、拡張型心筋症（DCM）およびうっ血性左心不全と一致している。発作性のVTは、DCMのドーベルマンにおいて一般的で、しばしば失神あるいは突然死さえ生じる。
iii. 心音の時相、聴取部位、低調な音調から奔馬調律音が示唆され、おそらく第Ⅲ音（心室性）の奔馬調律である。これは、心室の拡張と機能不全に関連しており、DCMに典型的である。
iv. 酸素化の改善（肺水腫の改善）と急速なVTの抑制が、治療当初は最も至急である。酸素吸入、フロセミド、およびリドカインは、効果に応じて（または、推奨使用量の最大を）使用すべきである。症例の安定が得られたらすぐに、胸部X線検査、心エコー図検査、そして血液検査を実施する。さらに、ピモベンダンとアンギオテンシン変換酵素阻害剤による治療を開始する。心調律、呼吸、血圧（陽性変力作用剤の静脈内投与が必要かもしれない）、代謝状況の監視、そして一般的な支持療法が重要である。もしも、リドカインがVTを制御できないならば、その他の抗不整脈治療（例えばアミオダロンやソタロール）が試されるべきであり、効果的ならば経口投与で継続すべきである。長期的な治療では、スピロノラクトンが追加されることがある。

設問149、150

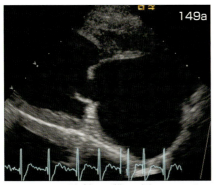
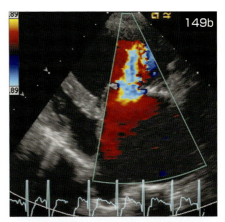
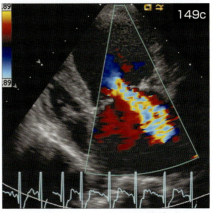

149 9カ月齢、雌の黒いラブラドール・レトリーバーが、運動不耐性と増加する浅速呼吸の評価のために来院している。紹介獣医師はフロセミドとアモキシシリンを処方していて、飼い主はこれにより呼吸がましになったと言っている。症例は、元気で興奮している。症例は小柄である。呼吸数は48/分でわずかに努力性であり、心拍数は180 bpm以上である。粘膜面はピンク色で、大腿動脈圧は様々な強度で不整である。左右の頸静脈は正常である。グレード5/6の収縮期性心雑音が心尖部で最大に聴取されるが、前胸部全域で聴取が可能である。収縮期血圧は、120 mmHgである。胸部X線検査では、左心房と左心室の突出を伴う重度の心拡大（VHS 12.5 v）が認められる。軽度の肺間質浸潤が、背側と肺門部に認められる。心エコー図検査が実施された（**149a**：右傍胸骨長軸拡張期Bモード像、**149b**：左心尖部拡張期カラードプラ像、**149c**：左心尖部収縮期カラードプラ像）。

i. 心エコー図検査所見を述べよ。
ii. この症例に認められる疾患をどのように評価するか？
iii. この症例をどのように管理するか？

150 細菌性肺炎を治療する際に、一般にどのような治療指針が重要であるか？

解答149、150

149 i. 所見は、重度に拡張した左心房と左心室、心房細動、そして開放が制限された肥厚し変形した僧帽弁弁尖である（**149a**）。僧帽弁輪部近傍の拡張期血流の加速（折り返しを伴う）は、僧帽弁狭窄症を示唆する（**149b**）。収縮期には僧帽弁逆流が生じている（**149c**）。

ii. 僧帽弁逆流と狭窄を伴う僧帽弁異形成が、基礎的な疾患である。心室拍動数が制御されていない心房細動は、早期のうっ血性心不全に寄与している。僧帽弁異形成は、大型犬種に多く発生する。奇形には、短縮したあるいは過剰に伸展した腱索、弁と乳頭筋の直接付着、肥厚したあるいは裂隙の生じた弁尖、乳頭筋の奇形などが含まれる。弁の逆流は、軽度から重度まで変動する。僧帽弁狭窄は比較的まれであるが、左心房圧をさらに上昇させる。うっ血性心不全のための薬剤治療は、必要に応じて実施される。外科的な弁の再建または置換は選択肢かもしれない。予後は、重度の奇形のために不良である。

iii. 心拍数は、制御されるべきである（この症例では洞調律への復帰は難しいかもしれない）。ジルチアゼム（ジゴキシン併用あるいは併用せず）が推奨される。フロセミドは肺水腫のため、初期の慢性心不全管理のためのアンギオテンシン変換酵素阻害剤やピモベンダンと共に使用される。

150 抗生剤による治療と支持療法が基本である。気道分泌液の培養と感受性検査が、可能なときはいつでも抗生剤の選択を導くべきである。アモキシシリン/クラブラン酸合剤（20～25 mg/kg、PO、8時間毎）、あるいはセファレキシン（20～40 mg/kg、PO、8時間毎）が、培養結果を待つ間にしばしば使用される。臨床徴候が重度であれば、抗生剤のより積極的な静脈内投与による治療が実施される。臨床徴候が消失した後、適切な抗生剤治療が1週間かそれ以上継続される。支持療法は、必要であれば酸素吸入と、気道分泌の排出を容易にするために気道の十分な湿潤である。輸液療法と滅菌生理食塩水による噴霧吸入（1日数回）が有効である。胸壁叩打法や軽い運動が、理想を言えば噴霧吸入に引き続いて実施される。ある症例には気管支拡張剤が有効かもしれないが、換気/血流不適合も促進させるかもしれない。個々の症例の監視が重要である。一般に、細菌性肺炎の症例には、鎮咳剤、グルココルチコイド、そして利尿剤の使用は避けるべきである。

151 13歳、雌のコッカー・スパニエルが、1カ月で悪化した4カ月間にわたる発咳を主訴に来院した。現在、症例は発作的な発咳の終わりにしばしば粘液を喀出している。アモキシシリン/クラブラン酸配合剤、ブトルファノール、プレドニゾンによる治療を試したが、発咳は持続した。身体検査では粗励な肺音が聴取されるが、心雑音は認められない。X線検査では、肺野に中程度の気管支パターンが認められる。全血球検査では、それぞれ軽度の血小板増加、リンパ球減少、好酸球増加がみられた。血清生化学検査は正常で、犬糸状虫抗原検査は陰性である。気管支肺胞洗浄と共に気管支内視鏡検査を実施した（**151a、b**）。気管支肺胞洗浄液の細胞診では、粘液や細胞残屑と共に、31%の好中球、6%のマクロファージ、63%の好酸球で構成された細胞を少量から中程度量認めた。明らかな病因となる細菌や腫瘍細胞は、観察されなかった。

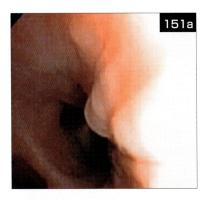
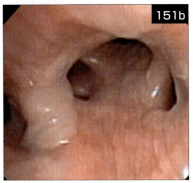

i. 気管支内視鏡検査所見は、どのように評価されるか？
ii. どのような病因を考慮すべきか？
iii. この症例をどのように管理するか？

152 14歳の短毛種の猫は、正常な甲状腺機能で、臨床的にも良好である。左側胸骨縁において、グレード2/6の収縮期性心雑音が聴取される。心エコー図検査では軽度の心室中隔の肥厚と、僧帽弁収縮期前方運動が認められる。心電図検査（**152**）が実施された（第Ⅰ、第Ⅱ誘導、25mm/秒、1cm＝1mV）。

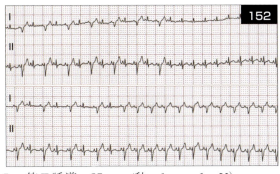

i. 心電図検査をどう解釈するか？　ii. この異常が発生する機序は何か？
iii. 悪化すると何が生じるか？
iv. この時点で、薬剤による治療は推奨されるか？

解答151、152

151 i. 気道粘膜は、びまん性に肥厚して不整である。気管支肺胞洗浄の細胞診では、著しい好酸球性および中程度の好中球性の炎症像が認められ、過敏反応が示唆される。

ii. アレルギー性気管支炎、肺虫や犬糸状虫感染、好酸球性肺疾患が強く疑われる。細菌性気管支炎の可能性は少なそうであるが、気管支肺胞洗浄液の規定通りの細菌培養が推奨される。犬糸状虫抗原検査の陰性結果とX線検査像により、この疾患の可能性は少ない。気管支肺胞洗浄液の寄生虫検査が陰性であったとしても、肺虫の糞便検査が特定の感染地域では推奨される。この症例では、糞便検査は陰性であった。

iii. アレルギー性気管支炎は、吸入した、あるいは摂取したアレルゲンに対する過敏症に起因している可能性がある。特定のアレルゲンを確定することは、まれである。管理は、潜在的なアレルゲンの除去と緩和的なグルココルチコイド（例えば1〜2mg/kg最初は12時間毎）と気管支拡張剤による治療である。環境アレルゲンは、煙、埃、糸状菌や白カビなどが含まれる。食品アレルギーは、ある症例では影響を及ぼしており、いつもと異なる斬新な蛋白質源と炭水化物源を用いた餌の試用は、診断に役立つかもしれない。貯蔵中のドライフードに混入した昆虫に対する過敏症の可能性があるので、缶入りの餌だけが試用できる。犬のアレルギー性気管支炎は、より広範な好酸球性肺疾患（好酸球性肺浸潤や好酸球性肉芽腫）がない限り、典型的に呼吸障害を伴わずに発咳を引き起こす。末梢血の好酸球増多は、矛盾して生じる。長期的なアレルギー性気管支炎は、慢性気管支炎と同じ様な気道の病理所見を呈する可能性がある。

152 i. 心拍数は240bpmで、正常洞調律である。間欠的な右脚ブロック（RBBB）が認められており、時には正常なQRS伝導と交互に発生し、時には多型性の波形が連続している。波形のその他計測値や間隔は、正常である。

ii. 心室内伝導経路（変行伝導）の主要な脚のいずれかを経由した遅延あるいはブロックされた伝導は、罹患した脚によって刺激伝導が供給される心室筋の部位を、遅くそして緩徐に活性化させる。これはQRS波の幅を広げ、QRS波の終期起電力の方向を、遅延した活性部位へと偏位させる。この症例では、右心室側へと偏位させている。RBBBは、右心室の疾患や拡大に起因しているかもしれないが、時にそうではない正常な猫や犬に発生する。対照的に、左脚ブロックは、たいてい臨床的に関連した左心室の疾患に関係している。左脚前枝ブロックパターンは、肥大型心筋症の猫において一般的である。

iii. 主要な心室内伝導経路（右脚と左脚の前枝あるいは後枝）は、単独あるいは組み合わせて罹患する可能性がある。もしも刺激伝導が、3つすべての主要な脚に伝導しなければ、第3度房室ブロックが結果として生じる。

iv. いいえ。単独のRBBBは、血行動態の障害を引き起こさない。

153 7歳、雌のミニチュア・ピンシャーが、2週間持続する発咳を主訴に来院している。発咳は徐々に悪化している。発咳は昼夜を問わず認められるが、興奮によってより一層ひどくなる。現在、運動耐性や食欲はほとんど認められない。症例は、わずかに沈うつ状態である。心拍数や心調律は正常である。呼吸数は、中程度に増加している。肺音は粗励であり、努力性呼吸と、たまに呼気性喘鳴を伴っている。気管の触診によって、乾性発咳が容易に誘発される。その他の身体検査所見に、著変は認められない。胸部X線検査では、右後葉あるいは中葉領域に3cmの腫瘤が1つ認められる。白血球百分比では桿状核好中球の軽度増加を伴う、著しい好酸球増多症（7×10^3 /μl以上）が認められる。気管支内視鏡検査と肺腫瘤の針生検が実施された。針生検の細胞診では、非変性性好中球と変性性好中球、マクロファージ、細胞残屑、散見される線毛上皮細胞と共に、多量の好酸球が認められる。いくつかのマクロファージには、貪食した赤血球や好酸性顆粒が認められる。遠位気管（**153a**）および右気管支近位（**153b**）の気管支内視鏡検査像を示す。

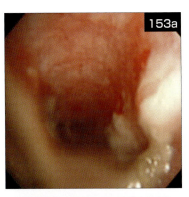

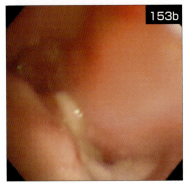

i.　気管支内視鏡検査像には何が描出されているか？
ii.　どのような鑑別診断があげられるか？
iii. この症例をどのように管理するか？

154　犬の住血線虫症には、どのような治療が実施されるか？

解答153、154

153 i. 粘稠な粘液化膿性滲出が認められ、粘膜面には炎症と浮腫が出現している。

ii. 好酸球性炎症は、過敏反応の徴候である。特定の地域における原因の多くは、肺の寄生虫症と犬糸状虫症である。時々、真菌症あるいは腫瘍疾患が好酸球性反応を誘発する。アレルギー原因物質の吸入、あるいはアレルギー薬物反応は、その他の鑑別診断である。しかし、そのような原因が認められず、この症例の肺腫瘤、針生検所見、そして末梢血の好酸球増多症は、肺の好酸球性肉芽腫と一致する。肺の小結節形成は、犬の好酸球性肺疾患の重篤な状況を特徴づける。肺門部のリンパ節腫脹、好酸性気管支炎、そして末梢血中の好酸球増多症もまた不定に発生する。潜在的な病因は、しばしば見つけられない。この症例の気管支内視鏡検査で得られた標本は化膿性好酸球性滲出液であるが、細菌培養では何も発育しなかった。肺の寄生虫症と犬糸状虫症の検査も陰性であった。

iii. 好酸性肺疾患の識別可能な原因を探した後でも確定診断が不明瞭ならば、肺腫瘤の生検が有用かもしれない。疾患を誘発する抗原が識別され、完全に除去されるならば、完治の可能性がより高くなる。特に刺激となっている原因が見つからないならば、抗炎症性の糖質コルチコイド療法（例：プレドニゾン 1〜2 mg/kg、PO、最初は12時間毎）が処方される。より積極的な免疫抑制療法（例：シクロホスファミド 50 mg/m^2、PO、48時間毎）の追加が、大きな肺結節を認める犬には通常必要である。

154 住血線虫を殺滅するために使用する薬剤は、フェンベンダゾール（20〜50 mg/kg、[5〜] 21日間）、イミダクロプリドとモキシデクチンの組み合わせ（イミダクロプリド10[〜25] mg/kg とモキシデクチン 2.5 [〜6.25] mg/kg（局所用液単独用量0.1 ml/kgと同様））あるいは、ミルベマイシンオキシム（0.5 mg/kg、PO、週1回、4週間連続投与）である。

症例の必要に応じて、支持療法を実施すべきである。これには、酸素吸入、輸血、抗生剤、もしかするとコルチコステロイドが含まれる。うっ血徴候に対しては、アンギオテンシン変換酵素阻害剤や利尿剤を使用する。治療効果を評価するために、駆虫療法から3〜6週間後の連続した3日間で*Baermann*法による糞便検査が奨励される。

設問155

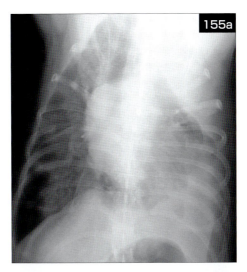

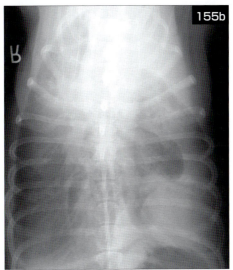

155 7歳、雄のボクサーが食欲不振、体重減少、さらに最近は頻呼吸の増加を主訴に来院している。身体検査では、頻脈（180 bpm）と努力性呼吸を呈している。心電図検査では洞性頻脈であるが、その他の指標は正常である。胸部X線検査の腹背像（**155a**）と背腹像（**155b**）を撮影した。

i. どのようなX線検査所見が、胸水貯留の原因を評価する際に有用か？
ii. このX線検査像は、腫瘤病変と胸水貯留のどちらを示唆しているか？

解答155

155 i. X線検査は、貯留する胸水の性状を区別することはできないが、胸郭構造の変化から貯留原因の情報を提供することができる。例えば、犬において腹囲の膨満と液体貯留を伴う心拡大は、うっ血性右心不全に起因した漏出液が示唆される。肋骨骨折では出血が強く示唆される。悪性度の高い骨病変では、腫瘍性滲出液、出血、漏出液を呈することがある。やはり、胸水標本を分析のために採取すべきである。

この症例は、胸壁における左第9、第10肋骨の尾側縁に悪性度の高い骨膜性新生骨の形成が認められる（**155c**）。

ii. 胸水の再分布は、液体のタイプに依存する。胸腔内において漏出液は、滲出液に比較してより均等に再分布する。腫瘍は、体位の変更に伴って動かない傾向がある。体位変換によって病変部から移動しない液体様の不透過性物は、封入されたあるいは囊胞状の液体または腫瘍が示唆される。

腫瘍を示唆するもう1つの所見は、隣接する臓器の形状や位置の変動である。この症例の背腹像のように、隣接する臓器が腫瘍とコントラストをなすとき、評価するのはより容易である。第9～11肋骨までの左肺後葉側面の境界の凹面状変化は、隣接する肋骨の変化と共に、胸壁近傍あるいは胸壁を含んだ腫瘍病変を強く示唆する。生検では、線維肉腫と診断された。

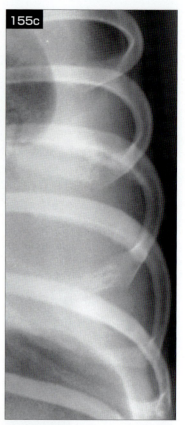

設問156、157

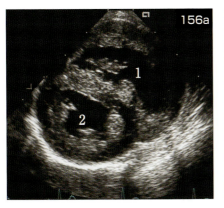
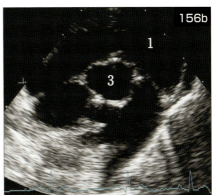
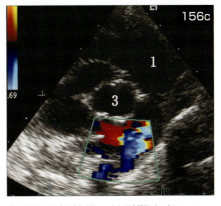

156 4カ月齢、雄のシェルティーの子犬が、心雑音と運動耐性の低下のため、心臓検査を目的に来院している。症例は元気だが、静かである。粘膜面はピンク色である。左側心基底部においてグレード2/6の不明瞭な収縮期性心雑音と共に、心音は明瞭に聴取が可能である。肺音は正常である。右側心尖部に顕著な拍動が触知されるが、その他の身体検査所見に著変は認められない。ヘマトクリット値は47%である。その他検査と共に心エコー図検査が実施された。右傍胸骨短軸像；拡張期心室レベル（**156a**）、心基底部レベル（**156b**）、収縮期カラードプラ像（**156c**）。1：右心室、2：左心室、3：大動脈。

i. 胸部触診における右側心尖部の顕著な拍動の意味は何か？
ii. 各図の所見を述べよ。
iii. 飼い主に対して、何を推奨するか？

157 慢性心不全の症例を再評価するために重要な一般的なガイドラインを箇条書きせよ。

解答156、157

156 i. 前胸部の心拍動は、通常、左側心尖部で最も強い。右側でより強く認められる心拍動は、右心室肥大または、腫瘍病変、無気肺、あるいは胸郭の変形による心臓の右側偏位によって生じることがある。

ii. 収縮期の圧負荷と一致する、右心室肥大と拡張が認められる（**156a**）。軽度に拡張した主肺動脈が、左右の肺動脈だけよりむしろ3つの分岐に分かれるように認められる（**156b**）。下方に位置する3つめの血管は、大きな動脈管開存症（PDA）である。この血管内を流れる血流は、肺動脈から大動脈の方へ、探触子から離れる方に動いている（**156c**：青色信号）。この症例は、右–左短絡の（逆短絡）PDAを伴った重度肺高血圧症である。

iii. 先天性短絡に関連した肺高血圧症は、通常、不可逆的である。逆短絡は、低酸素血症や運動不耐性を引き起こす。逆短絡のPDAは、酸素化されていない血液が下行大動脈へ流入するため、重度の後肢虚弱や分離チアノーゼ（尾側はチアノーゼを呈するが頭側は正常な状態）を引き起こす（**131を参照**）。運動は末梢血管抵抗が減じるために右–左短絡が助長する。それゆえに運動制限が助言される。二次的な赤血球増多症は組織循環を障害する。ヘマトクリット値を周期的に監視すべきである。

シルデナフィルクエン酸塩は肺血管抵抗と右–左短絡を減じて、臨床徴候を改善させるかもしれない。短絡血流が再び左–右方向へ逆短絡することは、まれである。

157 心疾患が進行性であり合併症がしばしば発生するため、周期的な再評価が重要である。
・飼い主が来院するたびに、投薬内容と薬用量の計画を再検討する。
・投薬内容（およびその順守）や、可能であれば副作用について問題がないか質問する。
・症例の食餌内容、食欲、安静時呼吸数（飼い主は家で定期的に監視すべきである）、元気、およびその他の心配事について質問する。
・完全な身体検査を実施する。
・血圧を確認する。
・症例の状態に依存して、安静時心電図や歩行時心電図測定、胸部X線検査、血球計算、血清生化学検査（特に腎機能と電解質）、心エコー図検査、あるいはジゴキシン血清濃度など、その他適当な検査を実施する。
・早期の安定した心不全の症例では、4〜6カ月毎に再確認の検査を実施する。より進行した心疾患であれば、さらに頻繁な来院が必要である。

設問158

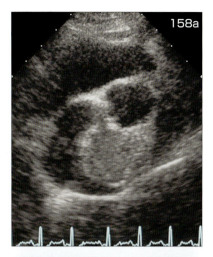

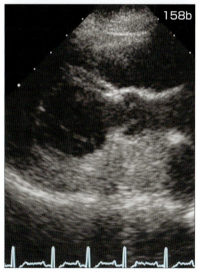

158 7歳、避妊雌のボクサーが、皮膚腫瘤切除術の全身麻酔に先だって、心臓スクリーニング検査のために来院している。症例は、正常な運動耐性と心臓血管検査所見を呈している。心エコー図検査では、心室期外収縮が散見されるものの、正常な心臓内腔の大きさと機能を示している。右傍胸骨短軸像（**158a**）と長軸流出路像（**158b**）を示す。

i. どのような異常が描出されているか？
ii. どのような犬種が罹患する可能性が高いか？
iii. よくみられる病態はどのようなものか？
iv. 通常、治療は効果的か？

解答158

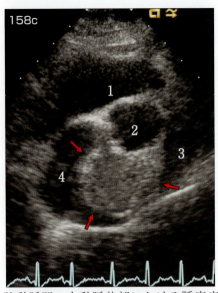

158 i. 左心房と肺動脈間の大動脈基部における腫瘤病変（〜3 cm）に注目する（**158c**：矢印、1：右心室、2：動脈、3：肺動脈、4：左心房）。心基底部には異所性の甲状腺腫瘍あるいは上皮小体腫瘍も時々発生するが、大動脈体腫瘍（ABT）の可能性が最も高い。
ii. 犬のABTsの大多数は、特にボクサー、ボストン・テリア、ブルドッグなどの短頭種において報告されているが、その他の犬種にも発生する。
iii. ABT（非クロム親和性傍神経節腫）は、2番目によく認められる心臓腫瘍である。ABTsは、血中酸素や二酸化炭素分圧を感知する大動脈基部（大動脈体）近傍の、化学受容体細胞の集団から発生する。罹患犬の約半分は10〜15歳の間で、約3分の1は診断時に7〜10歳である。ABTsは通常緩徐な局所発育を示すが、時々遠隔転移を認める。これらが心膜液貯留や心タンポナーデを引き起こす。または、周辺構造に機能障害が出現するまでは、この症例のように偶発的所見として診断される。
iv. 心タンポナーデがみられたら、心膜部分切除術あるいはバルーン心膜切開術によって、生存期間を数カ月〜数年間延長できるかもしれないが、それは腫瘍の成長率に依存する。腫瘍の外科的切除は、局所浸潤のため、ほぼ不可能である。ABTsは、化学療法に対してほとんど反応を示さない。

設問159、160

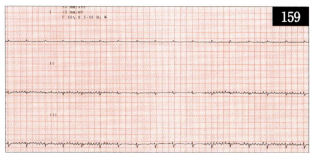

159 8歳、去勢雄の長毛種の猫は、くしゃみと漿液性鼻汁が認められたため、循環器と呼吸器の検査のため紹介された。身体検査では、著変は認められない。この症例に心疾患は予期されなかったが、飼い主は心臓の状態についてさらなる確認を依頼し、胸部X線検査と心電図検査が実施された（**159**：同時に記録された第Ⅰ、Ⅱ、Ⅲ誘導、50mm/秒、1cm=1mV）。X線検査所見は正常である。

ⅰ．この心電図検査をどのように解釈すべきか？
ⅱ．異常な心調律は認められるか？　認められるのであれば、それは何か？

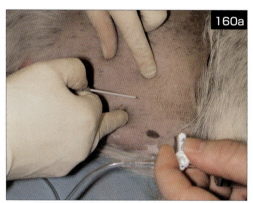

160 9歳の犬に腹囲膨満、虚弱、浅速呼吸の増加が認められる。検査により、脈圧の消失、頸静脈怒張、腹水貯留、心音の消失が確認された。胸部X線検査像は心タンポナーデを伴った心膜液貯留の疑いをより強調している。心膜腔穿刺を実施した（**160a**）。

ⅰ．心膜腔穿刺には、どのような器具を使用するか？
ⅱ．症例の体位および準備はどのようにすべきか？
ⅲ．心膜腔穿刺の仕方を説明せよ。

解答159、160

159 i．心拍数は200 bpmである。心調律は、正常洞調律である。平均電気軸も正常であると考えられる。波形の各計測値もまた正常である。
ii．いいえ。記録の最初と最後近くの基線に鋸歯状波形が認められるが、猫が喉を鳴らす音によって生じたアーティファクトである。心電図の精密な評価により、鋸歯状波形の中に潜在する洞性波形を認識することができる。それは、記録紙の中央で明確に認められる洞性波形と同様の間隔で生じている。鋸歯状波形に隠れている洞性波形は、第Ⅰ誘導と第Ⅲ誘導で最もよくみることができる。

160 i．太さと長さを症例の大きさによって決定した留置針（迅速な液体抜去のため、太い留置針[12〜16G]の先端近くにはいくつかの小さな横穴を開けることが可能）、三方活栓と注射器を取り付けた滅菌延長チューブ、回収容器、心膜液標本採取のための滅菌採血容器（血清用と血漿用[EDTA]試験管）、心電図モニター。
ii．症例を左下横臥位あるいは胸骨位で、用手で保定する。または、大きい切り込みのある心エコー図検査台を使用して、症例を右側横臥位で保定し、下側から穿刺する（**160b**）。超音波ガイドは、通常必要ではない。右側第3〜第7肋間の肋軟骨結合部から胸骨までの皮膚を外科的消毒で準備する。滅菌手袋と無菌操作によって、穿刺部位（通常、第4〜第6肋間）の心臓拍動を触診し、2％リドカインを、皮下、肋間筋、そして胸膜に浸潤させる。
iii．準備していた延長チューブ回路を、外筒内の内針に取り付ける。肋骨尾側の肋間動静脈を避けながら、小さな切皮部より留置針を刺入する。症例の肩と逆の方へ針先を向け留置針を心臓へ徐々に進めつつ、助手は採取用注射器に慎重に陰圧をかける。貯留した胸水が最初に吸引されるだろう。針先と心膜の接触は針先進行の抵抗の増加と、かすかに引っ掻くような感覚を生じる。針先を慎重に進めて心膜を貫通すると、通常は暗赤色の心膜液がチューブの中に認められ、針先の抵抗がなくなった感じがするかもしれない。内針を取り除く前に、留置針を心膜腔内にわずかに進める。内針を取り除いて、延長チューブを外筒に取り付ける。分析のための採材が回収できたら、できるだけ多くの心膜液を排液する。

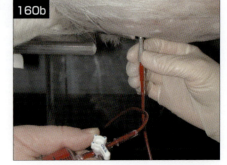

設問161、162

161 160の犬に心膜腔穿刺を実施し、血様液を採取した（**161a**）。

i. 抜去したのが心臓内の血液ではなく心膜液であることを、どのようにして確認するか？
ii. 心膜腔穿刺の際、どのような合併症が生じうるか？

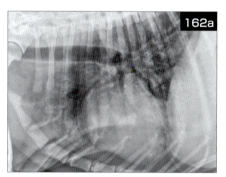
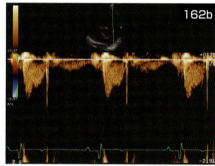

162 イギリス南部より6歳、雌のラブラドール・レトリーバーが、発咳と呼吸困難を主訴に来院している。症状は3週間前より始まり、かなり悪化している。抗生剤とコルチコステロイドによる最初の治療には、効果は認められなかった。飼い主は、今や発咳は頻繁で努力性呼吸を呈しており、最近、犬の舌の小さな傷から長い間出血していたと言っている。喀血は観察されなかった。症例は元気で活発であるが、室内を歩き回るとすぐに頻呼吸を呈した。胸部聴診では、すべての肺野において捻髪音と、右傍胸骨縁で最大となるグレード3/6の全収縮期性心雑音が認められる。その他の身体検査に著変は認められない。胸部X線検査（**162a**）と心エコー図検査が実施された。心エコー図検査では、右心室の拡大、拡張期における心室中隔の扁平化、収縮期最高血流速度4.8 m/秒の中程度の三尖弁逆流、そして肺動脈血流の異常な波形が認められた（**162b**）。

i. X線検査像をどのように解釈するか？
ii. 心エコー図検査所見の解釈は、どのようなものか？
iii. どのような検査を追加するのが有用か？

解答161、162

161 i. 犬の心膜液は、通常、暗赤色の静脈血様である。血液と区別するには、少量をテーブル上または血清分離管に滴下する。心膜液は、極めて最近の大出血がない限り凝固しない。また、ヘマトクリット管で遠心分離すると、心膜液のPCVは通常、末梢血のPCVよりも低く、黄変した上清を呈している（**161b**：左）。心膜液が抜去されると、心電図波形の振幅は通常増大し、頻脈は減少して、しばしば症例は快適さに改善が認められる。

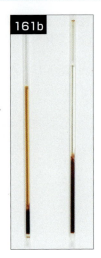

ii. 心膜腔穿刺は、慎重に実施して胸腔内での無関係な穿刺針の動きを避ければ、比較的安全な処置である。もし内針や外筒が心臓に接触しているならば、引っ掻く、または突いているような感覚が感じられるか、または心臓の拍動と共に留置針が動く。そのような時は、心臓の損傷を避けるため、わずかに留置針を後退させる。直接的な心筋損傷あるいは心臓破裂は、一般に心室期外収縮を引き起こす。穿刺針が後退すると、通常、期外収縮は停止する。肺の裂傷が可能性のある合併症である。気胸や出血が合併する可能性がある。感染や腫瘍細胞の胸腔内への拡散が、症例によっては発生する。冠状動脈の裂傷の可能性があり、心筋梗塞やさらに心膜腔内の出血を引き起こすかもしれない。しかしこれは、特に右側胸壁からの心膜腔穿刺ではまれなことである。

162 i. 軽度の右心室拡大が認められるが、全体の心臓サイズは正常（VHS 10.5v）である。肺胞パターンを伴う気管支間質肺浸潤が、肺野の腹側と頭側に認められる。

ii. 拡張期圧は、心室中隔の扁平化が生じるときに右心室圧が左心室圧を超えている。三尖弁逆流血流の速い最高速度は、右心室の収縮期圧負荷を示唆する。予想される右心室収縮期圧は、9～ら100 mmHg（ベルヌーイ圧較差＝4×最高逆流速度^2＋3～8 mmHgに仮定した右心房圧）である。正常な肺動脈収縮期最高速度は、右心室圧負荷の原因として肺高血圧症（PH）を示す。肺動脈血流信号の収縮後期のノッチは異常であり、重度のPHと一致する。右心室拡大と三尖弁逆流は、共通の続発症である。PHは、重度の肺疾患あるいは肺血管疾患に起因している可能性がある。

iii. 規定通りの血液検査と凝固系検査は、全身性疾患と凝固障害のスクリーニングに役立つ。持続的な発咳は、気道障害を示唆する。細胞診と細菌培養のための気管支内視鏡検査と気道洗浄が指示される。胸部CT検査は、肺浸潤病変のさらなる確認や他の異常を明確にすることが可能である。*Angiostrongylus vasorum*感染症はPHを時々引き起こすかもしれず、英国と北欧の重大な関心事となっている。Baermann法による糞便検査で幼虫を検出できる。犬糸状虫症（*Dirofilaria immitis*）は、世界的にその発生域が拡大しているが、一般にこの地域での発生は予期されない。

設問163、164

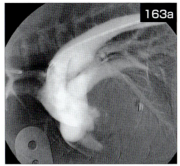
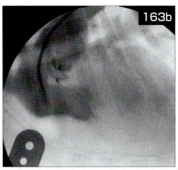

163 10カ月齢のコリーに、定期検査で左側心基底部に大きな心雑音が認められた。診断のために、心臓カテーテル検査と処置が実施された（**163a**：最初の大動脈造影、**163b**：処置後の大動脈造影）。

i. 最初の大動脈造影で何が描出されているか？ そして臨床的な診断は何か？
ii. 処置は成功しているか？

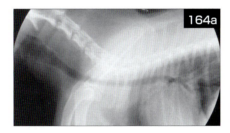

164 11歳、避妊雌のチワワの雑種、体重6.4 kgが、間欠的な乾性発咳と、時々ガーガーいう発咳を主訴に来院している。以前、症例は変性性僧帽弁疾患と肺高血圧症と診断され、中程度の僧帽弁逆流と三尖弁逆流を呈している。心雑音以外には、身体検査所見に著変は認められない。安静

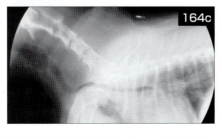

時呼吸および発咳誘発中に、症例の気管がX線透視検査によって評価された（**164a**：最大吸気時、**164b**：最大呼気時、**164c**：発咳時）。

i. これら画像に基づいた診断は何か？
ii. その他にどのような状況が、一般にこのX線診断に関係するか？

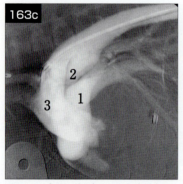
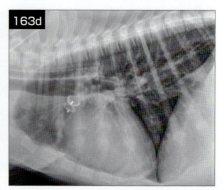

163 i. 大腿動脈から上行性に挿入されたカテーテルを経由して、X線造影剤が大動脈基部にボーラス投与されている。左-右短絡の動脈管開存症（**163c**参照、1：肺動脈、2：動脈管、3：大動脈）のため、造影剤は主肺動脈と左右肺動脈内にも存在している。

ii. はい。自己拡張型塞栓子（犬用アンプラッツ®動脈管塞栓子）が順調に装着されている。塞栓子の狭小部は、肺動脈と動脈管間の接合部に挟まるように存在し、大きな傘状部（上部）は動脈管内に収まっている。塞栓子の細かなニチノールメッシュは、動脈管の血流を閉塞する。大動脈基部に投与された造影剤（**163b**では陰転して黒く描出されている）は、もはや動脈管を通過せず肺動脈内へ流入していないことがわかる。**163d**では、適当な位置に装着された動脈管塞栓子が描出されている。

164 i. **164b**と**164c**は、主気管支の完全な虚脱を示している。**164c**は、発咳時に胸腔内気管が部分的に虚脱していることを示している。この画像は発咳時に気管が胸腔外へ移動し、著しく湾曲していることも描出している。しかし、腹側に湾曲した部分の気管は全く虚脱していない。僧帽弁疾患に関連した軽度から中程度の左心房拡大も認められる（**164a**）。著しい左心房拡大は、主気管支を圧迫して虚脱させることがあるが、この症例では、心エコー図検査によって左心房拡大は軽度と示された。

この症例の特徴は、気管虚脱の犬に典型的である。比較のための側方向像（1枚は最大吸気時で、もう1枚は最大呼気時）を撮影するなら、標準的なX線検査で、頸部あるいは胸部の気管虚脱のどちらの描出にも成功するだろう。ある犬では、発咳時にしか虚脱を示さない。そのような症例では、X線透視検査による動的な評価が必要である。単純X線検査よりもX線透視検査による評価は、たいてい、より大きな程度の虚脱を描出する。

ii. この疾患の症例はしばしば肥満であるが、痩せていることもある。症例は、後天性弁膜疾患や慢性気管支炎を合併している可能性もある。

設問165

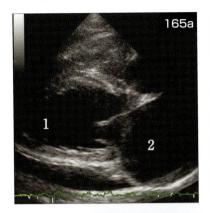
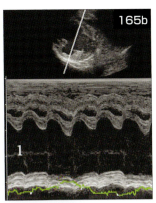
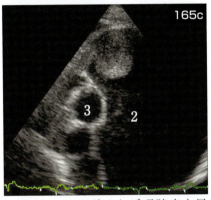

165 11歳、去勢雄の猫が、2週間前より呼吸障害を呈していると来院した。症例の栄養状態は良好で、元気で周囲への反応も良好であるが、少し落ち着かない様子であった。呼吸は浅く促迫であり、努力性の腹式呼吸を呈している。大腿動脈圧は弱いが、規則的である。胸部聴診では、間欠的な奔馬調律を伴う洞性頻脈（250 bpm）を認める。後葉領域の肺葉では、捻髪音が聴取される。収縮期血圧はわずかに低下（100 mmHg）している。血球計算、血清生化学検査、そして甲状腺検査の結果は正常である。胸部X線検査では、心拡大、肺静脈のうっ血、部分的な肺胞浸潤、そして軽度の胸水貯留が認められる。心エコー図検査が実施され、右傍胸骨から断面が描出された（**165a**：左室流入路長軸像、**165b**：心室レベルMモード像、**165c**：心基底部短軸像）。1：左心室、2：左心房、3：大動脈。

i. 奔馬調律が聴診された際の臨床的意義は何か？
ii. 臨床所見および超音波検査所見に基づいた診断は何か？
iii. この症例にどのような治療計画を推奨するか？

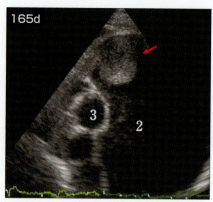

165 i.「奔馬調律」とは、第Ⅲ音や第Ⅳ音が聴取できる状態である。これら拡張期心音は、健常な犬や猫では聴取されない。この心音は、心筋の柔軟性が（心筋肥大あるいは心筋線維化によって）低下し、心室充満圧が増大したときに聴取できるようになる。猫では、第Ⅳ音による奔馬調律が一般的である。

ii. 所見は、うっ血性心不全（CHF）を示唆する。超音波検査像では、うっ血性心不全に起因する軽度の心膜液を伴った左心房と左心室の拡大が認められる（**165a、c**）。左心室自由壁の動きは著しく低下している（**165b：下方**）。左心耳内には血栓が1つ（**165d：矢印**）認められる。この症例は、拘束型心筋症（RCM）と診断される。拘束型心筋症は、拘束性の充満パターンと、最小限あるいは全く左心室肥大が認められないが、重度の左心房拡大を伴うことである。心筋の線維化は一般的であり、局所的な左心室運動低下は心筋梗塞かもしれない。

iii. フロセミドは、うっ血徴候のために処方される。ピモベンダンは、収縮機能を改善させるかもしれない。その他薬剤（例えばアンギオテンシン変換酵素阻害剤あるいはβ-遮断剤）の効果は不明確であるが、改善する拘束型心筋症の猫もいるだろう。しかし、（この症例のような）著しい収縮機能障害を伴うと、陰性変力作用のためβ-遮断剤の使用は一般に避けられるか、慎重に使用される。左心房内の血栓は、動脈血栓塞栓症のリスク増大を示唆する。予防効力は不明確であるが、低用量アスピリン、クロピドグレル、あるいは可能であればその両方の使用が推奨される。予後は警戒が必要である。

設問166、167

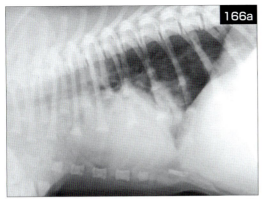
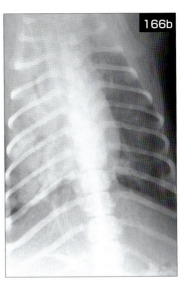

166 2カ月齢、雄のビション・フリーゼが、1週間前より発作的な乾性発咳（ガーガーとした咳）を呈している。2日前には、呼吸困難も認められている。症例は元気がなく、努力性の呼吸は悪化している。粘膜面は少し乾燥しており、CRTは延長している。直腸温は、39.8℃である。全血球計算では、中程度の好中球数増加（15.7×10^9 /l：正常値3.0〜11.5）による白血球増加症（19.7×10^9 /l：正常値6.0〜15.0）を示している。血清生化学検査は正常である。胸部X線検査が実施された（**166a、b**）。

i. X線検査像は、どのように解釈されるか？
ii. この症例には、何の追加検査が有効か？
iii. 検査結果が出るまで身体検査に基づいて推奨される治療は何か？

167 4歳、避妊雌の雑種犬が、牛皮製ガムを食べた後から急に呼吸障害を呈したと来院している。X線検査において、頸部側方向像が撮影された（**167**）。

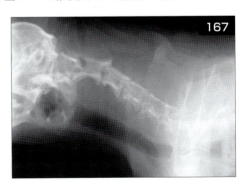

i. このX線像に牛皮製ガムは写っているか？
ii. もし、写っていなければ、評価のためにどの位置の画像を追加するか？

解答166、167

166 i. 間質性そして肺胞性の肺浸潤像がびまん性に認められ、それは特に右側肺葉全域で最も重度である。エアブロンコグラムも数カ所で認められる。左側肺葉の浸潤像は、比較的重度ではない。心陰影は正常な大きさである。この症例の月齢と病歴を考慮すると、二次的な肺炎を合併した犬伝染性気管気管支炎（ケンネルコフ）が、最も疑われる。病態初期の発咳や肺障害からは、犬インフルエンザがもう1つの鑑別診断である。

ii. 細菌培養検体の採材と細胞診による評価のため、気管支肺胞洗浄あるいは気管洗浄の実施が必要である。犬インフルエンザの除外のためには、ウイルスRNAのPCR検査、抗原検査、ウイルス分離、血清学的な検査などが必要である。

iii. 細菌培養検査の結果を待っている間は、追加検査ができなければ、広域スペクトラム抗生剤の投与が推奨される。*Bordetella*属の細菌感染は、しばしばアモキシシリン配合剤（例えば、アモキシシリン/クラブラン酸20〜25 mg/kg、8時間毎）、フルオロキノロン系（例えば、エンロフロキサシン10〜20 mg/kg、24時間毎）、そしてテトラサイクリン系（ドキシサイクリン5〜10 mg/kg、12時間毎）の薬剤に感受性を示す。症例の水和は、最適な状態に整えるべきである。重症例には、酸素吸入やケージレストが指示される。軽度の鎮静は、特に苦しんでいる症例の不安を減じるのに有効である。薬剤の噴霧吸入や胸壁叩打は、気道内分泌物の軟化や喀出を助ける。*Bordetella*属に対するゲンタマイシンの噴霧吸入は、症例によっては有効である。状態によっては、非経口的な栄養支持療法が必要かもしれない。

167 i. ガスと軟部組織の混合した不整な陰影が、咽頭部において喉頭と重なるように認められている。この異常陰影は異物の存在を疑わせるが、そうではないと示唆する2つの所見が認められる。斜位になっている頭部と頸部に注目する。これは、第2頸椎の歯突起の輪郭と、鼓室胞の分界が非常に明確であることではっきりわかる。X線検査による咽喉頭部の評価能力は、撮影体位が斜位の場合、軟部組織、骨、空気の充満した構造が重複するため著しく低下する。この症例の該当部の不透過性は、中咽頭部と耳介が重複したものである。X線撮影を行うときは、動物の外側に付属しているエリザベスカラー、リード、点滴回路のような物品と同様に、耳介や皮膚ヒダのような体表構造物の位置を考慮することが重要である。この画像の尾側端では、胸腔内入り口において、気管が正常に比較してより腹側へ偏位している。これは、胸腔内食道の異常を示唆する。

ii. 胸部X線検査において、側方向像と背腹像あるいは腹背像の撮影が適応である。

168 13歳、雌のラブラドール・レトリーバーが、1カ月続く発咳を主訴に来院している。胸部X線検査では肺野にびまん性の間質パターンと、右尾側の胸腔に腫瘤様陰影が認められた。肺葉腫瘤の外科的切除の前に、肺のさらなる評価のため気管支内視鏡検査と気管支肺胞洗浄および生検が実施された（**168a、b**：右肺葉気管支）。気管支肺胞洗浄液は中程度に細胞を含んでおり、サイトスピン標本では細胞質に空胞を有する多数のマクロファージ、散在する好中球や好酸球と共に、好塩基性の細胞集塊が散在していた。集塊状の細胞は、好塩基性の細胞質をもち、1つあるいはそれ以上の明瞭な核仁、そして著しい大小不同、核大小不同を認め、あるものは多核を呈していた。生検標本は、腫瘍性の立方上皮細胞、あるいは密な結合線維組織によって分割された乳頭状の形態を呈していた。

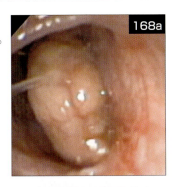
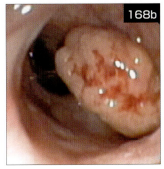

i. 気管支内視鏡像には何が認められるか？
ii. この症例の評価は何か？
iii. 肺に認められる腫瘍で最も一般的なものは何か？

169 11歳、避妊雌のシー・ズーが、慢性的な発咳、体重減少、右前肢第4指の腫瘤を主訴として来院している。症例は、これまでずっとアメリカ中西部で飼育されている。身体検査では、腫瘤に加えて同肢肉球の充血、頻呼吸、右浅頸リンパ節の腫大が認められる。全血球計算と生化学検査では、白血球のストレスパターンと軽度の低アルブミン血症のみ異常所見として認められた。胸部X線検査では、びまん性の肺胞パターンが認められる。気管支肺胞洗浄が実施され、細胞診と細菌培養検査のための検体が採材された。図は、気管支肺胞洗浄後の気管チューブの直接塗抹（**169**：ライト染色、50倍油浸）。

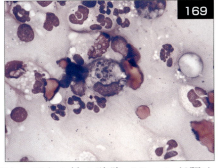

i. 図内の病原体の存在を確認せよ。
ii. 推奨される治療法は何か？
iii. 予後はどうか？

解答168、169

168 i．各図において、不整な軟部組織腫瘤が気管支内腔に突出している。

ii．生検所見は、肺腺腫あるいは高分化型の肺腺癌（細気管支肺胞癌）に一致する。生検標本だけでは悪性度は明確でないが、X線検査で明らかな肺腫瘤、気管支肺胞洗浄の細胞診における非典型的な腫瘍細胞に加え、複数の気管支結節病変の存在は、この症例は転移性の細気管支肺胞癌に罹患していることが示唆される。

iii．肺腫瘍は、原発性、多中心性、あるいは転移性である。通常、原発性の肺腫瘍は悪性である。上皮性の癌が最も一般的であり、腺癌、気管支肺胞癌、扁平上皮癌が特に一般的である。肺を含んだ多中心性の腫瘍は、リンパ腫、悪性組織球腫、肥満細胞腫などである。肺への腫瘍転移は一般的であり、遠位の腫瘍はもちろん、原発の肺腫瘍からも生じる。肺の腫瘍は、巻き込まれた組織と呼吸障害の程度に依存して、様々な臨床徴候の原因となる。この症例では、発咳はおそらく気道内転移によって誘発された。肺腫瘍症例の予後は、腫瘍の組織学的特徴ではなく、遠隔転移が生じているかどうかに関連している。外科的切除は、単独の肺腫瘍には効果的である。転移性疾患はしばしば化学療法への反応が最小限であり、容赦なく病態が進行して低酸素血症により死亡する。

169 i．図の中央に、楕円形の菌体を含んだマクロファージが認められる。菌体は、紫色の中央部を取り囲むように薄い明瞭な明帯を有している。これらは、細胞内の酵母菌であり、形態学的に*Histoplasma capsulatum*と一致する。また、標本内には増加した好中球も認められる。

ii．小動物のヒストプラズマ感染症には、イトラコナゾールによる治療が推奨される。フルコナゾールもおそらく使用可能であり、もしも中枢神経系や眼球が治療対象に含まれるのであれば、イトラコナゾールよりもよい選択かもしれない。ケトコナゾールはヒストプラズマ属に対して効果が低く、それ故に一般的に推奨されない。いくつかの肺ヒストプラズマ感染症の症例では感染は自己終息するが、病原菌拡散予防のため、抗真菌治療は未だに推奨されている。

iii．適切に治療された播種性ヒストプラズマ感染症の予後は、どの臓器系が罹患しているかによって中程度から良好である。眼球、中枢神経系、精巣上体、そして骨への感染は治療がより困難であるため、予後はより悪くなる。

設問170、171

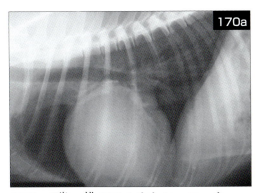
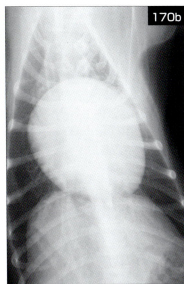

170 7歳、雄のアメリカン・コッカー・スパニエルが、術前評価のために来院した。胸部X線検査側方向像（**170a**）と背腹像（**170b**）が撮影された。

i. X線検査所見を述べよ。
ii. 鑑別診断すべき疾患は何か？
iii. 何が推奨されるか？

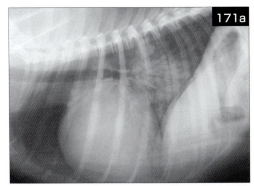
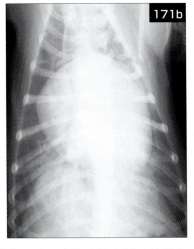

171 170の犬が、2週間後に再び来院した。最近、呼吸が苦しそうで、発咳が認められる。これまで何も投薬されていない。胸部X線側方向像（**171a**）と背腹像（**171b**）が撮影された。心エコー図検査では、心臓内腔全域の拡張と、心室壁の乏しい運動性、中程度の房室弁逆流が観察された。

i. X線検査所見を述べよ。
ii. 潜在する疾患の進行経過は何か？
iii. どのように管理するか？

170 i. 全体的な心拡大（VHS 〜12.7v）が認められる。心陰影は球状だが、拡大した左心房（**170a**）と左心室心尖部（**170b**）の輪郭は確認できる。頭側肺葉の肺静脈（**170c**：大矢印）は、併走する肺動脈（同小矢印）に比較して拡張している。肺の実質は正常である。

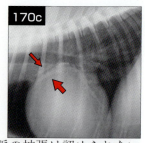

ii. 拡張型心筋症あるいは慢性的な僧帽弁逆流と三尖弁逆流が最も疑わしい。また心膜液貯留も可能性があるが、心陰影は完全な球状ではなく肺静脈の拡張は認められない。ただの三尖弁逆流だけであれば（先天性と後天性のいずれでも）、この肺血管パターンの原因にはならない。

iii. 慎重な身体検査と聴診によって、潜在する心疾患のさらなる情報が得られるかもしれない。心エコー図検査は、異常な心臓構造や心臓機能を描出するだろう。拡張した肺静脈は、肺静脈圧の上昇と初期のうっ血性左心不全を意味する。安静時呼吸数と活動性は厳密に監視すべきであり、減塩食を実施する。直ちにアンギオテンシン変換酵素阻害剤（あるいはピモベンダン）による治療を開始するのは妥当である。低用量のフロセミドも考慮される。1〜2週間以内の経過観察が勧められる。

171 i. 以前のX線像（**170a, b**を参照）において認められた心拡大と肺静脈うっ血に加え、肺門部と後葉における肺の間質と肺胞浸潤は、劇症の肺水腫を伴った心臓の代償不全を示唆する。

ii. 心エコー図検査所見は、拡張型心筋症（DCM）と一致する。DCMは大型犬種に最も一般的であるが、コッカー・スパニエルもDCMを発症することが知られている。DCMに罹患したアメリカン・コッカー・スパニエルにおいて、血漿タウリン濃度と、時にはカルニチン濃度の低値が認められている。変性性房室弁疾患の合併はコッカー・スパニエルでは一般的であり、この症例ではおそらく房室弁逆流に寄与している。

iii. うっ血性心不全の治療には、フロセミド、ピモベンダン、アンギオテンシン変換酵素阻害剤、酸素吸入、必要に応じてその他の支持療法が含まれる。血漿あるいは血中タウリン濃度の測定が推奨される。血漿タウリン濃度が25〜40 nmol/ml以下、そして血中タウリン濃度が200あるいは150 nmol/ml以下であれば、タウリン欠乏と判断する。血漿カルニチン濃度は、心筋カルニチン欠乏の感度の高い指標ではない。タウリンとL-カルニチン（巻末参照：p255〜261）の経口補給は、コッカー・スパニエルにおいて、左心室機能を改善させ、心不全治療に必要な薬剤を減量させることができる。タウリンだけは複数の症例に対し有効であるが、DCMに罹患したすべてのコッカー・スパニエルに有効なわけではない。心エコー図検査において改善を認めるには、3〜4カ月の投与期間が必要である。

設問172

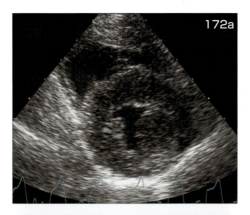

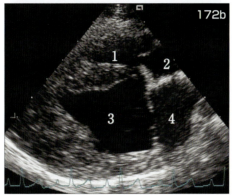

172 17歳、避妊雌のキースホンドが、その日に2回虚脱したと夜遅くに来院した。症例は、その他に問題は認められず、これまでに虚脱した病歴もなかった。症例は、わずかに頻呼吸と頻拍であるが元気である。心雑音は聴取されず、肺音も正常であった。心電図検査では持続的な心室頻拍を呈していたが、リドカインのボーラス投与後に正常な洞調律に復帰した。一晩中、リドカインの持続点滴が実施された。翌朝の胸部X線検査では著変は認められなかった。心エコー図検査が実施され、右傍胸骨像が描出された（**172a**：短軸像心室レベル、**172b**：長軸四腔像）。1：右心室、2：右心房、3：左心室、4：左心房。

i. 心エコー図検査所見を述べよ。
ii. 鑑別すべき診断は何か？
iii. その他の検査や治療は必要か？

解答172

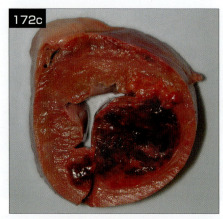

172 i. 前内側乳頭筋と左心室心尖部は肥厚し、周囲の心筋に比較してわずかに低エコーである（**172a**）。

ii. 非対称性の肥厚とエコー源性の変化は、浸潤性の疾患を示唆する。心筋リンパ腫あるいは、血管肉腫や転移性腫瘍などのその他腫瘍を考慮すべきである。その他のまれな鑑別診断としては、肉芽腫性炎症性病変、非対称性肥大型心筋症（低エコー源性ではないだろうが）などである。

iii. 慎重な末梢リンパ節と腹部の触診、胸部と腹部X線検査、規定通りの血液検査、そして腹腔内の腫瘍性あるいは炎症性疾患を探索するために腹部超音波検査が推奨される。

　心筋トロポニン測定は、現在進行している心筋障害（心室頻脈性不整脈によって示唆される）の指標となるかもしれない。心室頻脈性不整脈に対する抗不整脈療法は必要である。

　腹部超音波検査によって、複数の脾臓腫瘤が確認された。剖検により、左心室（**172c**）、脾臓、その他臓器の血管肉腫が確認された。左心室が罹患することは珍しく、ほとんどの心臓血管肉腫は右心系の構造、特に右心耳に発生する。さらに、珍しいのは犬が老齢であることである。心臓腫瘍の発生は歳と共に増加するが、15歳以上の犬では発生率は低下する。

設問173、174

173 9歳、雌の雑種犬が、骨折した大腿骨の整復のために紹介来院している。症例は、2日前に車との交通事故に合うまでは、健康的で元気だった。症例の心拍数は不規則である。左右の脈圧は強く認められ、可視粘膜の色調、毛細血管再充満時間、水和状態、血圧も正常である。胸部X線検査も正常である。症例に投薬は実施されていない。心電図検査が実施された（**173**：第Ⅱ誘導、25mm/秒、0.5cm＝1mV）。

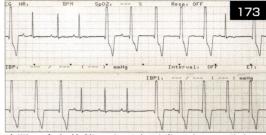

i. 心電図に認められている調律の診断は何か？
ii. リドカインあるいはその他の抗不整脈剤を投与すべきか？
iii. この症例をどのように管理するか？

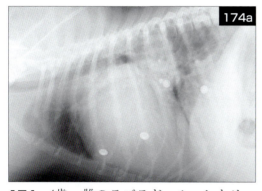
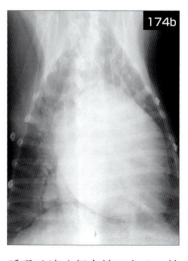

174 4歳、雌のラブラドール・レトリーバーが、不整脈の評価のために紹介来院している。症例は2カ月前より発咳を、1週間前には呼吸困難を呈したが、フロセミド投与により改善している。元気だが大人しく、呼吸は速く努力性である。粘膜面は淡いピンク色で、CRTは2〜3秒、心拍数は〜220bpmで不整である。聴診では、粗励な肺音と小さな泡沫音が聴取される。心雑音が疑われるが、頻拍と増大した肺音によって確定することが難しい。心電図検査において、心調律は心房細動を呈している。胸部X線検査で、側方向像（**174a**）と背腹像（**174b**）を撮影した（複数の心電図電極が写っている）。

i. X線検査所見を述べよ。
ii. 鑑別診断は何か？
iii. 次に何の検査を実施すべきか？

解答173、174

173 i. 洞調律（90〜100 bpm）とおよそ同じ心拍数の促進心室固有調律を間欠的に伴う洞性不整脈である。洞結節刺激の頻度が遅れると、心室調律が出現している。様々なPR間隔の第1度房室ブロックも出現しており、強い迷走神経緊張あるいは房室結節障害や疾患を反映している可能性がある。増加した洞結節刺激の頻度は心室固有調律を中断するので、PR間隔の延長は最大となり、部分的な房室伝導が逆行していることを示唆している。

ii. いいえ。犬の身体状態と正常な胸部X線検査像は、血行動態が良好であることを示唆している。

iii. 心拍数、調律、房室伝導、そして血行力学的な状態を継続して監視することは、重要である。もし、心室固有調律の頻度が著しく増加した（例えば140〜150 bpm以上）ならば、あるいは多源性や不整な心室頻拍が出現したら、抗不整脈療法が必要になるかもしれない。骨折の整復および継続した支持療法が推奨される。外傷後の不整脈は、通常、外傷後1〜2日以内に出現する。可能性のある心筋傷害と不整脈の原因は、外的な加速減速力、自律神経失調、虚血、または電解質や酸塩基平衡障害である。心室期外収縮、心室頻拍、促進心室固有調律（たいてい60〜100 bpm）が一般的である。促進心室固有調律は通常良性で、洞結節刺激の頻度が低下したときにのみしばしば認められ、潜在的な心疾患を認めない動物では、一般に1〜2週間以内に消失する。

174 i. 心原性の肺水腫を示唆する肺門部浸潤の不透過性亢進をと共に、左心室と左心房の著しい拡大を伴った心拡大（VHS >15v）が認められる。背腹像において、左心耳の膨隆が明らかである（2〜3時の位置）。後葉の肺血管と大動脈は明瞭に描出されていないが、前葉の血管はわずかに拡張して認められる。この症例では、第4肋骨と重なる部位における前葉の血管の幅は正常で、その肋骨の近位1/3の幅の0.5〜1.0倍である。一般に、後葉の血管の幅は正常で、第9肋骨と重なる部位の幅の0.5〜1.0倍である。

ii. 著しい左心室拡大の原因は、拡張型心筋症あるいは、重度の慢性僧帽弁閉鎖不全症（後天性でも先天性でも）、そして先天性左‒右心臓短絡であり、これらのすべては肺水腫の原因となる。拡大した肺葉血管は、肺への過剰な血流あるいは左心不全に続発した肺高血圧症を伴った静脈のうっ血によって生じる。

iii. フロセミド（肺水腫のため）と、ジルチアゼム（心房細動に起因した心拍数を減少させるため）の追加投与が、直ちに必要である。呼吸が改善し、心拍数がより制御されたら、聴診所見を再度評価すべきである。心エコー図検査は心臓構造や機能を評価し、さらなる直接的な治療を保証する。

設問175

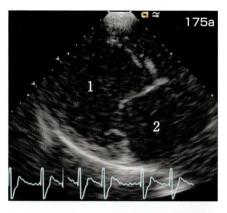
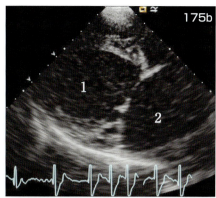
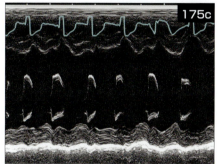

175 174の犬に、心エコー図検査が実施された。右傍胸骨から4断面が描出された（**175a**：拡張期長軸断面像、**175b**：収縮期長軸断面像、**175c**：僧帽弁レベルのMモード像、**175d**：拡張期短軸断面のカラードプラ像）。1：左心室、2：左心房、3：右心房、4：右心室、5：大動脈、6：肺動脈。

i. 心エコー像に認められる異常所見を述べよ。
ii. この症例は、拡張型心筋症に罹患しているか？
iii. この症例をどのように管理するか？

解答175

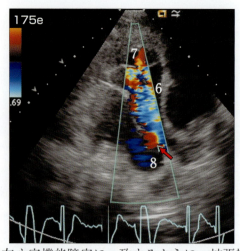

175 i. 著しい左心室機能障害に一致するように、拡張期から収縮期の心室径の変化はわずかで、僧帽弁E点心室中隔間距離は増加（10 mm以上：**175c**）しており、重度の左心房と左心室の拡張が認められる。先天性の僧帽弁狭窄症あるいは大動脈弁逆流に起因する制限された僧帽弁の動きが、僧帽弁E点心室中隔間距離増大の別の原因であるが、ここではそれは認められない。心房細動は、A点消失を伴う不規則な僧帽弁開放の原因である（**175c**）。**175d**は、左–右短絡の動脈管開存症から短絡して、拡張した左肺動脈へ流入する拡張期乱流を示している。これにより、左心室と左心房の重度容量負荷、心筋機能不全、心房細動、そしてうっ血性心不全に至っている。左頭側からの長軸像（**175e**、6：肺動脈、7：右心室流出路、8：下行大動脈）では、下行大動脈から肺動脈内へ流入する動脈管開存症の短絡噴流（矢印）が示されている。

ii. いいえ。心不全は、慢性的な動脈管開存症に二次的である。

iii. 最初に、標準的な治療（ピモベンダン、フロセミド、アンギオテンシン変換酵素阻害剤、ジルチアゼム +/− ジゴキシン、塩分制限と運動制限）によって、うっ血徴候と制御されていない心拍数を治療する。症例が安定した後、血行動態の負荷を減じるために、動脈管開存症の閉鎖が推奨される。心不全に対する薬剤治療や心拍数の制御は、必要に応じて継続する。

設問176、177

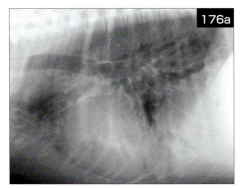
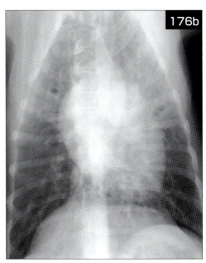

176 6歳、雌のラブラドール・レトリーバーが、慢性的な発咳を主訴に来院している。症例は、その他は調子が良さそうである。胸部X線検査が実施された（**176a、b**）。

i. どのような異常陰影が描出されているか？
ii. このパターンが示す重要性は何か？

177 166の2カ月齢のビション・フリーゼが、検査されている。胸部X線検査では、びまん性に間質浸潤パターンと肺胞浸潤パターンが認められ、特に右側肺葉全体に顕著に認められる。気管支内視鏡検査では、部分的に気管支内腔を閉塞するように液体と粘液を伴って、気管支粘膜の浮腫と炎症が認められた。気管支肺胞洗浄液の細胞標本を示す（**177**）。

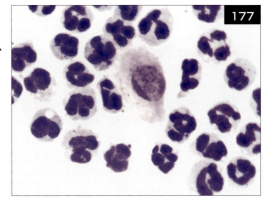

i. 気管支肺胞洗浄の細胞診において、主な所見は何か？
ii. その他にどのような評価を実施すべきか？
iii. 得られた情報に基づき、この症例をどのように管理するか？

解答176、177

176 i. 腹側の肺葉には、肺の辺縁部へ広がる拡張した気管支が認められる（**176c**）。これら気管支のいくつかは数珠状の輪郭を示し、またある部分は末端が嚢状に拡張している。これは、気管支拡張症による気管支パターンである。また、肺胞パターンも中葉の辺縁部において認められている。

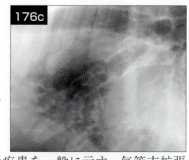

ii. この気管支パターンは、気管支壁やそれを取り囲む支持結合組織を含めた気道の疾患を一般に示す。気管支拡張症は、気管支内腔の不可逆的な拡張である。気管支拡張症は、通常、慢性気管支炎や慢性気管支感染症と関連し、結果として気管支壁の脆弱化と分泌物の貯留と関連している。気管支拡張症には、いくつかの型が報告されている。(1) 円筒状、末梢の先細りを伴わずに拡張した気管支が特徴（犬で最も一般的に報告されている型）、(2) 静脈瘤状、どこの気管支壁も数珠状構造を呈した部分、(3) 嚢状、遠位気管支において単発あるいは複数の球根状（嚢状）の拡張、(4) 嚢胞状、拡張した気管支に沿って紐状あるいは房状の円形腔が生じる（「棒の付いた風船の様」）。気管支拡張症に伴いよくある飼い主の訴えは、発咳である。10歳以上のアメリカン・コッカー・スパニエル、ウエスト・ハイランド・ホワイト・テリア、ミニチュア・プードル、シベリアン・ハスキー、イングリッシュ・スプリンガー・スパニエルの犬種は、発症リスクが高い。

177 i. 気管支肺胞洗浄液の細胞診では、敗血症性の好中球性炎症像が認められる。少量の粘液と、桿菌に類似する複数の細胞外物質も認められる。これら所見は、感染性気管支肺炎に一致している。

ii. 細菌培養と薬剤感受性試験は、病原菌と最適な抗生剤治療を確定する。この症例は、気管支肺胞洗浄液の培養により、アモキシシリン/クラブラン酸配合剤、エンロフロキサシン、ゲンタマイシン、ストレプトマイシン、およびテトラサイクリンに感受性を示す*Bordetella bronchiseptica*が分離された。*B. bronchiseptica*は、一般に犬伝染性気管気管支炎（ケンネルコフ）の原因となるグラム陰性菌である。関連性のあるその他の感染性病原体は、犬アデノウイルス2型、パラインフルエンザウイルス、犬呼吸器コロナウイルスである。ワクチン未接種の子犬、または免疫力が低下した成犬に発生する気管支肺炎が合併しない限り、この疾患は通常、自己終息性である。

iii. 培養結果に基づいて、抗生剤治療を実施すべきである。支持療法も重要で、これには症例の状態に応じて、入院治療、酸素吸入、非経口的な抗生剤投与と補液療法（良好な水和を維持するため）などが含まれる。理学的な治療法（胸壁叩打）と薬剤の噴霧吸入は、気道内分泌物の喀出を助ける。鎮咳剤の使用は、細菌性肺炎では避ける。

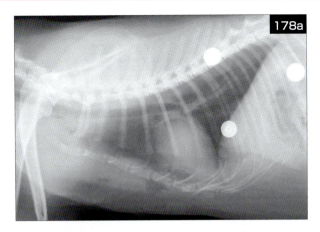

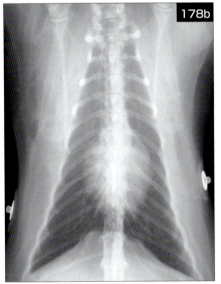

178 5歳、避妊雌の短毛種の猫が、隣人の庭で努力性呼吸の状態で保護され、外傷を疑い来院している。猫は横臥状態で開口呼吸を呈し、明らかにショック状態である。最初の状態安静化の後、身体検査で顎先の擦過傷と、胸部の腹側に挫傷を伴った複数の小さな穴が確認された。胸部聴診は正常である。後肢と腹部の触診も正常である。開口呼吸は治まったが、呼吸は速いままである。胸部X線検査が実施された（**178a、b**）。

i. 胸壁の異常は認められるか？
ii. 胸腔内の異常は認められるか？

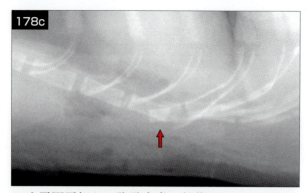

178 i. 3つの心電図電極が、胸壁皮膚に付着している。特に、第3～第6胸骨間の胸骨に沿うように、少量の皮下ガス陰影が存在している。また、同様のガス陰影が、右側胸壁の腋窩から第5肋骨にかけて存在している。第6胸骨関節の頭側への脱臼（重複）により、第6胸骨の尾側半分の不透過性が亢進している（**178c**：矢印）。第7肋軟骨遠位端の腹側への偏位によって描出されているように、胸骨と肋骨の関節の分離も認められる。複数の小さな皮膚の穴は、咬傷によるものと思われる。

ii. X線検査において、胸腔内、肺、および心陰影に異常は認められない。X線検査において気胸像が認められないことでは、咬傷が胸腔内に到達している可能性を除外できない。探針操作などによる咬傷の慎重な評価が必要である。呼吸数は、痛みへの反応として増加している可能性があり、おそらく胸骨の脱臼に関与している。

設問179、180

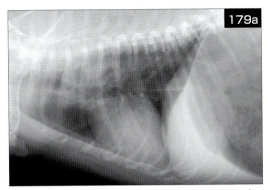
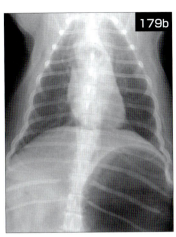

179 胸部X線検査の側方向像（**179a**）と背腹像（**179b**）において、**167**の犬をさらに評価を実施した。

i. 牛革製ガムの位置はどこか？
ii. 胃陰影の大きさはどのように説明されるか？

180 10歳、去勢雄のシェルティーが、この1週間で進行性に悪化している後肢の虚弱を主訴に来院した。外傷の既往はない。症例は元気だが、自分の後肢で体重を支えることができない（**180a**）。両後肢を触診するとわずかに冷感を帯び、固有位置感覚に異常を呈している（**180b**）。左右の大腿動脈圧は触知できない。体温は37.7℃、心拍数は132bpm、呼吸は76回/分で努力性を呈している。その他の身体検査に著変は認められない。胸部、腹部X線検査像には、いかなる異常も認められない。

i. この症例の後肢虚弱の原因で、最も可能性の高いものは何か？
ii. これを確認するために有用な検査は何か？
iii. どのような潜在的な状況が、この疾患に罹患しやすいか？
iv. このような症例において、一般的な治療の目的は何か？

解答179、180

179 i. 胸部X線検査像には第3肋骨の位置で、中程度に腹側へ、そして鋭く右側へ偏位している気管が描出されている。背腹像（**179c**：拡大像）では、第3胸椎に重なるように軟部組織の辺縁を持つ円形のX線透過性物が、偏位した気管の左側に認められる。この構造物は、第3胸椎の幅とおよそ同じ直径である。胸腔内食道の位置と思われる胸腔中央から尾側にかけて、細い軟部組織様の平行な線が認められており、それは中程度に拡張している。胃は正常

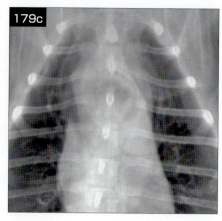

な位置であるが、ガスによって著しく膨張している。これら所見より、異物は頭側食道内のおよそ第3肋骨の位置にあると示唆される。
ii. 急性の呼吸障害を呈している症例は、しばしば呑気症を呈する。これは、消化管のすべての部位において、ガスによる拡張の原因となりうる。

180 i. 後大動脈血栓塞栓症。後大動脈血栓塞栓症の犬は、猫に典型的な迅急性麻痺と比較すると、たいてい数日〜数週間かけて臨床徴候が出現する。徴候は、疼痛、後肢麻痺、跛行あるいは虚弱（しばしば進行性あるいは間欠性）、患部を噛んだり、過敏になったりする。身体所見は、猫の後大動脈血栓塞栓症と同様で、左右大腿動脈圧の消失あるいは微弱、末端の冷感、後肢の痛み、足指の知覚消失、知覚過敏、爪床のチアノーゼ、そして神経筋機能障害である。
ii. 大動脈血栓塞栓症は、たいてい腹部超音波検査あるいはその他の画像診断によって画像化される。循環血液中のD-ダイマーの軽度増加は、腫瘍疾患、肝疾患、免疫介在性疾患およびその他疾患を併発している可能性があるが、血栓塞栓症において上昇する。動脈の血栓塞栓症による骨格筋の虚血や壊死は、筋酵素の濃度も上昇する。
iii. 血管内皮障害、血流うっ滞、血液凝固亢進の原因となる疾患は、血栓塞栓症を促進する。犬の動脈血栓塞栓症は、蛋白喪失性腎症、腫瘍性疾患、副腎皮質機能亢進症、慢性間質性腎炎、胃拡張-胃捻転症候群、膵炎、敗血症、心内膜炎、血管炎、およびその他の疾患によって発生する。
iv. 管理の目標は、症例の安定（必要に応じて輸液やその他の支持療法）、さらなる血栓塞栓症の抑制（抗血小板療法、抗凝固療法）、そして基礎疾患の同定と可能であればその治療である。血栓溶解療法が時に実施されるが、薬用量が不確実で、集中的な監視が必要であり、重度あるいは致死的な合併症の可能性がある。

設問181、182

181 14歳、雌、シュナウザーとプードルの雑種が、発咳と最近の運動不耐性を主訴に来院している。症例は、過去に慢性僧帽弁逆流症と三尖弁逆流症および軽度の肺水腫と診断され、フロセミド、アミノフィリン、ジゴキシンが処方されていた。本日実施した胸部X線検査では、心拡大は認められるが肺水腫の所見は得られなかった。不整脈が聴取されたため、心電図検査が実施された（**181a、b**：誘導は図に記載、25mm/秒、1cm＝1mV）。

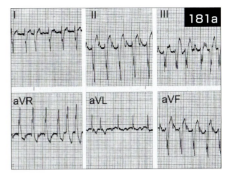
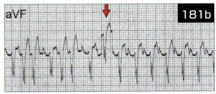

i. 心電図検査の所見を説明せよ。
ii. 181bの矢印は、何を示すか？
iii. この症例の投薬内容をどのように調整するか？

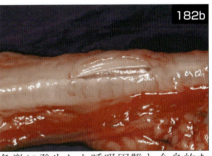

182 14カ月齢、避妊雌の雑種猫が、急激に発生した呼吸困難と全身的な「膨化」の救急治療のために来院した（**182a**）。症例は、10日前に卵巣子宮摘出術を受け、術創の癒合不全が生じたが、その後修復されている。症例の呼吸困難は酸素吸入により改善し、一晩の安静処置としたが、飼い主は安楽死を希望した。剖検において、病変が発見された（**182b**）。

i. この猫に認められた全身的な「膨化」の病名は何か？
ii. この猫の呼吸困難および「膨化」の原因は何か？
iii. 以前の外科手術は、この状況に関係しているか？
   そうであれば、どのように関係しているか？
iv. 一般に他の手技で猫のこの状況と関連しているのは何か？
   その理由は？
v. 外科的あるいは非外科的治療法は、よりよい結果を期待できるか？
vi. 予防として何ができるか？

181 i. 心拍数は180bpmで、調律は頻繁な心房期外収縮を伴った洞性頻脈である（**181c**：単発や連発、星印）。平均電気軸は右軸へ偏位（−150°）している。重度の右心拡大の可能性があるが、QRS波の幅広い

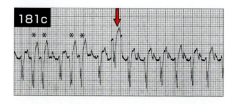

終末部は右脚ブロックが示唆される。心拍数が緩徐となればより容易に観察できるP波は、0.06秒に延長しており、左心房拡大所見に一致する（**181b**）。PR間隔は、正常値上限からわずかに延長（0.13〜0.16秒）しており、これはジゴキシン誘発効果の可能性か、より広範囲な刺激伝導障害を示唆する。

ii. 洞性のQRS波形に重なったキャリブレーション信号。

iii. より頻繁な心房頻脈性不整脈は、これらの臨床徴候の基礎疾患となっている可能性がある。アミノフィリンのもつ交感神経刺激作用は、不整脈を増悪させている可能性があるので、用量を減じるか中止する。24時間心電図による監視は、間欠的な不整脈の悪化を検出できるかもしれない。ジルチアゼムかアテノロールのどちらか一方を、臨床的に試しながら投薬する。ジゴキシンは、心房頻脈性不整脈を抑制するかもしれないが、その血清濃度を測定すべきである。血清生化学検査も測定すべきである。ピモベンダンやアンギオテンシン変換酵素阻害剤の投薬は、慢性心不全の管理のため推奨される。

182 i. 皮下気腫とは、皮下組織の空気貯留である。

ii. この症例の皮下気腫と呼吸困難の原因は、気管の裂傷である。

iii. 気管の裂傷は、おそらく卵巣子宮摘出術か腹壁ヘルニア修復術のどちらかの最中に、気管内チューブによる外傷の結果として生じた。

iv. 歯牙処置は、頻繁に気管の裂傷が引き起こされる。歯牙処置中に繰り返される動物の体位変換は、気管内チューブの回転を生じ、気管組織を伸展、裂開させる。

v. 外科的治療は、気管の縫合あるいは損傷した気管の切除と吻合術である。しかし、**182b**に示したような単純な気管の裂傷の保守的な管理は、しばしば外科治療と同様に効果的である。

vi. 慎重な気管内チューブの選択と挿管が、気管の裂傷を抑制する。容量が大きく、低圧カフの付属した気管内チューブの方が、容量が小さく、高圧カフの気管内チューブよりも、気管の傷害が少なく、好まれる。しかし、麻酔中の主な予防策は、動物の体位変換時はいつも気管内チューブと麻酔回路との接続を外すことである。気管チューブがねじれたときに、拡張したカフの位置における気管のねじれは、裂傷の原因として最も可能性が高い。

設問183、184

183 14歳、避妊雌のジャーマン・シェパードが、大きな腹腔内腫瘤の評価のために来院している。飼い主達は、最近の6カ月間は動きが緩慢で、より喘ぐようになったが、その他の臨床徴候は認められないと話している。症例は元気で絶えず喘いでいる。体温は39.2℃、可視粘膜はピンク色、毛細血管再充満時間は2秒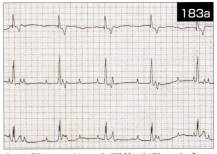
以内である。聴診で心音を聴取することは難しいが、心調律は遅いようである。左側胸壁において、収縮期性心雑音が疑われた。肺音は正常である。腹部中央に、大きな硬い腫瘤が触知できる。X線検査では、軽度の心拡大が確認される。心電図検査が実施された（**183a**：誘導は図に記載、25 mm/秒、1 cm=1 mV）。

i. 心電図の診断は何か？
ii. この時点で、推奨される追加検査は何か？
iii. 飼い主は、試験的開腹術および腫瘤切除の実施を希望している。どのように助言すべきか？

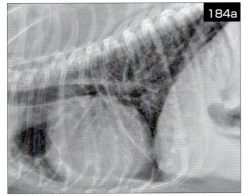
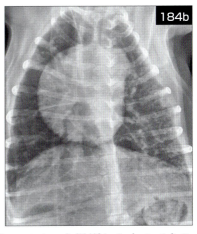

184 この胸部X線検査像は、数カ月間にわたって運動不耐性を示している9歳、雄のウエスト・ハイランド・ホワイト・テリアを撮影したものである（**184a、b**）。最近では、散発性の発咳が認められている。これまで疾患の治療歴はなく、規則的に予防接種と犬糸状虫症予防を実施している。

i. 疑われる疾患は何か？
ii. 確定診断のために、その他にどのような検査を実施すべきか？
iii. どのように管理するか？

解答183、184

183 i. 心拍数は、40bpmである。P波は認められるが、どれも伝導していないようである（完全房室ブロック）。規則的な心室期外収縮が出現している。これら心室波の幅狭い陽性波形は、多くの心室固有調律の幅広い陰性QRS波に比較して一般的ではない。P波は幅広く（0.06秒）、左心房拡大あるいは心房内伝導の遅延を示唆している。

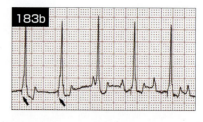

ii. アトロピン試験（**37**を参照）は、房室間伝導への迷走神経の影響について判断するが、ほとんどの完全房室ブロックの犬は、反応を示さない。心エコー図検査の実施が、心臓構造や機能の評価のため示唆される。その他の検査は、血圧測定、通常の血液検査、そして腫瘤の起源と範囲を識別するために腹部の画像診断の実施が示唆される。

iii. この症例の年齢、大きな腹腔内腫瘤、そして完全房室ブロックを考慮すると、良好な結果の見込みはわずかのように思われる。それにもかかわらず、状況を完全に承諾した飼い主が試験的開腹術を希望するのであれば、最初にペースメーカ植込み術が推奨される。経静脈的ペースメーカが植込まれ、術後の心電図検査では、QRS波の前に人工的な調律補正波が認められている（**183b**：矢印）。2週間後に、20cmの腫瘤（壊死した大網の脂肪腫）が外科的に切除された。症例は、その後1年半生存した。

184 i. これらの胸部X線像からは、時に「ウェスティー肺疾患」と呼ばれる特発性肺線維症の診断が示唆される。この疾患は、最初にウエスト・ハイランド・ホワイト・テリアで報告されたが、最近の報告では、特にスタッフォードシャー・ブル・テリアなどの他の犬種も罹患している。注目すべきは右心系の拡大、主肺動脈と右肺動脈の拡大、粗い蜂巣状を呈している肺のびまん性気管支間質パターンである。ごくわずかの胸水貯留も確認される。

ii. 肺の針吸引生検や気管支肺胞洗浄は、病理学的な病原体の確定や、肺実質の浸潤性病変におけるその他の原因の除外に有用である。多くの症例で、これらの検査は軽度から中程度の炎症像のみ示される。確定診断を得るためには、肺生検がしばしば必要となる。心エコー図検査は、肺高血圧症を証明することができ、治療中の肺動脈圧を監視するために使用できる。

iii. 特発性肺線維症の主な治療は、コルチコステロイド（例えば、低用量のプレドニゾン）である。気管支拡張剤やアザチオプリンは、症例によって有効かもしれない。シルデナフィルは肺高血圧症を軽減し、臨床徴候を改善するかもしれないが、全身的な低血圧による副作用の可能性がある。この疾患は進行性であり、診断時にはさらに進行している傾向があるため、予後はしばしば不良である。

設問185

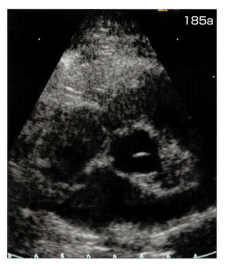

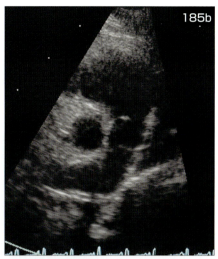

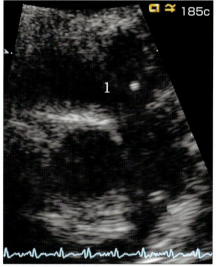

185 6歳、去勢雄の短毛種の猫が、昨晩に赤褐色の嘔吐したと来院した。症例は米国中西部で飼育されており、頻繁に1日中外出している。症例は過去に、輪ゴムや花の茎など様々な異物を誤食している。来院時は頻呼吸（60回/分）を呈しており、わずかに低体温（36.9℃）であった。肺音は増大しているが、心雑音は聴取されない。血圧と腹部X線検査は正常であった。胸部X線検査では、右側肺葉の不透過性亢進と、後葉の動脈拡張が認められる。心エコー図検査により右傍胸骨短軸像（**185a**）の左心房/大動脈径比と主肺動脈（**185b**）、そして左頭側短軸像（**185c**：拡大像、1：肺動脈）の大動脈と肺動脈が描出された。

i. 心エコー図検査所見は何か？
ii. 臨床徴候は、この診断と一致するか？
iii. この症例をどのように管理するか？

解答185

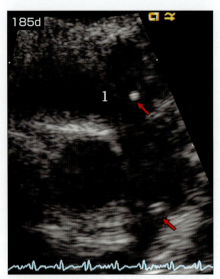

185 i. 左心房、大動脈、肺動脈の大きさは正常である。犬糸状虫の成虫に特徴的な二重線が、肺動脈内に認められる（**185c、d**：矢印）。

ii. はい。猫の犬糸状虫症は様々な臨床徴候を呈する。頻呼吸、呼吸困難、発作性の発咳は、猫喘息の徴候に類似する。嘔吐はよく認められる。元気消失、食欲不振、失神、神経徴候（特に異所性の虫体迷入を伴う）、そして突然死なども発生しうる。

iii. 成虫駆除剤は猫には推奨されない。急激な成虫の殺滅は、重度の合併症を引き起こす。呼吸器症状は通常、プレドニゾン（例：2 mg/kg 24時間毎、2週間かけて0.5 mg/kg 48時間毎へ漸減、そしてさらに2週間後に終了）に反応する。必要があればこれを繰り返す。毎月の犬糸状虫症予防と運動制限も推奨される。特に犬糸状虫が死滅した後も、猫には重度の呼吸困難と突然死が、どのようなときにも発生する可能性がある。肺血栓塞栓症（PTE）の徴候は、発熱、発咳、呼吸困難、喀血、可視粘膜蒼白、肺捻髪音、頻拍、そして低血圧である。支持療法は、糖質コルチコイドの静脈内投与（例：100～250 mg コハク酸プレドニゾンナトリウム）、輸液療法、気管支拡張剤、酸素吸入などである。利尿剤は、PTEの症例には適応ではない。うっ血性右心不全に起因した胸水貯留は、胸腔穿刺、フロセミド、アンギオテンシン変換酵素阻害剤によって管理する。

設問186、187

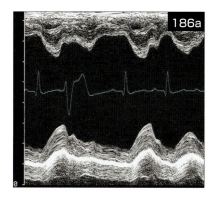
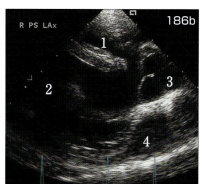

186 8カ月齢の雑種犬が、嘔吐、血様下痢、そして体重減少（ボディ・コンディション・スコア2/5）を主訴に来院している。身体検査では、右胸骨縁にて最大のグレード6/6の収縮期性心雑音が認められる。左側心基底部でも、グレード1/6の拡張期性心雑音が聴取される。可視粘膜はピンク色であるが、毛細血管再充満時間は延長している。体温は正常である。心電図検査では、心室期外収縮が認められる。血液検査で

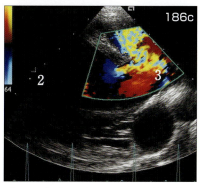

は、著しい好中球減少症、軽度の低アルブミン血症、そしてパルボウイルス陽性反応が示唆された。補液と抗生剤による治療が開始され、心エコー図検査が実施された。心室レベルMモード像（**186a**）と右傍胸骨長軸像（**186b**：拡張期、**186c**：収縮期カラードプラ像）を示す。1：右心室、2：左心室、3：大動脈、4：左心房。

i. 心エコー像にはどのような異常が描出されているか？
ii. 聴診所見は、この心エコー像と一致しているか？
iii. これらの所見は、この症例の治療に影響を及ぼすか？

187 難治性の慢性うっ血性心不全の治療を行う上で、どのような手順があるか？

解答186、187

186 i. 重度の左心室拡張が明らかである。大動脈弁直下には、収縮期に左-右短絡血流（**186c**）を伴った6～7mmの心室中隔欠損症（VSD）が認められる（**186b**）。VSDsは、肺、左心系、そして右室流出路に容量負荷を生じる。しかし、ここでの左心室拡張の程度は不釣合であり、おそらく合併している軽度の左心室機能不全や大動脈弁閉鎖不全症によるさらなる左心室容量負荷を反映している。左心室の内径短縮率は正常範囲内（～35%）であるが、相対的に血圧の低い右心室への短絡血流によって減少した左心室後負荷のため、より活発な左心室の動きが予想される。時々、心室期外収縮も出現している。

ii. 右側胸骨縁で最もよく聴取される全収縮期性心雑音が、VSDでは典型的である。左側心基底部における軽度の拡張期性心雑音は、大動脈弁逆流と一致する。これは、おそらく変形した中隔壁のために大動脈基部の支持が不安定となるので、VSDと共に時々発生する。

iii. 中程度から重度の左-右短絡VSDsは、最終的にうっ血性左心不全に至る。このことは、この症例に対して大きな懸念である。なぜなら、パルボウイルス感染症の治療では、非常に積極的な点滴療法が必要となるかもしれないからである。呼吸数や呼吸様式（そして理想的には肺動脈楔入圧）の慎重な監視が、推奨される。

187 まず、投与しているすべての薬剤とサプリメントの投与量と頻度を確認すべきである。以下の手順は、個々の症例の必要に応じて、順次あるいは組み合わせて実施する。
・フロセミドの増量か投与回数の増加
・使用していなければ、ピモベンダンの追加
・使用していなければ、アンギオテンシン変換酵素阻害剤（ACEI）の追加
・使用していなければ、スピロノラクトンの追加
・ACEIの12時間毎投与と最大推奨量への増量
・存在するならば、不整脈の識別と管理
・さらなる後負荷減少のため、動脈の血管拡張剤（アムロジピンやヒドララジンなど）を追加する（注：肥大型心筋症あるいは流出路狭窄（大動脈弁下狭窄症など）の症例には推奨されない）。
・中程度から重度の肺高血圧症ならば、シルデナフィルの追加
・使用していなければ、ジゴキシンの追加
・サイアザイド系利尿剤の追加（厳密な腎機能の監視！）
・さらなる塩分摂取と運動の制限

設問188

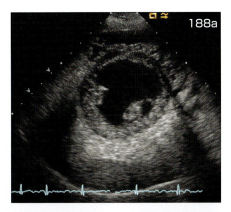

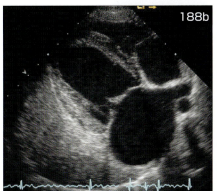
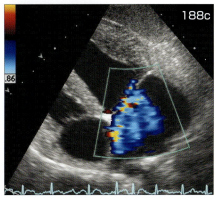

188 7歳、雄のブリタニーが、最近の元気消失、嘔吐、食欲不振を主訴として来院している。症例は、2〜3日前にネズミの玩具を飲み込んでいる。1週間前には、前十字靱帯断裂の外科治療を実施して成功している。診察時、症例は元気であったが、静かに落ち着いていた。体温は正常である。心拍数は140 bpmの不整で、呼吸数は増加している。脈拍欠損が確認され、心音は不明瞭である。収縮期血圧は130 mmHgである。紹介獣医師より転送された最近の胸部X線検査像には、胸腔内をほとんど占拠して横隔膜に接する、大型球状の心陰影（VHS 15v）が描出されている。確認できる肺野は正常である。心エコー図検査が実施され、右傍胸骨短軸像（**188a**）、同長軸像（**188b**）、左側心尖部像（**188c**）が描出された。

i. 図に描出されている異常は何か？
ii. この症例の鑑別診断は何か？
iii. この後、何が推奨されるか？

解答188

188 i. 著しく拡張した左心房と、軽度に拡張した左心室が観察される。僧帽弁の肥厚と閉鎖不全（**188b**）が明らかである。心膜腔が、軟部組織様の不透過性構造によって重度に拡張している（心膜のエコー像は、**188a、b**の心電図記録の近傍）。心電図の調律は心房細動である。

ii. 心膜腔内の軟部組織の鑑別診断は、先天性心膜横隔膜ヘルニア（PPDH）を介して逸脱した腹腔内臓器、あるいは腫瘍性病変である。僧帽弁の肥厚は、変性性弁膜疾患が示唆される。左心房の大きさからすると、長期間、重度の僧帽弁逆流が存在している。慢性的な心房の拡大では、心房細動は一般的である。

iii. さらなる画像診断が、横隔膜の不連続性、腹腔内臓器の（PPDHからの）偏位、または心膜内軟部組織や臨床徴候のその他の原因を検索するために実施される。さらに、ジルチアゼム（可能ならばジゴキシンと併用）による心拍数の制御、心エコー図検査による左心室収縮機能の評価、心臓代償不全の初期徴候の頻繁な監視が推奨される。この症例は、腹部エコー検査によってPPDHが確認され、外科的に整復された。逸脱していた臓器は、胆嚢、萎縮した肝臓の一部、脾臓、小腸、そして膵臓であった。未成熟な幽門と横隔膜の癒着も発見された。これは、最近の嘔吐、食欲不振を促進したと考えられた。

設問189、190

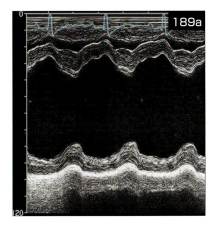
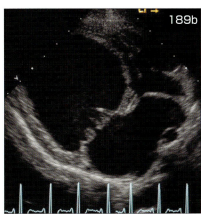
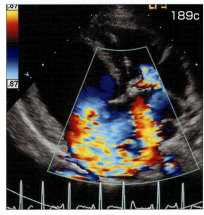

189 9歳、雌のイングリッシュ・ポインター、体重18.6kgが、うっ血性心不全を伴う慢性僧帽弁疾患（心内膜炎）と、小気道疾患を疑える病歴で来院している。現在の投薬は、フロセミド12.5mg（12時間毎）、エナラプリル10mg（24時間毎）、ジゴキシン0.125mgを1/2錠（24時間毎）、テオフィリン100mg（12時間毎）、そして犬糸状虫症予防薬である。最近は、軽度の発咳と安静時の呼吸数増加が認められている。検査中、症例は元気で活発である。心拍数は140bpmで、少し不整である。聴診ではグレード5/6の僧帽弁逆流の心雑音、および軽度の肺捻髪音が聴取される。胸部X線検査では、肺門部から背側に広がる肺浸潤を伴った心拡大が観察される。心電図検査は、頻繁な上室期外収縮を伴った洞調律を示している。腎機能と血清電解質は正常である。犬糸状虫症検査は陰性である。心エコー図検査の右傍胸骨心室レベルMモード像（**189a**）と収縮期長軸四腔断面像（**189b、c**）を示す。

i. 心エコー図検査所見は何か？
ii. この時点で、何が推奨されるか？
iii. このような症例には、どんな合併症が予想されるか？

190 犬の急性心不全の治療において、重要な原則は何か？

解答189、190

189 i. 著しい左心室と左心房の拡張、僧帽弁の肥厚、重度の僧帽弁逆流（**189c**）が確認される。左心室の内径短縮率は32％である。左室内径短縮率は、後負荷に依存した収縮性の評価を提供する。それゆえ、重度の僧帽弁逆流であるが収縮性がよく保たれていれば、亢進した左室内径短縮率が予想される。したがって、正常範囲（27〜40％）であるこの症例の左室内径短縮率は、何らかの心筋機能不全であることが示唆される。

ii. 代償不全のうっ血性心不全のため、ピモベンダンを追加し、フロセミドの用量を増量、エナラプリルを12時間毎投与に増加する。テオフィリンは、頻脈性不整脈を悪化させる可能性があるので、用量の減量あるいは中止を検討する。血清ジゴキシントラフ濃度を測定し、もしも低値であれば、抗不整脈量として12時間毎に投与することで増量を検討する。飼い主に減塩食の給餌や運動制限を確認する。腎機能、血清電解質、血圧、心調律、安静時呼吸数、食欲、活力を頻繁に監視する。低用量のカルベジロールやオメガ-3脂肪酸（魚油）の補給による治療が、有効かもしれない

iii. 合併症は、心房頻拍や心房細動、心室頻拍性不整脈など、さらに重度の不整脈、再発する難治性の肺水腫、気管支の圧迫に起因する持続性の乾性発咳、肺高血圧症、体腔への液体貯留を伴う両心不全などである。増強したうっ血性心不全の治療は、高窒素血症、低カリウムあるいは高カリウム血症などの電解質異常、低血圧、食欲不振、そして薬剤のその他の副作用や中毒を促進させる可能性がある。

190

- 重度の心原性肺水腫は緊急治療を必要とするが、症例のストレスを最小化することが最も重要である。必要であれば、台車（あるいは抱きかかえ）で移動させる。どんな運動も許容すべきではない。
- 酸素吸入を実施するが、不安レベルの上昇は避けなければならない。
- 必要量よりも積極的な容量による非経口的なフロセミドによって、利尿を誘発する（静脈カテーテルが安全に装着できるまで、最初は筋肉内投与する）。
- 頻繁に呼吸数と呼吸様式を監視し、それに応じ利尿剤の容量を調節する。
- 血管拡張を促進させる（ニトログリセリンあるいはもし劇的な肺水腫ならば代替としてニトロプルシドを併用あるいは併用せずに、ヒドララジンまたはアンギオテンシン変換酵素阻害剤を用いる）。
- 心筋機能を支持する（ピモベンダン）。
- 不安を最小化する（ブトルファノールあるいはモルヒネ）。
- 中程度から大量の胸水貯留を認めるならば、胸腔穿刺によって抜去する。
- 低血圧あるいは心筋不全に対しては、血圧維持のために必要に応じてドブタミンあるいはその他の陽性変力剤を加える。
- 呼吸数、血圧、心拍数、心調律を監視し、必要に応じ不整脈を治療する。
- 症例が安定したらすぐに血清生化学検査を評価し、また、原因となっている心疾患や他の異常を明らかにするためにその他の検査を遂行する。

設問191

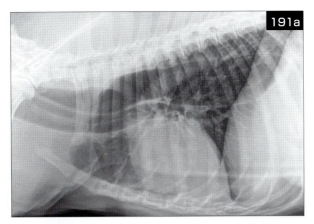

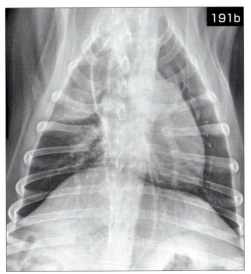

191 9歳、去勢雄のラブラドール・レトリーバーが、2日前に細長い歯科用ガムを与えた後からの嘔吐を主訴に来院している。症例は、弱々しく、元気がない。身体検査所見では、体温39.8℃、心拍数152bpm、呼吸数36回/分、可視粘膜色と毛細血管再充満時間は正常である。心音は正常であるが、肺捻髪音が右中葉領域より聴取される。胸部X線検査において、右側方向像（**191a**）と背腹像（**191b**）を撮影した。

i. X線検査所見は何か？
ii. この症例において、原因から考慮すべき鑑別診断は何か？

解答191

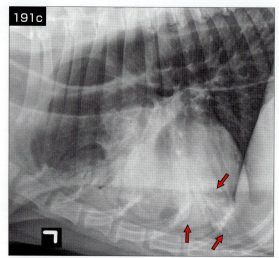

191 i. 右肺前葉および中葉に誤嚥性肺炎と思われる浸潤像を伴って、頸部尾側と胸部において広範な巨大食道症が認められる。

　誤嚥性肺炎は、嚥下反射障害と共に巨大食道症の一般的な続発症である。一般に最も罹患しやすい肺葉は右中葉であり、続いて右前葉である。複数の肺葉が罹患する場合には、浸潤分布の様々な変化が発生する。胸部X線検査において両方の側方向像を用いると、罹患している肺の範囲をよりよく示す。この症例では、左側方向像（**191c**）が、右前葉と中葉のエアブロンコグラム（矢印）を示している。右前葉の変化は背腹像で明らかであるが、右中葉の異常は、心尖部と重なって、左側方向像（複数の矢印）において明瞭になっているだけである。

ii. 巨大食道症は、X線検査で局所性や分節性あるいはびまん性に描出される。巨大食道症の一般的な原因は、神経筋疾患、物理的な要因、そして医原性である。びまん性の食道拡張は、重症筋無力症、内分泌障害（副腎皮質機能低下症、甲状腺機能低下症）、免疫介在性疾患、中毒などの神経筋疾患でより起こりやすい。物理的な要因は、食道内異物、粘膜面の腫瘍、そして狭窄（食道炎や血管輪異常に起因する）である。広範な拡張は下部食道括約筋の近傍の障害に不随するが、局所的な巨大食道症は物理的な要因によってより起こりやすい。興奮による呑気、呼吸器疾患、全身麻酔は鑑別すべき疾患である。

設問192、193

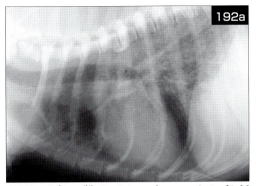

192 6歳、雌のバセット・ハウンドが、3週間続いている発咳と頻呼吸を主訴に来院している。身体検査では末梢リンパ節の腫大が確認されるが、その他の項目には著変を認めない。聴診では、粗励な肺音が確認される。胸部X線検査において、右側方向像（**192a**）と背腹像（**192b**）が撮影された。

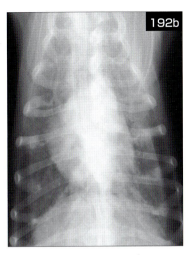

i. X線検査には、どのような異常が認められるか？
ii. この症例は、気胸を合併しているか？
iii. 確定診断のため、次に何を実施すればよいか？

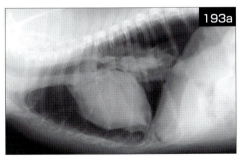

193 11歳、雄のスコティッシュ・テリアが、2度の自然気胸を主訴に来院した。症例は、特定の行動や事象に関連しない慢性的な発咳を呈している。来院時、症例の呼吸は努力性で、粗励な肺音が聴取された。胸部X線検査で右側方向像（**193a**）と、CT検査（**193b**）が実施された。

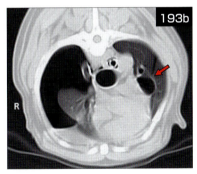

i. X線検査像で明らかなことは何か？
ii. CT検査像において、気胸の原因は明らかとなっているか？
   それはどのような変化で、どの部位か？
iii. 自然気胸の原因と診断方法の選択肢は何か？

192 i. 肺には、びまん性に無構造から微小結節性の間質パターンが認められる。また、第4〜5胸椎間には、偶発的であるが変形性脊椎症が認められる。

ii. いいえ。背腹像において、左右胸腔各々の側面に第4〜10肋骨にかけて広がる半透明から軟部組織様の明瞭な境界が確認できる。その境界は、頭側では胸壁側へ、尾側では中央体幹側へ偏位していることに注意する。肺陰影は、左側第8肋間における境界と胸壁の間で明瞭に確認される。したがって、半透明から軟部組織様の境界は、皮膚の重なりや胸腔の形態による影響である。胸腔形態の影響は、いくつかの軟骨形成異常の品種において特に顕著となる。また、両者の影響によって、気胸に類似した所見がみられることがある。しかし、この症例のX線側方向像では、気胸の所見は全く認められない。

iii. 腫大したリンパ節の針生検と細胞診検査が推奨される。この症例は、リンパ腫と診断された。

肺の間質パターンでは、病因の鑑別診断は多く存在する。リンパ腫以外に、真菌性肺炎、腫瘍のびまん性肺転移、好酸球性気管支肺炎、および出血などがあげられる。この症例の剖検における肺の病理組織検査では、リンパ管はもちろん、血管や気道の周囲を取り囲むように腫瘍性のリンパ球が認められた。

193 i. 心臓は、胸骨から明らかに偏位している。胸腔内の後葉背側に、肺血管陰影が認められない大きなX線透過性の領域が存在している。左右の後葉は、著しく虚脱している。

ii. はい。症例はCT撮影のため胸骨位で、図は気管分岐部の頭側近傍である。胸腔ドレーンチューブが、縦隔右側に接するように背側に認められる。右側胸腔には重度の気胸が存在し、右側肺葉の虚脱と心臓の左側偏位を引き起こしている。左側前葉と後葉の間の背側には、少量の胸腔内空気が存在している。空気により透過性の亢進した、気管と同じ直径の腔状構造（矢印）が、左側の肺葉気管支の腹側に、肺動脈幹の左側縁に隣接するように認められる。これは、表在性の大きなブラである。

iii. 自然気胸は、外傷や医原性の原因を伴わないで発生する閉鎖性気胸である。肺炎、膿瘍、腫瘍性、嚢胞性肺気腫、犬糸状虫症、ブラやブレブがこれまでに報告されている原因である。X線検査は、気胸を明確に診断できるが、気胸が存在するときにはブラやブレブの検出感度は乏しい。CT検査は、ブレブやブラの検出や、外科治療に先だってそれらの範囲の評価を、より感度良く実施できる。

設問194

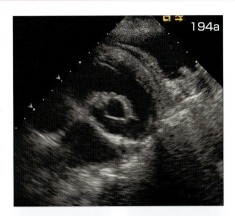

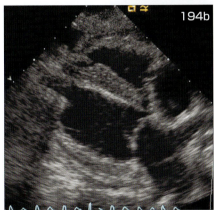

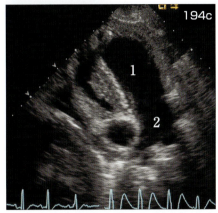

194 6歳、雄のラブラドール・レトリーバーが、数時間前からの元気消失、不適切な排便、虚弱を主訴として救急診療に来院した。症例は屋外を走っていたが、外傷や毒物曝露の情報は得られなかった。来院時、症例は元気が無く虚弱であった。可視粘膜色は冴えず、舌色はチアノーゼを呈していた。症例は浅速呼吸を呈しており、心拍数は140bpm、体温は37.8℃である。左側胸壁に、1つの小さな外傷が認められた。収縮期血圧は75mmHgで、静脈点滴と酸素吸入が実施された。心電図検査では、発作性心室頻拍が認められた。続いて実施した血液検査では、23%のPCV値、血小板減少症、低カリウム血症、高クレアチニン血症が認められた。血様の胸水貯留が検出された。心エコー図検査により、右傍胸骨短軸像（**194a**）と長軸像（**194b**）、および左心尖部四腔断面像（**194c**）が描出された。1：左心室、2：左心房。

i. 心エコー図検査所見を述べよ。
ii. どのような原因が考えられるか？
iii. この症例をどのように管理するか？

解答194

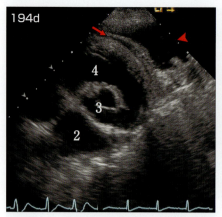 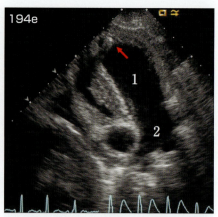

194 **i.** 胸水（**194d**：矢頭）と少量の心膜液貯留（**194d**：矢印）が認められるが、心房の大きさは正常である。著しく高輝度な点状エコーが左心室の心尖部に認められる（**194e**：矢印）。それは、心室腔内に突き出ているようで、音響陰影はその部位にまで認められる。1：左心室、2：左心房、3：大動脈、4：右心室。同期した心電図モニターでは、心室頻拍が認められている。

ii. 銃弾やその他金属製の弾丸が、可能性のある原因である（X線検査で証明できる）。軟部組織と金属（または空気）との音響インピーダンスの差は非常に大きいため、超音波エネルギーのほとんどは反射され、より深部の構造は見ることができない。剖検によって、穿孔性の心臓外傷が確認されることはまれである。なぜなら、ほとんどが制御不可能な出血、心機能不全、不整脈によって急死してしまうからである。この症例は、循環器に起因した臨床徴候を残すことなく回復した。

iii. 治療の最初の目的は、血圧の安定化、心室頻拍の制御、酸素化の改善（必要であれば、全血輸血、胸腔穿刺など）、代謝異常の改善、感染の制御である。

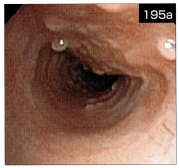
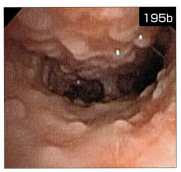

195 12歳、避妊雌のミニチュア・ピンシャーが、9カ月前より興奮や運動で悪化する発咳と喘鳴を主訴に来院している。現在、投薬は実施されておらず、検査中にも湿性の短い発咳を呈している。胸部X線検査では、肺野に異常は認められず、わずかに肥厚した気管支壁と軽度心拡大が観察された。全血球計算、血清生化学検査、そして尿検査に著変は認められなかった。気管支内視鏡検査が実施され、胸腔入り口（**195a**）と気管分岐部の頭側（**195b**）を示す。

i. 図に示されている異常は何か？
ii. その他に何の検査を実施すべきか？
iii. 診断は何か？
iv. この疾患の管理の原則は何か？

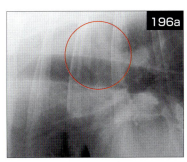
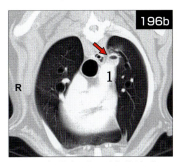

196 7歳、去勢雄の雑種犬、体重43.6kgが、自然気胸の外科治療の可能性を探るために紹介来院している。胸腔内の空気を抜去するために、複数回の胸腔ドレーンチューブが使用されている。来院時の胸部X線検査では気胸は認められず、左側方向像におけるわずかな病変（**196a**）以外の異常は認められなかった。この部分の詳細な評価のためCT検査が実施された（**196b**：造影剤注入後のCT横断図、**1**：大動脈）。

i. 196aのわずかな病変（赤丸部）は、何を示しているか？
ii. CT検査によってどんな情報が提供されるか？

解答195、196

195 i. 粘膜面に小さな結節が認められる。特にそれは気管分岐部の近傍において多く認められ、粘膜の浮腫や炎症を伴っている（**195b**）。垂れ下がっている背側の気管膜性壁は、気管虚脱を示唆する。

ii. 気道内の肉眼的な観察以外に、気管気管支粘膜の掻爬と気管支肺胞洗浄液を細胞診と細菌培養および感受性試験のため回収すべきである。

iii. 慢性気管支炎が疑われる。慢性気管支炎は、その他の原因疾患がなく、2カ月あるいはそれ以上連続してほとんど毎日起こる発咳として定義される。過剰な粘液産生、上皮の過形成、線維化、ポリープ状の粘膜増殖（この症例）を伴った気道炎症は、小気道の閉塞とともに発生する。感染、アレルギー、あるいは刺激物の吸入が、慢性気管支炎の誘発因子となる。合併症は、細菌性気管支炎や肺炎、気道の虚脱、肺高血圧症、気管支拡張症などがあげられる。この症例では、細胞診は激しい炎症（好中球と好酸球）が示されたが、感染した細菌は確認できなかった。しかし、細菌培養では*Pseudomonas*属と*Citrobacter*属が陽性となった。気管分岐部や主気管支内における結節性反応の原因として、一般的ではないが、寄生虫の*Oslerus osleri*感染があげられる。

iv. 刺激物やその他発咳要因の吸入の可能性を回避し、合併症に注意する。気管支拡張剤、糖質コルチコイド、鎮咳剤は、臨床徴候を制御するのに有用である。細菌感染を考慮した抗生剤療法は、理想的には培養検査や感受性試験に基づいて実施すべきである。生理食塩水の噴霧吸入や胸壁叩打療法は、分泌物の喀出を助ける。

196 i. 第4胸椎の腹側に、限局性に円形の透過性亢進が観察される。それは、気管分岐部の近傍で気管と一部重なっている。

ii. CT検査は、左前葉背側の臓側に1つの空胞性病変の存在を示している（**196b**）。ハウンスフィールド単位（HU）の平均値40は軟部組織や血液により典型的であるが、空胞内の卵形のガス陰影は腹側部分に液体の存在を示している。しかし、より高いHU値は、蛋白濃度の高い液体貯留と関連している。CT検査は、病変部が大動脈と近接していることも示している。この症例におけるCT検査の有用性は、手術計画に際してより十分な病変部位情報の提供である。外科的な剥離と摘出が成し遂げられたが、病変は大動脈の側面に癒着していた。病変部の細菌培養は陰性で、病理組織検査により炎症性病変と診断された。

設問197、198

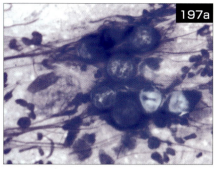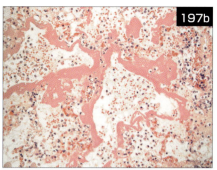

197 4歳、去勢雄のセント・バーナードが、アメリカ中西部より発咳と膿性鼻汁を主訴に来院している。症例は、2週間前に片側のぶどう膜炎の治療のために眼科専門医へ紹介され、そのときに汎眼球炎と診断されている。硝子体液の細胞診では、過去の出血が明らかであり、リケッチア感染症と仮診断されている。胸部X線検査は正常であった。症例は、確定診断の結果を待つ間、ドキシサイクリンとプレドニゾンが処方され、自宅での管理となった。

身体検査では、汎眼球炎、膿性鼻汁、努力性呼吸を伴う頻呼吸が認められる。また、症例は肺音が粗励で、湿性の発咳を呈している。胸部X線検査では、びまん性結節性間質パターンが、さらに腹側に分布する気管支パターンを伴って観察される。心血管構造は正常である。細胞診の材料として喀痰が採材された（**197a**：ライト染色、×100倍油浸）。積極的な治療にもかかわらず、重度の急性呼吸障害が発生し、症例は死亡した。剖検時に採取された肺切片の鏡検像を示す（**197b**：HE染色、×20倍）。

i. 197aには何が認められているか？
ii. 症例の急激な悪化と死亡の原因は何か？
iii. 197bに認められている組織学的な所見は、症例の臨床的な経過と一致しているか？

198 大きな気道内において空気の乱流によって生じる正常な呼吸音は、木の間を穏やかに通り抜ける風の音と類似している。異常な肺音とそれらに一般的に関連する様々な呼吸音を説明せよ。

解答197、198

197 i. 厚い壁をもつ好塩基性の円形構造（197c：矢印）は酵母菌で、形態的に*Blastomyces dermatitidis*と一致する。酵母菌の直径は約7〜15µmで、幅広い基部を有した発芽が認められる。

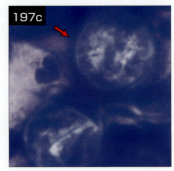

ii. この症例の進行性の呼吸器症状、肺におけるびまん性の間質浸潤、そして突然の重度呼吸困難は、急性呼吸窮迫症候群（ARDS）と一致し、この症例は二次的に肺の酵母菌（ブラストミセス）症に陥っている。ARDSは、びまん性の肺損傷、しばしば全身性の炎症反応によって誘発される突然の重度の呼吸困難を引き起こす臨床病理学的な状況である。ARDSは、細菌性肺炎、誤嚥性肺炎、敗血症などの様々な状況に関連する。人医療においてARDSは重症患者の一般的な合併症であり、予後は不良とされている。肺の酵母菌症に関連したARDSの予後も不良である。

iii. 肺切片は、ARDS滲出期の特徴的な病変を示している。Ⅰ型肺胞細胞の欠損や、ヒアリン膜形成に特徴づけられるびまん性の肺胞障害に注目すべきである。肺胞内には、細胞の残骸、赤血球、フィブリンが認められる。この症例に認められるように、これら病理組織学的な病変が広範に及んでいるならば、著しく呼吸を障害する重度な急性過程である。この症例の急速な臨床徴候の悪化は、これら所見と一致している。

198 呼吸音の分類ではいくつかの不一致が存在するが、異常な呼吸音の国際的な分類として、捻髪音、ラッセル音、喘鳴音が認識されている。

　捻髪音（Crackles：過去にはラ音として知られた）は、粒子の細かい、プチプチ、パチパチとした、持続しない非音楽様の音である。この音は、先に虚脱した小気道の急激な開放の結果として、たいてい吸気時に聞かれる。細かい捻髪音は、肺野の腹側でより一般的であるが、肺野の辺縁などその他の部位でも聞かれることがある。原因は、小気道の疾患や肺水腫などである。**ラッセル音**（Rhonchi：あるいは粗励な捻髪音）は捻髪音と似ているが、（むしろ辺縁部より）より大きな気道に関連している傾向がある。ラッセル音は、捻髪音よりもいわゆる「液状の」音を伴っており、たいていは大きい細気管支や気管支内を移動する分泌物が巻き込まれている（例えば慢性の気管支炎など）。**喘鳴音**（Wheezes）は、かん高い軋み音あるいは楽様音で、断続性の音である。すべての呼吸周期にわたって生じるかもしれないが、主に吸気時に聞こえる。喘鳴音は下部気道の狭窄、収縮、あるいは痙攣により起因した気管壁の振動に由来して生じる。喘息、うっ血性心不全、肺線維症そして肺炎に起因している。

設問199

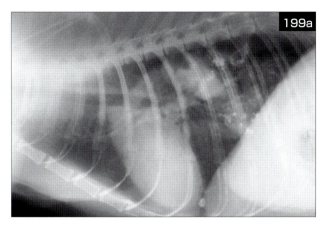

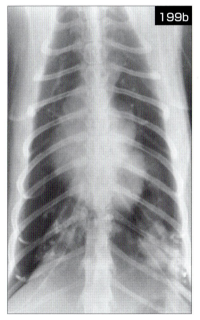

199 9歳、避妊雌の短毛種の猫が、発咳を主訴に来院した。発咳は、飼い主がアメリカ中西部に在住していたとき、8年前に迷い猫として保護されて以来認められている。猫は、保護してからは室内飼育のみである。最近、症例は間欠的に努力性呼吸を呈している。飼い主は、数年間にわたって時々プレドニゾンを投与していたが、最近は効果を示さない。胸部X線検査（**199a、b**）、気管洗浄、犬糸状虫検査、糞便検査（**199c**）が実施された。

i. X線検査像に認められる異常は何か？
ii. 糞便検査には、何が認められているか？
iii. 診断は何か？
iv. どのように治療するか？

解答199

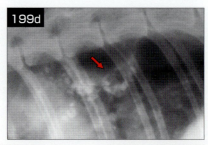

199 i. 後葉の背側領域において、多発性に軟部組織様の不透過性亢進が認められ、それらはさらに小さな石灰化領域を伴っている。いくつかの不透過性亢進部（**199d**：矢印）では嚢胞を形成しており、寄生虫性肺疾患、化膿巣あるいは肉芽腫が示唆される。

ii. ケリコット肺吸虫の虫卵（虫卵頂上の卵蓋に注目）。複数の虫卵が、糞便検査および気管洗浄液の細胞診において検出された。

iii. 慢性的な肺吸虫症。*Paragonimus kellicotti*は、北アメリカでよく認められ、その他の地域でも時々認められる肺吸虫である。ケリコット肺吸虫は、2つの中間宿主（カタツムリ、そしてザリガニまたはカニ）を必要とする。感染した中間宿主を終宿主が摂取すると、幼虫は肺に迷入する。成虫により産出された虫卵は、喀出されて飲み込まれ、糞便中に排出される。本症の診断は、糞便検査あるいは気道洗浄液中に虫卵を確認すること（沈殿法が最も検出率が良い）で行われる。成虫は数年間生存することができる。終宿主の肺の変化は、成虫周辺の肉芽腫性反応か、虫卵に対する全体的な炎症性反応である。臨床徴候は、アレルギー性気管支炎と類似している。嚢胞病変が破裂すると、自然気胸が発生する。臨床徴候を認めない動物もいる。*P. kellicotti*の感染は猫でより一般的であるが、犬やその他の動物種も罹患する可能性がある。

iv. フェンベンダゾール（50mg/kg、PO、4時間毎14日間）、あるいはプラジカンテル（23mg/kg、PO、8時間毎3日間）を投与する。

設問200、201

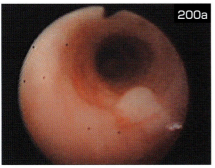
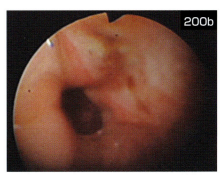

200 9.5歳、避妊雌のスタッフォードシャー・ブル・テリアが、2カ月以上前から悪化している慢性的な発咳を主訴に来院している。発咳は湿性であり、ゴボゴボという音も伴っている。発咳時には、吐き気およびけいれん性の腹部収縮も認められる。症例は、広域スペクトルの抗生剤を含む様々な薬剤によって治療されてきたが、著しい改善は認められなかった。昨日、症例は鮮血で淡く色づいた泡沫状の白い液体を吐き出した。

症例は活発で反応が良く、栄養状態も良好であった。身体検査には著変は認められなかった。発咳は、中程度の強さの気管触診により誘発されるが、慢性発咳とは異なる音が確認される。血液および血液生化学検査では著変は認められなかった。胸部X線検査では軽度の気管支パターンが認められたが、年齢相応と考えられた。腹部超音波検査に著変は認められなかった。気管支内視鏡検査の全身麻酔導入の間に、喉頭の構造と機能は正常と確認された。気管支内視鏡検査では、気管や主気管支内に少量の粘液が確認できるのみであった（**200a**）。気管支肺胞洗浄液は、細胞数も少なく、細胞学的な異常も認めず、培養検査では細菌の発育も認められなかった。

吐き気や嘔吐の病歴のため、上部消化管内視鏡検査も実施された。遠位食道の内視鏡像を示す（**200b**）。少量の木片が胃内に発見されたが、内視鏡下の鉗子によってほとんど取り除かれた。数カ所で実施した十二指腸と胃の生検では、組織病理学的に正常な胃腸粘膜であった。

i. 内視鏡像において認められる異常は何か？
ii. 発咳と吐き気の最も可能性の高い原因は何か？
iii. どのように治療するか？

201 アムロジピンとはどのような薬剤で、どのように処方されるか？

解答200、201

200 i. 遠位食道内における粘膜面の充血と潰瘍化を特徴とする中程度の炎症が認められる。

ii. 食道への逆流が、最も可能性のある発咳や吐き気の原因であり、人における胃食道逆流症に類似していると考えられた。発咳は、胃内容が下咽頭へ逆流して誤嚥され、喉頭の発咳受容体を刺激したときに発生しているのだろう。食道–気管支反射は、胃酸が遠位食道粘膜に逆流したときにも刺激される。確定診断には、侵襲的な長期間の食道内pHの監視が必要だが、食道粘膜のびらんを伴う病歴と臨床徴候は、胃食道逆流症を強く示唆する。

iii. 食餌または食べる頻度の改善、そして制酸剤による治療は、食道の逆流を最小化するのに有用で、関連した発咳を制御できる可能性がある。この症例は、スクラルファート、ラニチジン、および頻繁な少量の食餌（1日2回の大量の食餌から1日4～5回の少量の食餌）へ変更することで、順調に治療された。

201 アムロジピンベシル酸塩は、ジヒドロピリジン系のL型カルシウムチャネル遮断剤で、心臓に明らかな作用を示さず、血管拡張を起こす。アムロジピンは、慢性腎不全などに起因した高血圧症を呈している猫の第一選択薬である。アンギオテンシン変換酵素阻害剤に十分な反応を示さない高血圧症の犬に対しても、有効かもしれない。また、難治性のうっ血性心不全の犬に対し、さらなる後負荷減少を目的としても使用される。アムロジピンの投与は通常24時間毎であるが、必要に応じて12時間毎の投与も可能である。アムロジピンは、最大の効果を示すには数日間が必要であるため、最初は低用量で投薬を開始し、毎週、血圧監視しながら少しずつ用量を増加していくことが推奨される。

設問202

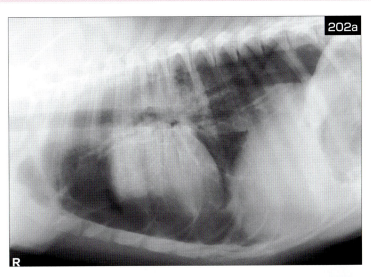

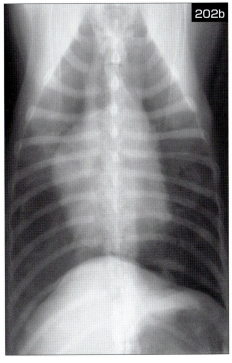

202 1歳、雌のチェサピーク・ベイ・レトリーバーが、農場の機械で事故に遭い来院した。症例は起立や歩行を嫌がり、左後肢に体重をかけていない。また、左側の胸部から腰部にかけて複数の刺傷が認められ、軽度の努力性呼吸を呈している。胸部外傷の評価のため、胸部X線右側方向像（**202a**）と腹背像（**202b**）が撮影された。

i. 重度の胸部外傷が生じたことを、どのような所見が示唆するか？
ii. 胸部X線検査所見に基づき、身体のどの部位により詳しい評価を行う必要があるか？

解答202

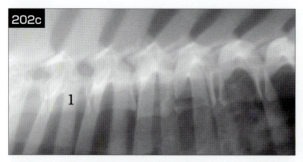
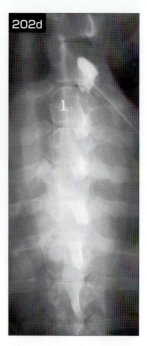

202 i. 心臓の背側辺縁、後大静脈そして横隔膜の背側と右側半分が明瞭であるため、肺野の完全な不透過性亢進としては中途半端である。肺野にはいくつかの細い胸膜ラインが観察される（両図共）。尾背側の胸腔では、気体と軟部組織の境界が明瞭に認められ、この境界と脊椎および横隔膜の左脚で囲まれた領域では、肺血管陰影が減少している。右中葉の背側領域では、間質から肺胞状の軽度の軟部組織不透過性亢進が認められる。胃軸は正常である。肋骨骨折も認められない。**202c**と**202d**において、第3胸椎に「1」という目印が付いている。第4〜5胸椎の椎間板腔において椎体の腹側縁にずれが認められ、第5胸椎が第4胸椎の約3mm腹側に位置している。第5胸椎の頭腹側縁は、第4〜5胸椎の椎間板腔と重複している。

所見の要約：軽度から中程度の胸水貯留（おそらく出血）、軽度の気胸、軽度の右側肺の不透過性亢進（肺挫傷の可能性）、およびおそらく第5胸椎の圧迫骨折（**202c, d**）。

ii. 第5胸椎の圧迫骨折が疑われているため、詳細な神経学的検査による評価が必要である。起立や歩行を嫌がるのは、外傷による全身的疼痛と関連する可能性があるものの、脊髄からの疼痛や神経学的障害の評価が求められる。神経学的検査の結果次第で、追加の画像診断（脊髄造影、CT、MRI検査など）が、脊椎と脊髄のさらなる評価のために必要となるかもしれない。

設問203、204

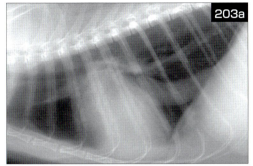
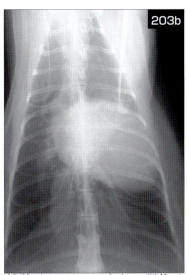

203 5歳、避妊雌の短毛種の猫が、疲れやすいと来院している。症例は中程度の運動により努力性呼吸を呈し、わずかに歯肉にチアノーゼが認められた。紹介元の獣医師は肥大型心筋症（HCM）を疑ってフロセミドを処方している。症例は機敏であったが、静かで落ち着いている。心拍数は200bpmであり、調律は時々不整である。呼吸数は30回/分であり、わずかに努力性を呈している。聴診では胸骨縁において小さな収縮期性心雑音が聴取される。肺音は正常である。可視粘膜色、CRT、および大腿動脈圧は正常である。胸部X線側方向像（**203a**）と背腹像（**203b**）が撮影された。

i. X線検査所見は何か？
ii. X線検査所見は、仮診断であるHCMを支持するか？
iii. この症例の評価は何か？
iv. フロセミドは継続して使用すべきか？

204 13歳、雄のミニチュア・シュナウザーが、運動や興奮に伴う虚脱を主訴に来院した。症例は、急にふらついて横たわるか倒れ込んだ後、1〜2分で正常に復帰する。機敏で、全身状態は良好である。調律は不整だが、正常な心拍数が聴取される。心電図検査が実施された（**204**：第Ⅰ、Ⅱ、Ⅲ誘導、25mm/秒、1cm＝1mV）。

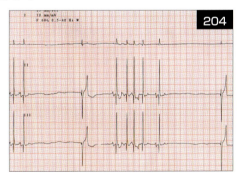

i. 心電図の異常所見を述べよ。
ii. このような異常が関与している症候群の名称は何か？
iii. どのように管理すべきか？

解答203、204

203 i. 全体的な心拡大（VHS 9.4v）と後大静脈（CaVC）の重度拡張が、最も特徴的な所見である。通常、CaVCの直径は胸部の下行大動脈の直径と同程度である。持続的なCaVCの拡張は、右心不全、心タンポナーデ、心膜収縮、またはその他右室流入障害による全身静脈圧の上昇を示唆する。肺実質と血管に著変は認められない。

ii. 全体的な心拡大が認められているが、うっ血性心不全徴候（通常肺水腫あるいは胸水を伴った肺静脈血のうっ滞）の認められない著しいCaVCの拡張は、肥大型心筋症においては非典型的である。

iii. 運動に伴うチアノーゼの出現は、重篤な低酸素血症が示唆されるため、赤血球増多症が認められるかもしれない。異常な心臓血管所見と正常な肺外観は、血液の右-左短絡を起こす以前に診断されなかった先天性心臓疾患と一致する。心雑音の発生部位は、肺高血圧症を伴った心室中隔欠損症か、ファロー四徴症が示唆される。心エコー図検査、心電図検査、およびヘマトクリット値の測定が、次に推奨される。この症例では、心室中隔の大きな欠損孔、著しい肺高血圧、および散発する心室期外収縮が確認された。

iv. いいえ。肺水腫あるいは胸水貯留が認められなければ、フロセミドは有用ではなく、脱水を引き起こすかもしれない。もし症例が赤血球増多症であるならば、フロセミドは組織灌流をさらに悪化させるだろう。

204 i. 2拍の正常波形に続いて長い洞停止が出現し、心室補充収縮の出現によって中断している。その後、1拍の正常波形に続いて、3拍の上室期外収縮（P'波が認められない、しかし先行するT波に紛れたかもしれない）が突然出現し、もう1拍の正常波形に終わっている。洞停止が再び出現し、再び心室補充収縮の出現によって中断している。

ii. しばしば間欠的な頻脈を伴った洞停止は、洞不全症候群（時に徐脈-頻脈症候群と呼ばれる）に典型的である。病的な洞結節は、洞刺激を不適当に停止させる。洞停止への反応によって交感神経緊張が促されると、爆発的な頻脈が誘発されるかもしれない。頻脈は、病的な洞結節のオーバードライブ抑制やさらなる洞停止を引き起こすかもしれない。

iii. 最も一般的な失神の原因である徐脈の間に生じる虚脱症状を最小限にすべく、経口の抗コリン作用薬、β_2-アドレナリン作動薬やメチルキサンチン誘導体の気管支拡張剤にを用いて管理される。しかし、これは頻脈を悪化させる可能性がある。内科治療に対して過剰な反応が生じると、しばしば短命に終わる。病態が進行した徴候性の洞不全症候群では、たいてい恒久的なペースメーカ植込みが必要となる。時々、発作性頻脈も失神徴候を引き起こす。ペースメーカ治療によって徐脈が制御されたときだけ、頻脈性不整脈に対する抗不整脈療法が実施される。

205 5歳、雄のイングリッシュ・ブルドッグが、徐々に増大する腹囲膨満、虚弱、運動不耐性を呈している。身体検査では、腹水貯留、拍動を伴う頸静脈怒張、左側心基底部の大きな心雑音が認められた。その他の検査の後、全身麻酔下にて心臓カテーテル検査が実施された。右心房（**205a**）と、肺動脈から右心室へカテーテル先端を移動させたとき（**205b**）に記録した心電図と心臓内圧を示す。血圧の数値は、図左に記載されている。

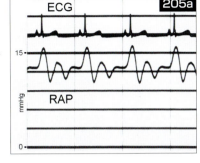

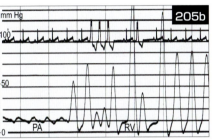

i. **205a**では、どのような情報が明らかとなっているか？
ii. **205b**で記録されているのは何か？
iii. 診断は何か？
iv. この症例の犬種を考慮し、診断以外に追加して検討すべきことはあるか？

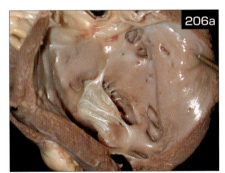

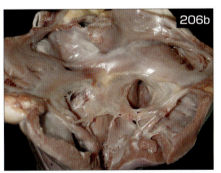

206 8週齢、ラブラドール・レトリーバーの子犬が、腹囲膨満（腹水貯留）、食欲不振、発育不良を主訴に来院した。ブリーダーより、安楽死と剖検が要請された。肺動脈弁を上にして右心室を切開した図（**206a**）と右心房を切開して上から三尖弁、その下に右心室が見える図（**206b**）。

i. 異常所見を述べよ。
ii. 診断は何か？
iii. この疾患は、臨床所見を説明するに十分であるか？

205 i. 右心房圧は上昇しており（推定平均圧は〜12mmHg）、うっ血性右心不全と一致する。心房収縮に起因したa波（**205c**）は高値を示し、右心室の肥大と心室壁の硬化が示唆される。

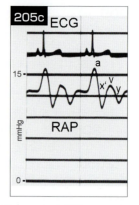

ii. 肺動脈圧は正常である（**205b左**）。カテーテルの先端を右心室内へ進めると、収縮期圧較差は明らかとなり、心室期外収縮（VPCs）が発生している。VPCsによる右心室収縮期圧は、低値であることに注目すべきである。3発のVPCsの後に洞調律が認められているが、著しく高い右心室収縮期圧を示している（「期外収縮後増強」）。これはその後の単発VPCの後にも認められている。その後、右心室収縮期圧は安定し、収縮期右心室-肺動脈圧較差は約60mmHgを示している。無麻酔下の動物においてドプラ法で求めた収縮期圧較差は、心臓カテーテル法により求めた数値に比較して、通常40〜50%程高値を示す。

iii. うっ血性心不全を伴った、重度の肺動脈弁狭窄症。

iv. 少数のイングリッシュ・ブルドッグ（そしてボクサー）において、異常な単一右冠状動脈が認められ、右冠尖より生じた左主冠状動脈が肺動脈周囲を走行することで狭窄を生じることがある。この冠状血管の破裂による死亡リスクのため、バルーン弁口形成術や緩和的な外科手術は一般に不適応である。

206 i. 三尖弁構造の奇形が認められる。壁側尖は、幅広く異常な形状の乳頭筋に直接付着している（**206a**）。弁尖の大きな穿孔、2つの弁尖の異常な腱索や乳頭筋構造も認められる（**206b**）。右心房と右心室は共に拡張している。

ii. 先天性三尖弁異形成。三尖弁やその支持組織の奇形は、僧帽弁異形成と同様に認められる。三尖弁異形成は大型犬種において最も頻繁に診断され、ラブラドール・レトリーバーでは、遺伝性疾患であることが示されている。弁の閉鎖不全が最も一般的な結果として生じるが、狭窄や、弁尖の腹側への（エプスタイン奇形のような）異常な偏位を生じることもある。上室頻脈性不整脈が一般的に認められる。三尖弁逆流は、進行性の右心房と右心室の拡張を引き起こす。

iii. はい。重度の三尖弁異形成は、うっ血性右心不全を引き起こす。最初、動物は無徴候であるが、次第に疲れやすく、腹水貯留や胸水貯留、食欲不振、心臓悪液質にしばしば進行する。身体検査では、三尖弁逆流による心雑音（すべての症例ではない）、頸静脈拍動が認められる。頸静脈怒張、心音や肺音の消失、腹部の液体波動感はうっ血性心不全と共に発現する。

設問207

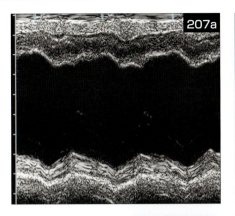
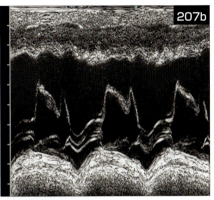
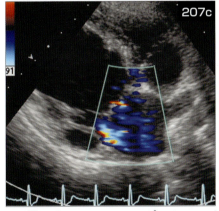

207 8歳、体重29kg、雌のドーベルマン・ピンシャーが、心臓のスクリーニング検査のために来院した。症例の調子は良好である。胸壁の皮下に2つの脂肪腫が認められる以外に、身体検査に著変は認められない。心エコー図検査で、左心室Mモード像（**207a**）、僧帽弁Mモード像（**207b**）、および収縮期の右傍胸骨長軸像（**207c**）が実施された。

i. 心エコー図検査所見は何か？
ii. 診断は何か？
iii. どのように治療するか？

解答207

207 i. Mモード法における計測値は以下の通りである。

	拡張期（cm）	収縮期（cm）
右心室壁	0.4	0.9
右心室内腔	0.2	0.2
心室中隔	0.9	1.2
左心室内腔	5.7	4.5
左心室壁	0.9	1.1

　左室内径短縮率は21％で、僧帽弁E点心室中隔間距離（EPSS）は1.2 cmである（**207b**）。左心室壁と心室中隔の収縮は同期していない。左心室と左心房の拡張と、軽度の僧帽弁逆流が観察される。

ii. 拡張期左室内径が4.6 cm以上（42 kg以下のドーベルマン・ピンシャー）、収縮期左室内径が3.8 cm以上、左室内径短縮率が25％未満、EPSSが8 mm以上であることから、潜在性（臨床徴候を出現する以前）の拡張型心筋症である。ドーベルマン・ピンシャーの潜在性拡張型心筋症では、心室頻脈性不整脈も一般的に認められ、不整脈の頻度は左心室機能の低下と共に増加する。24時間ホルター心電図検査は、ドーベルマン・ピンシャー（とボクサー）の心筋症をスクリーニングするもう一つの検査である。1日に50発以上の心室期外収縮（VPCs）を認めるドーベルマン・ピンシャーや、その他の二段脈や三段脈を呈しているドーベルマン・ピンシャーは、拡張型心筋症に進行しやすい。個々の犬において、ホルター心電図検査毎のVPCsの発生数の変動は大きいかもしれない。

iii. 潜在期の拡張型心筋症では、左心室機能の低下に応じてアンギオテンシン変換酵素阻害剤と、時にピモベンダンを用いた治療が開始される。長期的な低用量β-遮断剤（例えばカルベジロールやメトプロロール）による治療は、使用に耐えうるならばおそらく有効である。経口のL-カルニチン補給（例えば試験的に3〜6カ月間）が何例かのドーベルマン・ピンシャーに有効かもしれない。

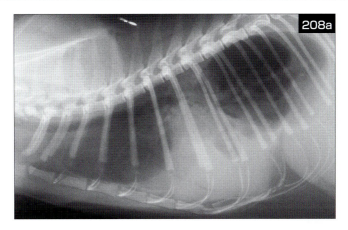

208 5歳、避妊雌の短毛種の猫が、この数週間で悪化している努力性呼吸の再評価のために来院した。この症例は、2年前にうっ血性心不全（肺水腫）を伴う肥大型心筋症（HCM）と診断しており、フロセミド、ベナゼプリル、低用量アスピリンを用いた治療に良好に反応していた。しかし、経過観察に1年以上も来院していなかった。猫は機敏であるが、呼吸数は40回/分で、呼気吸気共に努力性を呈している。可視粘膜はピンク色を呈しており、脈圧は両側共に正常、心拍数は200bpmで正常である。軽度の頸静脈怒張が認められる。軽度の収縮期性心雑音が左側の胸骨縁で聴取され、肺音は聴取できない。胸部X線検査で側方向像（**208a**）と背腹像（**208b**）が撮影された。

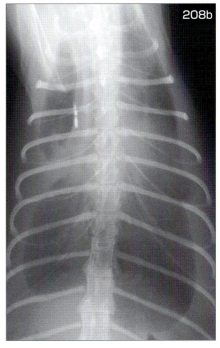

i. X線検査所見を述べよ。
ii. 次なる検査は何を実施すべきか？
iii. この症例の治療をどのように変更すべきか？

解答208

208 i. 大量の胸水貯留が認められる。肺葉辺縁の鈍化が認められることから、慢性的な胸水貯留であると示唆される。心陰影は消失しているが、気管挙上が認められるため心拡大が示唆される。肺血管陰影は不明瞭である。マイクロチップが背部皮下組織に認められる。この症例では、両側性の心不全を伴った進行性の心疾患が疑わしい。前胸部の肺葉は良好に拡張しているため、縦隔腫瘤の可能性は少ない。

ii. 肺葉の拡張を改善し、胸水分析の材料を採取するために、胸腔穿刺が適応である。うっ血性心不全であれば変性漏出液であることが予想されるが、猫では心不全の進行に伴って、しばしば乳びの貯留をみることがある。心エコー図検査は、さらなる心疾患の鑑別を可能とする。拘束型心筋症（RCM）は、肥大型心筋症に由来する心筋不全や心筋梗塞の終末像として出現するかもしれない（本例はそうである）。RCMは、異常な心室の硬さ、心室充満の制限そして著しい左心房の拡大によって特徴づけられ、右心の拡張や右心不全、不整脈、心臓内の血栓形成、収縮機能の低下なども同様にしばしば認められる。血液検査、血液生化学検査、血圧測定、心電図検査を実施することで、最初のデータベースが完成する。

iii. 進行した両心不全の猫の治療の強化は、フロセミドの投与量と投与回数の増加である。さらにピモベンダンやスピロノラクトンを追加、ベナゼプリルを12時間毎投与へ増量、アスピリンあるいはクロピドグレルを継続投与、必要に応じて胸腔穿刺を繰り返し実施する。腎機能と電解質は慎重に監視する。

設問209

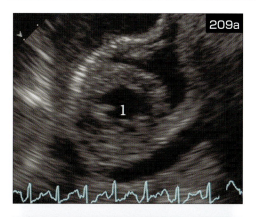

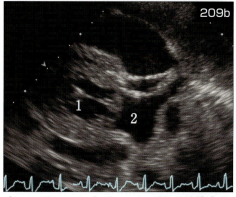

209 10歳、雄のゴールデン・レトリーバーが、再発する心タンポナーデの症状で来院している。最初の症状は、6カ月前に出現した（**144**参照）。このときおよび2カ月後の心タンポナーデ再発時において、腫瘍性疾患の診断には至らなかった。その後、心膜液の完全な抜去のためにバルーンカテーテルによる心膜切開術が実施され、症例は最近まで無症状で経過していた。現在、胸部X線検査では胸水貯留が認められる。全血球計算および血液生化学検査では、うっ血肝による軽度の肝酵素値の上昇以外に著変は認められない。再び心エコー図検査が実施され、右傍胸骨短軸像（**209a**）と長軸像（**209b**）が描出された。1：左心室、2：左心房

i. 心エコー図検査所見は何か？
ii. それは、どのようにして発生したか？
iii. この症例をどのように管理すべきか？

解答209

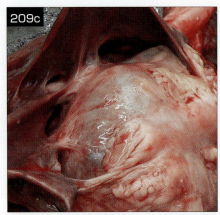

209 i. 右心房と右心室の虚脱（**209b**）により、心膜液貯留と心タンポナーデの再発が確認できる。右心室壁が心膜に癒着しており、右心室腔は変形している（**209a**）。明らかな腫瘤病変は確認できない。

ii. この老犬は、心膜の炎症と瘢痕化を伴う悪性中皮腫が最も疑わしい。心膜切開術の際の心外膜損傷に対する心膜癒着を伴った過度の炎症反応は、別の疾患の可能性がある。

iii. 心膜腔穿刺は心タンポナーデを改善させるが、再発の可能性が高い。開胸下あるいは胸腔鏡下心膜切除術は、タンポナーデを予防して心膜生検を可能とする。しかし、その後も中皮腫による持続的な胸水貯留が予想される。この症例は急性の呼吸困難に陥り、手術を実施する前に死亡した。剖検により心膜（**209c**）と胸膜の中皮腫（局所の瘢痕組織反応を伴う）、および肺血管に塞栓する大きな血栓が確認された。

　中皮腫は、診断が困難である。腫瘍細胞は、腫瘍塊を形成することなく膜表面に沿うように、しばしばびまん性に発育する。反応性中皮細胞は、細胞学的に腫瘍細胞と類似する。生検組織であっても、確定診断のためには免疫組織化学染色が必要かもしれない。中皮腫の予後は不良であり、ドキソルビシンや胸腔内へのシスプラチン投与で生存期間を延長できるかもしれない。

210 アメリカ中部で飼育されている雄の成犬が、最近になって、虚弱、腹囲膨満、浅速呼吸、食欲不振を示している。症例の可視粘膜は蒼白で、大腿動脈圧は低下しており、頸静脈は拍動を伴って怒張している。平常時の心拍数は180bpmであり、右側心尖部を最大とする収縮期性心雑音が聴取される。呼吸は速く、顕著な呼吸音を伴っている。心エコー図検査による、2D像の右傍胸骨短軸像心室レベルの拡張期像を示す（**210**）。1：右心室、2：左心室。

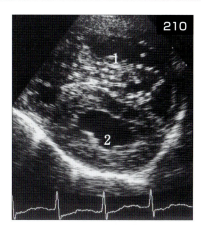

i. 心エコー図検査所見を述べよ。
ii. どのような治療が推奨されるか？
iii. どのような継続治療が推奨されるか？

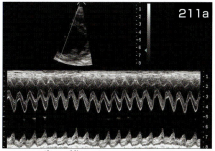 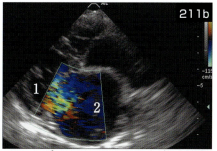

211 8歳、雄のキャバリア・キング・チャールズ・スパニエルが、うっ血性心不全の治療のために、フロセミド、ベナゼプリル、ピモベンダンおよびスピロノラクトンを内服している。本症の最初の診断は1年前で、うっ血に関する臨床徴候は制御されており、発咳も認められていなかった。最近、運動時と興奮時に数回の虚脱症状が出現した。

症例は、活発で周囲への反応も良好であり、呼吸数（25回/分）と呼吸様式は正常であった。左側心尖部を最大とするグレード3/6の収縮期性心雑音が聴取され、右側心尖部でも聴取された。収縮期血圧は130mmHgである。心エコー図検査の左室短軸心室レベルMモード像（**211a**）と長軸像の収縮期カラードプラ像（**211b**）を示す。連続波ドプラ法では三尖弁逆流（TR）が、4.6m/秒の最高速度を示している。1：左心室、2：左心房。

i. 心エコー図検査の主な異常所見は何か？
ii. 連続波ドプラ法の所見は、どのように解釈されるか？
iii. この症例に認められた虚脱において、可能性のある原因は何か？

解答210、211

210 i. 心室中隔の扁平化は、左心室に比較して右心室の拡張期圧が高いことを示している。また、右心室壁は左心室壁とほぼ同程度に肥厚しており、同様に慢性的な右心室の収縮期圧負荷を示している。明瞭な平行線状のエコー像が右心室内に多数認められるが、これらは三尖弁構造に纏絡した犬糸状虫である。この症例は大静脈症候群である。本症は多数の犬糸状虫虫体の塊が、心臓への静脈還流を障害することで発生する。

ii. 犬糸状虫虫体は、早期に心臓より摘出すべきである。局所麻酔や軽度の鎮静下において、アリゲーター鉗子、内視鏡用バスケットカテーテル、およびその他の器具が、右側頸静脈切開術によって虫体を把持して摘出するのによく用いられる。これらの用具は、頸静脈から右心房へX線透視下に慎重に挿入され、可能な限り多くの虫体を摘出することができる。治療を実施しなければ、ほとんどの犬は1～3日以内に代謝性アシドーシス、播種性血管内凝固、貧血および多臓器不全を伴う心原性ショックにより死亡する。支持療法は、静脈補液およびその他の治療が個々の症例の必要に応じて実施される。

iii. 急性の大静脈症候群から回復した犬は、状態が安定した後に、毎月の犬糸状虫予防薬を投与する。残存した成虫の除去を目的とした成虫駆除剤の投与は、2～3週間後に実施することができる。

211 i. 左心室の動きは亢進（左室内径短縮率46％：**211a**）している。これは、進行した僧帽弁閉鎖不全症（MR）の典型像であり、収縮機能は良好に維持されている（後負荷減少を伴う左室前負荷の増大）。顕著なMRが認められる（**211b**）。左心房と左心室は拡張し、慢性MRの所見として矛盾がない。（粘液腫様）変性性僧帽弁疾患に典型的な僧帽弁弁尖の肥厚が二次元断面像において認められる。

ii. 三尖弁逆流速度の最高値（4.6m/秒）は、ベルヌーイの式（$P=4 \times V^2$）より、三尖弁を介した収縮期圧較差が84.6mmHgであることを示す。これは、右心房圧が正常（～5mmHg）ならば、右心室収縮期圧が89.6 mmHgであることを示す。これは（右室流出路障害がなければ）肺動脈の収縮期圧をも表すため、重度の肺高血圧症（正常な肺動脈収縮期圧は25 mmHg以下）が合併していることを示唆する。通常、この症例で認められた程度よりも緩徐であるが、慢性のMRと肺静脈高血圧症はしばしば二次的な肺動脈高血圧症を増悪させる。

iii. 肺高血圧症は、肺血流を障害することにより運動不耐性や虚脱を引き起こす。また虚脱は、発作性頻脈性不整脈（通常は心房性）あるいは神経心臓反射（例えば血管迷走神経失神）による不適当な徐脈に由来するかもしれない。

設問212、213

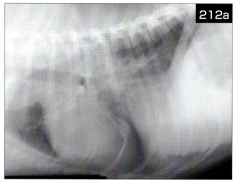
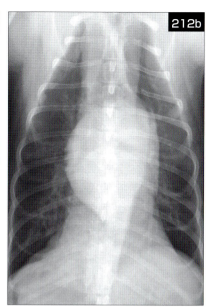

212 6歳、避妊雌のラサ・アプソが、夜になると悪化する発咳を主訴に来院した。身体検査では軽度の努力性呼吸、散発性の発咳が認められるが、胸部聴診所見は正常である。胸部X線検査により右側方向像（**212a**）と背腹像（**212b**）を撮影した。

i. 主な病変は何処に認められるか？
ii. 病変の鑑別診断は何か？

213 8歳、避妊雌の短毛種の猫が、1週間続く食欲不振を主訴に来院した。胸部X線検査では、縦隔に腫瘤が認められる。CTガイド下の生検において腫瘤は胸腺腫と診断され、胸骨正中切開による外科的摘出術が実施された。術中写真を**213**に示す。頭側は図の左下である。

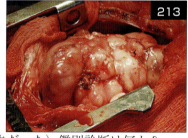

i. この腫瘍の（胸腺腫という確定診断に先だった）鑑別診断は何か？
ii. 猫の胸腺腫において一般的に認められる臨床徴候は何か？
iii. 胸腺腫では、どのような腫瘍随伴症候群が認められるか？
iv. 胸腺腫の外科的切除を実施した猫と犬において、最も一貫した長期生存の予後因子は何か？
v. 外科的切除が不可能な胸腺腫の猫と犬において、どのような治療法が実施可能であるか。またそれらは1～2年に達する生存期間を提供できるか？

解答212、213

212 i. 心臓と横隔膜の間に、均一な軟部組織様の不透過性構造が認められる。その軟部組織様構造によって、後大静脈、心臓中央から尾側部、および横隔膜の中央部が不明瞭となっている。これは、副葉の病変、横隔膜あるいは尾側縦隔の後大静脈ヒダから発生している病変と示唆される。また、主気管支の中程度の拡大も認められ、背腹像で最もよく観察される。

ii. X線検査所見は、非特異的である。一般的な鑑別診断である感染（細菌性か真菌性）病変および腫瘍性病変はいずれも同様に可能性があり、どちらも二次的な気管気管支リンパ節の腫大を引き起こす。肝臓および胃の位置は正常であるため、横隔膜ヘルニアの可能性は考えにくい。エコー検査とCT検査によるさらなる評価は病変の原発臓器を特定し、外科的以外の生検経路を明らかにできる可能性がある。外科的な生検により、この症例は未分化肉腫と診断された。

213 i. 猫における縦隔胸腺腫の主な鑑別診断は、リンパ腫である。推奨される治療がリンパ腫では化学療法、胸腺腫では外科的摘出術と異なることから、低侵襲な方法によるこれら2つの腫瘍の鑑別診断は重要である。

ii. 胸腺腫の猫において最も一般的な臨床徴候は、呼吸困難である。発咳、食欲不振、元気消失、嘔吐および吐出が、その他に報告されている臨床徴候である。

iii. 動物と人において報告されている胸腺腫に関係した腫瘍随伴症候群は、重症筋無力症、巨大食道症、高カルシウム血症、多発性筋炎、剥脱性皮膚炎、前大静脈症候群、非胸腺腫瘍、血球減少症、糸球体腎炎、全身性エリテマトーデス、関節リウマチ、甲状腺炎そして不整脈などがあげられる。

iv. これら症例では、腫瘤を構成するリンパ球の割合が最も一貫した予後因子である。リンパ球を豊富に含んだ胸腺腫の猫と犬は、リンパ球の割合が少ない胸腺腫の動物よりも長期生存する。腫瘍の浸潤性は、予後に関連するもう1つの要因である。浸潤性の強い胸腺腫の猫と犬は、手術直後に死亡する割合が高い。しかし、動物が外科手術から回復したならば、1～2年間は生存する可能性が高い。

v. 胸腺腫の外科的切除が不可能である場合、放射線療法が実施されることがある。猫や犬の胸腺腫において、放射線療法による完全寛解はまれであるが、長期生存させることができるかもしれない。

設問214、215

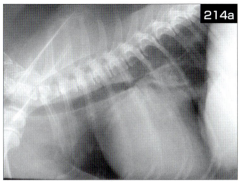
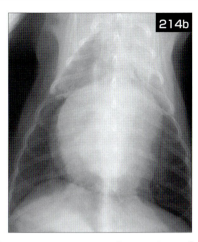

214 老齢、避妊雌のテリア系雑種が、しつこい発咳を主訴に来院した。数カ月前にも発咳を主訴に来院しており、慢性僧帽弁疾患および軽度の肺水腫と診断されている。フロセミド、エナラプリルおよびピモベンダンが処方され、発咳は改善している。症例は、最近までは良好に経過していた。胸部X線側方向像（**214a**）と背腹像（**214b**）が撮影された。

i. この症例において、どのような病歴聴取や身体検査の追加が有用か？
ii. X線検査所見はどのようなものか？
iii. この症例をどのように管理するか？

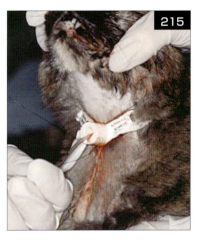

215 6歳、避妊雌の短毛種の猫が、咽頭部の腫瘤、体重減少に対して評価され、舌麻痺が疑われた。あらゆる口腔内検査、腫瘤生検（後に扁平上皮癌と診断）の全身麻酔の際に、一時的な気管切開チューブ装着が実施された（**215**）。飼い主は放射線療法と化学療法を伴う外科的切除を断わり、安楽死させるまで家でチューブを一時的に維持することを選択した。

i. 気管切開チューブ装着の主な適応は何か？
ii. 一時的な気管切開チューブ装着が適応となる、いくつかの状況をあげよ。
iii. 気管切開チューブ装着術は、どのように実施するか？
iv. 気管切開チューブ装着時の管理において、2つの重要事項は何か？

解答214、215

214 i. この症例の発咳は、再発する肺水腫あるいはその他原因（例えば気道の虚脱や圧迫、細気道の炎症性疾患、肺実質の疾患）から生じているか？ 代償不全の心不全に最も関連しそうな所見は、運動耐性の低下、安静時呼吸数の増加、洞性不整脈ではない最小限の心拍数の増加、軽度の湿性発咳（乾性、ガーガー音よりも）、食欲減退などである。この症例では、安静時呼吸数、運動耐性、および食欲には変化は認められず、乾性の発咳が観察された。

ii. 左側気管支を圧迫する原因となる重度の左心房拡大（二重線の心尖部：**214b**）を伴った、全体的な心臓拡大（VHS ～12v）が認められる。肺水腫は明確ではない。

iii. 現状では、利尿剤の増量は必要はない。この症例は、僧帽弁逆流血流および左心房拡大を悪化させる全身性の高血圧症を精査すべきである。治療は、エナラプリル（12時間毎）の投薬を計画する。もし許容するのであれば、さらに心拍出量を増加させるため、アムロジピンまたはヒドララジンを慎重に追加する。低血圧症を避けるために血圧を監視する。鎮咳剤は、過度の機械的な刺激性の咳を制御するのに有用である。将来的な心不全の代償不全のため、経過観察が重要である。もし、末梢気道疾患の合併が疑われるならば、気道洗浄液を用いた細胞診と細菌培養よる確認が推奨される。もし実施できないならば、抗生剤、気管支拡張剤および抗炎症性糖質コルチコイドを用いた治療が試みられる。

215 i. 一時的な気管切開チューブ装着の主な適応は、生命を脅かす上部気道狭窄を解除することである。

ii. 一時的な気管切開術は、中咽頭/喉頭の外傷、異物や腫瘍、および喉頭麻痺において必要とされる。また気管切開チューブ装着術は、咳反射が邪魔である際に下部気道分泌の除去を促進させ、経口気管内挿管が実際的でない場合に用手あるいは人工換気を可能とし、頭蓋内圧の亢進した症例の気道抵抗を減少させ、口腔内の外科手術中の吸入麻酔を許容するために使用することができる。

iii. 気管内挿管による全身麻酔の後、主な手術行程は以下のように行う。頸部腹側をわずかに正中切開し、胸骨舌骨筋を分離後、気管周囲の50%未満で気管を切開する。その後、切開部の頭側と尾側の気管輪周囲に長い縫合によって支持縫合を施し、気管内チューブを抜去して気管切開チューブを装着する。そして、臍帯テープを頸部の背側で結びチューブを固定する。

iv. 重要な事項は、装着したチューブの閉塞と感染の2つである。定期的な監視、頻回の吸引、および生理食塩水の滴下による気管内腔の周期的な加湿は、チューブの閉塞を防ぐのに役立つ。操作中には、細菌混入を減少させるため滅菌された衛生的な備品や手袋を使用する。

設問216、217

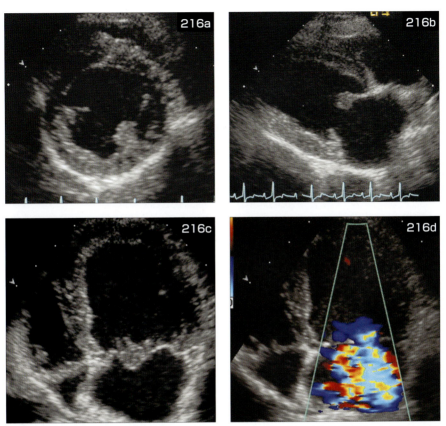

216 15歳、避妊雌のミニチュア・シュナウザーが、呼吸数増加と努力性呼吸を呈している。就寝時に認められた症状であったが、今では朝に軽度発咳も認められ、散歩を嫌がっている。心拍数は150 bpm、呼吸数は50回/分である。左側心尖部において、グレード4/6の収縮期性心雑音が聴取される。捻髪音は伴わないが、呼吸音は増大している。その他の検査に著変は認められない。胸部X線検査では、左心房突出と軽度の肺門部間質浸潤を伴った中程度の心拡大が確認される。心エコー図検査が実施された。拡張期の右傍胸骨短軸像（216a）、長軸像（216b）および収縮期心尖部四腔断面像（216c、d）を示す。

i. 心エコー所見を述べよ。
ii. 診断は何か？
iii. この症例をどのように治療するか？

217 アミオダロンとはどのようなときに処方される薬剤か？

解答216、217

216 i. 肥厚して瘤状を呈した僧帽弁と共に、拡大した左心房と左心室が認められる。カラードプラ像では著しい僧帽弁逆流（MR：216d）が示されている。右心房、右心室は正常な大きさにみえるが、三尖弁は同様に肥厚している。

ii. うっ血性左心不全を伴う、進行した変性性僧帽弁疾患（ステージC）。

iii. うっ血性心不全（CHF）徴候を制御するのに必要なだけのフロセミドが使用される（この症例は、初回に1～2mg/kg, 12時間毎）。今日では、ピモベンダンも使用される。ピモベンダンが有する陽性変力作用と血管拡張作用が、心臓ポンプ機能を改善させる。控えめな利尿作用と血管拡張作用を示す程度だが、アンギオテンシン変換酵素阻害剤（ACEI）も推奨される。ACEIsは、穏やかに神経ホルモンの反応を亢進させる。エナラプリルやベナゼプリルは最も一般的に使用されるACEIsである。ベナゼプリルの腎排泄への依存性の低さは、腎疾患が合併している際にはより有利である。運動は、代償不全を呈したCHFでは推奨されない。適度な減塩食が推奨される。CHF徴候が改善した後は、長期療法のためにフロセミドは最低有効量（そして最長の投与間隔）に徐々に減量される。自宅における安静時呼吸数の監視は、利尿剤の減量の指針に役立つ。ピモベンダン、ACEIによる治療は継続される。規則的な軽度から中程度の運動は、慢性心不全の症例の生活の質を改善することがある。低用量のβ-遮断剤による治療は、長期的には有用かもしれない。

217 アミオダロン塩酸塩は、犬の難治性の頻脈性不整脈に（心房源性と心室源性の両方に）使用される「広範囲」の抗不整脈剤である。アミオダロンはヨウ素化合物であり、K^+チャネルに（Na^+やCa^{2+}チャネルにも）作用し、$α_1$やβ-遮断作用に競合しない性状を有する。クラスⅢの抗不整脈薬に分類されるアミオダロンは、心房と心室組織の両方における活動電位持続時間と不応状態を延長させる。このことは、突然死のリスクを減じるかもしれない。アミオダロンの複雑な薬物動態は、作用出現の遅延、定常状態までの長期化、活性代謝産物の組織内蓄積に特徴づけられる。長期投与において可能性のある副作用は多く、特に食欲減退、胃腸障害、肺線維症に至る肺炎、肝障害、甲状腺機能障害、血小板減少症などがあげられる。特に静脈内投与により使用すると（低血圧も引き起こされて）、まれに過敏反応（急性の血管浮腫を伴う）や振戦が出現する。

設問218

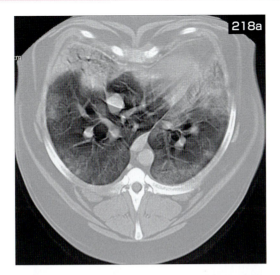

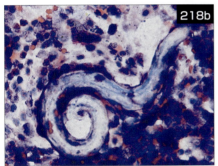
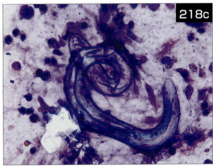

218 162に記載された犬に、追加検査が実施された。血液塗抹像では、軽度の貧血、軽度の好中球増多症と単球増多症が認められた。血清生化学検査は正常だが、血液凝固検査ではプロトロンビン時間と活性化部分トロンボプラスチン時間が中程度に延長していた。胸部CT検査像（**218a**：胸部尾側における典型的な断面像、犬の背部は図の下側）と気管支内視鏡検査が実施された。気道内の観察では、太い気道内における小範囲点状出血と、気管支内の粘液貯留が認められた。気管支肺胞洗浄液の細胞診では、多量の炎症性細胞、特にヘモジデリン色素を含むマクロファージ、好中球が観察された。そして少数の好酸球と寄生幼虫（**218b、c**）が認められた。

i. CT検査像において、どのような異常が認められるか？
ii. 診断は何か？
iii. この疾患に対して、実施可能な治療の選択肢は何か？

解答218

218 i. 肺胞領域は、肺葉の周辺部と気管周囲に浸潤像が認められる。可能性のある原因は多いが、これはびまん性肺炎を示唆する。

ii. 小さな幼虫の存在は、野生あるいは飼育下のイヌ科動物の肺動脈や右心室に感染する線虫 *Angiostrongylus vasorum* の感染を支持する。*Angiostrongylus* 感染症は欧州の西部や北部では一般的であるが、その他世界的にいくつもの地方において報告されている。犬糸状虫感染症（*Dirofilaria immitis*）ほど一般的ではないが、寄生虫性肺炎や肺血管病変は、血栓性動脈炎、血管内皮の増殖および肺高血圧症を伴ってしばしば観察される。この症例で観察されるように、凝固障害と貧血がしばしば発生する。

A.vasorum の幼虫（L_1）は体長が〜350μmで、曲尾（**218b**）と背側の脊柱構造（**218c** でより観察しやすい）によって特徴づけられる。L_1 幼虫は喀出、嚥下されるために小気道へ迷入するため、幼虫は糞便検査（ベルマン法）によって検出される。幼虫の出現は間欠的なため、診断には複数回にわたる便の採取が必要である。

iii. いくつかの駆虫剤は、*A.vasorum* の成虫を駆虫できる。フェンベンダゾール、イミダクロプリド/モキシデクチン合剤、あるいはミルベマイシンが、一般的に用いられる（用量は**154**参照）。支持療法は必要に応じて実施する。犬糸状虫症のように、成虫駆除剤投与後の寄生虫性塞栓症の可能性がある。

219 9歳、体重40kg、雄のラブラドール・レトリーバーが、2週間にわたる運動不耐性と乾性発咳、および腹水貯留（変性漏出液）を主訴に来院している。別の獣医師により、フロセミド（40 mg、12時間毎）とスピロノラクトン（50 mg、12時間毎）が処方されている。症例は元気で、水和が取れており、肥満で、浅速呼吸を呈している。

体温は38.9℃で、心拍数は72 bpmであり、可視粘膜の色調と大腿動脈圧は正常である。頸静脈は軽度に怒張している。心雑音は聴取されず、肺音も正常である。腹腔は腹水によって重度に膨満している。収縮期血圧は正常である。胸部X線検査では、中程度の胸水貯留を伴った軽微な心拡大（VHS 11.6v）が認められる。

血液検査では、ストレス性の白血球像、軽度の高血糖と低アルブミン血症が認められた。中心静脈圧（CVP）は16 mmHg（正常値0～5 mmHg）で、心エコー図検査では、軽微な房室弁閉鎖不全が認められた。右傍胸骨短軸像（**219a**）と左心尖部四腔断面像（**219b**）を示す。

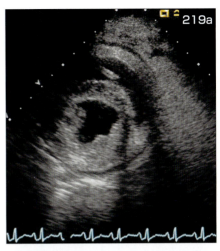
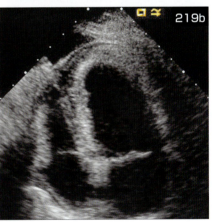

i. 心エコー図検査所見を述べよ。
ii. この症例の評価は何か？
iii. 推奨される治療は何か？

解答219

219 i. 極少量の心膜液貯留が観察される。心臓内腔の形態に著変は認められない。明らかな腫瘤病変は確認されない。心尖部近傍には、少量の胸水貯留が認められる（**219b**）。

ii. うっ血性右心不全、心タンポナーデ、拘束性心膜疾患、その他静脈還流障害に起因して、2カ所の腔に液体貯留を伴う中心静脈圧（CVP）の上昇が生じている。ここでは、原発性右心疾患、心タンポナーデ、心臓内血流障害の明らかな根拠に欠けており、収縮性心膜疾患と診断される。本症は再発する特発性心膜液貯留に続発するが、この犬にその既往はなかった。その他の原因としては、心膜感染（アクチノミセス症、コクシジオイデス症など）、異物、腫瘍（中皮腫など）であるが、しばしばその原因は不明である。

iii. 内科療法（利尿剤、血管拡張剤など）は効果的ではなく、心拍出量をさらに減少させる。収縮性心膜炎は、心室充満の改善のために外科的な心膜切除術が必要で、心膜開窓術やバルーン心膜切開術では一般に不十分である。心膜切除術は、壁側心膜だけが障害されている場合に成功する可能性が高い。臓側心膜の障害および癒着では、収縮の解除のために心外膜の剥離が要求される。これは術式の難易度を高め、合併症の発生を増加させる。切除された組織は、生検を実施すべきである（この症例は中皮腫と診断された）。合併症は、心筋出血、心臓穿孔、肺血栓症、播種性血管内凝固、不整脈、そして心停止などである。

循環器疾患と呼吸器疾患に用いる薬剤

薬剤	犬の薬用量	猫の薬用量
アセプロマジン	0.02-0.1 mg/kg（総量3 mgまで）IV, IM, SC	犬と同様
アルブテロール	0.02-0.05 mg/kg PO 6-8時間毎	犬と同様
アミカシン	5-10 mg/kg IV, SC 8時間毎	犬と同様
アミノフィリン	11 mg/kg PO, IM, IV 8時間毎	5 mg/kg PO, IM, IV 12時間毎
アミオダロン	10 mg/kg PO 12時間毎 7日間、その後、8mg/kg PO 24時間毎（高用量や低用量でも用いられている）。3 (-5) mg/kgを（10-20分以上かけて）緩徐にIV（繰り返し投与可能だが、1時間に10 mg/kgを越えないようにする）	—
アムロジピン	0.05-0.3 (-0.5) mg/kg PO 12-24時間毎	0.625 (-1.25) mg/cat（あるいは0.1-0.5 mg/kg）PO 24(-12)時間毎
アモキシシリン	22 mg/kg PO 8-12時間毎	犬と同様
アモキシシリン/クラブラン酸	20-25 mg/kg PO 8時間毎	犬と同様
アンピシリン	22 mg/kg PO, IV, SC 8時間毎	犬と同様
アジスロマイシン	5-10 mg/kg PO 24時間毎3日間、その後48-72時間毎	5-10 mg/kg PO 24時間毎 3日間、その後72時間毎
アスピリン	0.5 mg/kg PO 12時間毎	低用量、5 mg/cat 72時間毎（あるいは20-40 mg/cat [1/4-1/2 ベイビーアスピリン錠] PO 1週間に2-3回
アテノロール	0.2-1.0 mg/kg PO 12-24時間毎	6.25-12.5 mg/cat PO (12-)24時間毎
アトロピン	0.02-0.04 mg/kg IV, IM, SC; 0.04 mg/kg PO 6-8時間毎。アトロピン反応試験：0.04 mg/kg IV 投与から5-10分後に心電図記録。心拍数が150％以上に増加していなければ、投与から15 (-20) 分後に再び心電図記録	犬と同様
ベナゼプリル	0.25-0.5 mg/kg PO (12-)24時間毎	0.25-0.5 mg/kg PO (12-)24時間毎

循環器疾患と呼吸器疾患に用いる薬剤

薬剤	犬の薬用量	猫の薬用量
ブプレノルフィン	0.005-0.02 mg/kg IM, IV, SC 6-8時間毎	0.005-0.02 mg/kg IM, IV, SC 6-8時間毎
ブトルファノール	0.2-0.4 mg/kg IM, IV, SC 2-4時間毎、 鎮咳薬：0.05-0.06 mg/kg SC 6-12時間毎あるいは0.5 mg/kg PO	0.2-0.8 mg/kg IV, SC 2-6時間毎； 1.5 mg/kg PO 4-8時間毎
カプトプリル	0.5-2.0 mg/kg PO 8-12時間毎	0.5-1.25 mg/kg PO 12-24時間毎
カルベジロール	0.05 mg/kg 24時間毎（心疾患の初回用量）徐々に0.2-0.4 mg/kg PO 12時間毎へ増量（耐えられるまで）； 必要に応じ1.5 mg/kg PO 12時間毎まで増量可能	—
セファゾリン	20-35 mg/kg IM, IV 8時間毎	犬と同様
セファレキシン	20-40 mg/kg 8時間毎	犬と同様
クロロチアジド	10-40 mg/kg PO 12-48時間毎（開始は低用量で）	犬と同様
クリンダマイシン	5.5-11(-20) mg/kg PO, SC, IM, IV 12-24時間毎	5.5-11(-25) mg/kg PO, SC, IM 12(-24)時間毎
クロピドグレル	2-4 mg/kg PO 24時間毎、経口初回 負荷用量, 10 mg/kg	75mg錠1/4(-1/2?) 錠/cat PO 24時間毎
コデイン	0.1-0.3 mg/kg PO 4-6時間毎（鎮咳薬）	—
ダルテパリンNa	100-150 U/kg SC 12(-24) 時間毎	100 U/kg SC 12(-24) 時間毎
デキサメサゾン	0.1-0.2 mg/kg IV, IM, PO 12-24時間毎	犬と同様
デキストロメトルファン	1-2 mg/kg 6-8時間毎	—
ジゴキシン	PO：体重22 kg未満の犬0.005-0.008 mg/kg 12時間毎、 体重22 kg以上の犬0.22 mg/m^{2}あるいは0.003-0.005 mg/kg 12時間毎。 エリキシルは10%減量 最大用量0.5 mg/日 あるいはドーベルマン・ピンシャーは0.375 mg/日	0.007 mg/kg（あるいは0.125mg錠の1/4錠）PO 48時間毎

循環器疾患と呼吸器疾患に用いる薬剤

薬剤	犬の薬用量	猫の薬用量
ジルチアゼム	経口維持量：開始用量0.5 mg/kg PO 8時間毎（2＋mg/kgまで増量可能）、上室頻拍に対する急性IV：0.15-0.25 mg/kg 2-3分以上かけてIV（不整脈の改善あるいは最大量 0.75 mg/kgに達するまで 15分毎に反復 投与可能）、CRI：5-15 mg/kg/時、経口初期飽和用量：0.5 mg/kgPO、その後 0.25 mg/kg PO 1時間毎、不整脈の改善あるいは総量1.5 (-2.0) mg/kg 達するまで。ジルチアゼム (Dilacor) XR、1.5-4 (-6) mg/kg PO12-24時間毎	犬と同様か？HCMに対して：1.5-2.5 mg/kg（あるいは7.5-10 mg/cat）PO 8時間毎、徐放性製剤のジルチアゼム (Dilacor) XR　30 mg/cat/日（240mgのゼラチンカプセルの中に入っている60mg徐放性製剤の1/2）、必要に応じて60mg/dayまで増量可能、（45 mg/cat～ Cardizem-CD 105 mg、10 mg/kg/日 Cardizem-CD、あるいは4号ゼラチンカプセルの小さい方に入れた量）
ジフェンヒドラミン	1 mg/kg IM; 2-4 mg/kg PO 8時間毎（あるいは25-50 mg/dog IV, IM, PO）	1 mg/kg IM, IV 6-8時間毎、2-4 mg/kg PO 6-8時間毎
ドブタミン	1-20 µg/kg/分 CRI（開始は低用量で）	1-5 µg/kg/分 CRI（開始は低用量で）
ドパミン	1-10 µg/kg/分 CRI（開始は低用量で）	1-5 µg/kg/分 CRI（開始は低用量で）
ドキシサイクリン	5-10 mg/kg PO, IV 12時間毎	犬と同様
エナラプリル	0.5 mg/kg PO 12-24時間毎	0.25-0.5 mg/kg PO (12-)24時間毎
エナラプリラート	0.2 mg/kg IV, 必要に応じて1-2時間毎に反復投与	ー
エノキサパリン	0.8 mg/kg SC 6時間毎	1-1.25 mg/kg SC 6-12時間毎
エンロフロキサシン	5-20 mg/kg PO, IM 24時間毎	5 mg/kg PO 24時間毎
エスモロール	0.1-0.5 mg/kg 1分以上かけてIV（飽和用量）、その後0.025-0.2 mg/kg/分で点滴	犬と同様
フェンベンダゾール	25-50 mg/kg PO 12時間毎 14日間（肺虫の駆虫）、20-50 mg/kg（5-）21日間（*A.vasorum*の駆虫）	犬と同様
フレカイニド	（？）1-5 mg/kg PO 8-12時間毎	ー
フォシノプリル	0.25-0.5 mg/kg PO 24時間毎	ー

循環器疾患と呼吸器疾患に用いる薬剤

薬剤	犬の薬用量	猫の薬用量
フロセミド	急性投与：2-5 (-8) mg/kg IV あるいはIM 1-4時間毎（呼吸数の減少が認められるまで）。その後1-4mg/kg 6-12時間毎あるいは0.6-1 mg/kg/時 CRI。慢性投与：1-3（あるいはさらに多く）mg/kg PO 8-24時間毎；最小有効用量を使用	急性投与：1-2 (-4) mg/kg IV あるいはIM 1-4時間毎（呼吸数の減少が認められるまで）。その後6-12時間毎。慢性投与：1-2 mg/kg PO 8-12時間毎；最小有効用量を使用
ゲンタマイシン	9-14 mg/kg IV, IM, SC 24時間毎	5-8 mg/kg IV, IM, SC 24時間毎
グリコピロレート	0.005-0.01 mg/kg IVあるいはIM；0.01-0.02mg/kg SC（必要に応じて）	犬と同様
ヘパリンNa	200-250 単位/kg IV、その後200-300 単位/kg SC 6-8時間毎, 2-4日間あるいは必要に応じて	犬と同様
ヒドララジン	0.5-2 mg/kg PO 12時間毎 (初期用量は最大1 mg/kg)、高血圧クリーゼに対して0.2 mg/kg IV あるいはIM 必要に応じて2時間毎	2.5 (最大10まで) mg/cat PO 12時間毎
ヒドロクロロチアジド	0.5-4 mg/kg PO 12-48時間毎（開始時は低用量で）	0.5-2 mg/kg PO 12-48時間毎（開始時は低用量で）
重酒石酸ヒドロコドン	0.25 mg/kg PO 4-12時間毎	推奨されない
コハク酸ヒドロコルチゾンNa	ショック時：50-150 mg/kg IV、抗炎症：5 mg/kg IV 12時間毎	犬と同様
ヒヨスチアミン	0.003-0.006 mg/kg PO 8時間毎	—
イミダクロプリド／モキシデクチン	0.1 mL/kg (10[-25] mg/kgと2.5[-6.25] mg/kg) 皮膚局所に滴下、単回投与 ($A.\,vasorum$)	—
イミダプリル	0.25 mg/kg PO 24時間毎	—
イソプロテレノール	0.045-0.09 µg/kg/分 CRI	犬と同様
二硝酸イソソルビド	0.5-2 mg/kg PO (8-)12時間毎	—
一硝酸イソソルビド	0.25-2 mg/kg PO 12時間毎	—
イベルメクチン	犬糸状虫予防：6 µg/kg PO 30日毎、腸内寄生虫：200-400µg/kg SC, PO 1週間毎	犬糸状虫予防：24 µg/kg PO 30日毎、腸内寄生虫：犬と同様
L-カルニチン	1 g (25 kg未満の犬) から2 g (25-40 kgの犬) 8時間毎 フードに混合	—

循環器疾患と呼吸器疾患に用いる薬剤

薬剤	犬の薬用量	猫の薬用量
ラベトロール	0.25 mg/kg 2分以上かけてIV、総量3.75 mg/kgまで反復投与可能。その後、25 µg/kg/分 CRI	―
リドカイン	最初に2 mg/kgを緩徐にIVボーラス投与（最大8 mg/kg）、あるいは0.8 mg/kg/分で急速IV、有効な場合25-80 µg/kg/分 CRI、CPR時には気管内投与も可能	最初に0.25-0.5（あるいは1.0）mg/kgを緩徐にIVボーラス投与、0.15-0.25 mg/kgをボーラスで反復投与可能（総量4 mg/kgまで）；有効な場合10-40 µg/kg/分 CRI
リシノプリル	0.25-0.5 mg/kg PO (12-)24時間毎	0.25-0.5 mg/kg PO 24時間毎
マルボフロキサシン	3-5.5 mg/kg PO 24時間毎	犬と同様
メラルソミン	2.5 mg/kg IM (設問、解答27を参照)	推奨されない
メトプロロール	開始用量, 0.1-0.2 mg/kg PO 24 (-12) 時間毎、最大で1 mg/kg 8 (-12) 時間毎	―
メトロニダゾール	10 mg/kg PO 8時間毎	10 mg/kg PO 12時間毎
メキシレチン	4-10 mg/kg PO 8時間毎	―
ミルベマイシン オキシム	0.5-1.0 mg/kg PO 30日毎（犬糸状虫予防）0.5 mg/kg 4週連続で週1回PO投与 (*A. vasorum*)	2 mg/kg PO 30日毎（犬糸状虫予防）
モキシデクチン	3 µg/kg PO 30日毎（犬糸状虫予防）	―
2%ニトログリセリン軟膏	1/2-1+1/2インチ皮膚塗布 4-6時間毎	1/4-1/2インチ皮膚塗布 4-6時間毎
ニトロプルシド	0.5-1 µg/kg/分 CRI（開始用量）から5-15 µg/kg/分 CRI	犬と同様
オキシトリフィリン	14 mg/kg PO 8時間毎	―
フェノキシベンザミン	0.2-0.5 mg/kg PO (8-)12時間毎	0.2-0.5 mg/kg あるいは 2.5 mg/cat PO 12時間毎
フェントラミン	0.02-0.1 mg/kg IVボーラス投与、その後効果が発現するまでCRI	犬と同様
フェニトイン	10 mg/kg 緩徐にIV、30-50 mg/kg PO 8時間毎	使用禁忌
ピモベンダン	0.2-0.3 mg/kg PO 12時間毎	犬と同様、あるいは 1.25 mg/cat PO 12時間毎

循環器疾患と呼吸器疾患に用いる薬剤

薬剤	犬の薬用量	猫の薬用量
プラジカンテル	23 mg/kg PO 8時間毎 3日間（肺吸虫の駆虫）	犬と同様
プラゾシン	0.05–0.2 mg/kg PO 8–12時間毎	—
プレドニゾン	0.25–2 mg/kg PO 12時間毎	犬と同様
コハク酸プレドニゾロンNa	最大10 mg/kg IV	犬と同様
プロカインアミド	6–10（最大20）mg/kg 5–10分以上かけてIV 10–50 µg/kg/分 CRI、6–20（最大30）mg/kg IM 4–6時間毎、10–25 mg/kg PO 6時間毎（徐放剤：6–8時間毎）	1.0–2.0 mg/kg 緩徐にIV、10–20 µg/kg/分 CRI、7.5–20mg/kg IMあるいはPO（6–）8時間毎
プロパフェノン	2–4 (最大6) mg/kg PO 8時間毎（開始は低用量で）	—
プロバンテリン臭化物	3.73–7.5 mg/dog PO 8–12時間毎	—
プロプラノロール	最初に0.02 mg/kgを緩徐にボーラスIV（最大0.1 mg/kg まで増量可）、経口初期用量0.1–0.2 mg/kg PO 8時間毎（最大1 mg/kg 8時間毎まで）	IVは犬と同様：2.5–10 mg/cat PO 8–12時間毎
キニジン	6–20 mg/kg IM 6時間毎（急速飽和量 14–20 mg/kg）、6–16 mg/kg PO 6時間毎、徐放製剤では8–20 mg/kg PO 8時間毎	6–16 mg/kg IMあるいはPO 8時間毎
ラミプリル	0.125–0.25 mg/kg PO 24時間毎	—
セラメクチン	6–12 mg/kg、皮膚局所に滴下 30日毎（犬糸状虫予防）	犬と同様
シルデナフィル	0.5–2(–3) mg/kg PO 8–12時間毎	—
ソタロール	1–3.5(–5) mg/kg PO 12時間毎	10–20 mg/cat PO 12時間毎（あるいは 2–4 mg/kg PO 12時間毎）
スピロノラクトン	0.5–2 mg/kg PO (12–)24時間毎	0.5–1 mg/kg PO（12–）24時間毎
タウリン	0.5–1 g（体重25 kg未満の犬）から1–2 g（体重25–40 kgの犬）PO (8–) 12時間毎	0.25 (–0.5) g PO 12 (–24) 時間毎（心筋不全）
テルブタリン	1.25–5 mg/dog PO 8–12時間毎	最初2.5mg錠の1/8 – 1/4 /cat PO 12時間毎から開始、1/2錠12時間毎まで増量、0.01 mg/kg SC 必要に応じて5–10 分以内に 1 回追加投与
テトラサイクリン	22 mg/kg PO 8時間毎	犬と同様

循環器疾患と呼吸器疾患に用いる薬剤

薬剤	犬の薬用量	猫の薬用量
テオフィリン （即放型）	9 mg/kg PO 8時間毎	4 mg/kg PO 12時間毎
テオフィリン （長時間作用型）	10 mg/kg PO 12時間毎	15 mg/kg PO 24時間毎（夜に投与）
トリメトプリムスル・ ファジアジン	15-30 mg/kg PO 12時間毎	犬と同様
ビタミンK	2-5 mg/kg PO, SC 24時間毎	犬と同様
ベラパミル	初回用量：0.02-0.05 mg/kg 緩徐にIV、総量0.15（-0.20）mg/kgまで5分毎に繰り返し投与可能。 0.5-2 mg/kg PO 8時間毎 （注：ジルチアゼムが推奨）	初回用量：0.025 mg/kg 緩徐にIV、総量0.15（-0.20）mg/kgまで5分毎に繰り返し投与可能。 0.5-1 mg/kg PO 8時間毎 （注：ジルチアゼムが推奨）
ワルファリン	0.1-0.2 mg/kg PO 24時間毎	0.5 mg/cat PO 24時間毎

HCM：肥大型心筋症、CRI：持続点滴、CPR：心肺蘇生、IM：筋肉内投与、IV：静脈内投与、

PO：経口投与、SC：皮下投与、－：有効用量不明

推薦文献・図書

CARDIOPULMONARY SIGNS
Arterial pulses
Tidholm A (2010) Pulse alterations. In *Textbook of Veterinary Internal Medicine*, 7th edn. (eds SJ Ettinger, EC Feldman) Saunders Elsevier, St. Louis, pp. 264–265.

Ware WA (2011) The cardiovascular examination. In *Cardiovascular Disease in Small Animal Medicine*. (ed WA Ware) Manson Publishing, London, pp. 26–33.

Cardiac auscultation abnormalities
Prosek R (2010) Abnormal heart sounds and heart murmurs. In *Textbook of Veterinary Internal Medicine*, 7th edn. (eds SJ Ettinger, EC Feldman) Saunders Elsevier, St. Louis, pp. 259–263.

Ware WA (2011) The normal cardiovascular system; The cardiovascular examination; and Murmurs and abnormal heart sounds. In *Cardiovascular Disease in Small Animal Medicine*. (ed WA Ware) Manson Publishing, London, pp. 10–25, 26–33, and 92–97.

Cyanosis
Allen J (2010) Cyanosis. In *Textbook of Veterinary Internal Medicine*, 7th edn. (eds SJ Ettinger, EC Feldman) Saunders Elsevier, St. Louis, pp. 283–286.

Forrester SD, Moon ML, Jacobson JD (2001) Diagnostic evaluation of dogs and cats with respiratory distress. *Compend Contin Educ Pract Vet* **23** : 56–68.

Lee JA, Drobatz KJ (2004) Respiratory distress and cyanosis in dogs. In *Textbook of Respiratory Disease in Dogs and Cats*. (ed LG King) Elsevier Saunders, St. Louis, pp. 1–12.

Jugular vein distension or pulsation
Riel DL (2010) Jugular catheterization and central venous pressure. In *Textbook of Veterinary Internal Medicine*, 7th edn. (eds SJ Ettinger, EC Feldman) Saunders Elsevier, St. Louis, pp. 317–318.

Ware WA (2011) Jugular vein distension or pulsations. In *Cardiovascular Disease in Small Animal Medicine*. (ed WA Ware) Manson Publishing, London, pp. 117–120.

Respiratory distress and hypoxemia
Hackett TB (2009) Tachypnea and hypoxemia. In *Small Animal Critical Care Medicine*. (eds DC Silverstein, K Hopper) Elsevier, St. Louis, pp. 37–40.

Haskins SC (2004) Interpretation of blood gas measurements. In *Textbook of Respiratory Disease in Dogs and Cats*. (ed LG King) Elsevier Saunders, St. Louis, pp. 181–193.

Hawkins EC (2009) Diagnostic tests for the lower respiratory tract. In *Small Animal Internal Medicine*, 4th edn. (eds RW Nelson, CG Couto) Mosby, St. Louis, pp. 252–284.

Koch DA, Arnold S, Hubler M et al. (2003) Brachycephalic syndrome in dogs. *Compend Cont Educ Pract Vet* **25** : 48–54.

Lee JA, Drobatz KJ (2004) Respiratory distress and cyanosis in dogs. In *Textbook of Respiratory Disease in Dogs and Cats*. (ed LG King) Elsevier Saunders, St. Louis, pp. 1–12.

Miller CJ (2007) Approach to the respiratory patient. *Vet Clin Small Anim* **37** : 861–878.

Syncope
Ware WA (2011) Syncope or intermittent collapse. In *Cardiovascular Disease in Small Animal Medicine*. (ed WA Ware) Manson Publishing, London, pp. 139–144.

Yee K (2010) Syncope. In *Textbook of Veterinary Internal Medicine*, 7th edn. (eds SJ Ettinger, EC Feldman) Saunders Elsevier, St. Louis, pp. 275–277.

CARDIOPULMONARY TESTS
Biomarkers
Boswood A (2009) Biomarkers in cardiovascular disease : beyond natriuretic peptides. *J Vet Cardiol* **11** : S23–S32.

Connolly DJ, Soares Magalhaes RJ, Syme HM et al. (2008) Circulating natriuretic peptides in cats with heart disease. *J Vet Intern Med* **22** : 96–105.

Herndon WE, Rishniw M, Schrope D et al. (2008) Assessment of plasma cardiac troponin I concentration as a means to differentiate cardiac and noncardiac causes of dyspnea in cats. *J Am Med Assoc* **232** : 1261–1264.

Ljungvall I, Hoglund K, Tidholm A et al. (2010) Cardiac troponin I is associated with severity of myxomatous mitral valve disease, age, and C-reactive protein in dogs. *J Vet Intern Med* **24** : 153-159.

MacDonald KA, Kittleson MD, Munro C et al. (2003) Brain natriuretic peptide concentration in dogs with heart disease and congestive heart failure. *J Vet Intern Med* **17** : 172-177.

Oyama MA, Sisson DD (2004) Cardiac troponin-I concentration in dogs with cardiac disease. *J Vet Intern Med* **18** : 831-839.

Oyama MA, Rush JE, Rozanski EA et al. (2009) Assessment of serum N-terminal pro-B-type natriuretic peptide concentration for differentiation of congestive heart failure from primary respiratory tract disease as the cause of respiratory signs in dogs. *J Am Med Assoc* **235** : 1319-1325.

Prosek R, Ettinger SJ. (2010) Biomarkers of cardiovascular disease. In *Textbook of Veterinary Internal Medicine*, 7th edn. (eds SJ Ettinger, EC Feldman) Saunders Elsevier, St. Louis, pp. 1187-1196.

Serres F, Pouchelon JL, Poujol L et al. (2009) Plasma N-terminal pro-B-type natriuretic peptide concentration helps to predict survival in dogs with symptomatic degenerative mitral valve disease regardless of and in combination with the initial clinical status at admission. *J Vet Cardiol* **11** : 103-121.

Spratt DP, Mellanby RJ, Drury N et al. (2005) Cardiac troponin I : evaluation of a biomarker for the diagnosis of heart disease in the dog. *J Small Anim Pract* **46** : 139-145.

Wess G, Simak J, Mahling M et al. (2010) Cardiac troponin I in Doberman Pinschers with cardiomyopathy. *J Vet Intern Med* **24** : 843-849.

Zimmering TM, Meneses F, Nolte IJ et al. (2009) Measurement of N-terminal proatrial natriuretic peptide in plasma of cats with and without cardiomyopathy *Am J Vet Res* **70** : 216-222.

Echocardiography

Belanger MC (2010) Echocardiography. In *Textbook of Veterinary Internal Medicine*, 7th edn. (eds SJ Ettinger, EC Feldman) Saunders Elsevier, St. Louis, pp. 415-431.

Bonagura JD, Miller MW, Darke PG (1998) Doppler echocardiography i.Pulsed-wave and continuous wave examinations. *Vet Clin North Am Small Anim Pract* **28** : 1325-1359.

Campbell FE, Kittleson MD (2007) The effect of hydration status on the echocardiographic measurements of normal cats *J Vet Intern Med* **21** : 1008-1015.

Cornell CC, Kittleson MD, Torre PD et al. (2004) Allometric scaling of M-Mode cardiac measurements in normal adult dogs. *J Vet Intern Med* **18** : 311.

Koffas H, Dukes-McEwan J, Corcoran BM et al. (2006) Pulsed tissue Doppler imaging in normal cats and cats with hypertrophic cardiomyopathy *J Vet Intern Med* **20** : 65-77.

Schober KE, Hart TM, Stern JA et al. (2010) Detection of congestive heart failure in dogs by Doppler echocardiography. *J Vet Intern Med* **20** : 1358-1368.

Ware WA (2011) Overview of echocardiography. In *Cardiovascular Disease in Small Animal Medicine*. (ed WA Ware) Manson Publishing, London, pp. 68-90.

Electrocardiographic interpretation and abnormalities (see Cardiac arrhythmias for rhythm disturbances)

Bonagura JD (1981) Electrical alternans associated with pericardial effusion in the dog. *J Am Vet Med Assoc* **178** : 574-579.

MacKie BA, Stepien RL, Kellihan HB (2010) Retrospective analysis of an implantable loop recorder for evaluation of syncope, collapse, or intermittent weakness in 23 dogs (2004-2008). *J Vet Cardiol* **12** : 25-33.

Miller M, Tilley LP, Smith FWK et al. (1999) Electrocardiography. In *Textbook of Canine and Feline Cardiology*, 2nd edn. (eds PR Fox, D Sisson, NS Moise) WB Saunders, Philadelphia, pp. 67-105.

Rishniw M, Bruskiewicz K (1996) ECG of the month. Respiratory sinus arrhythmia and wandering pacemaker in a cat. *J Am Vet Med Assoc* **208** : 1811-1812.

Stafford Johnson M, Martin M, Binns S et al. (2004) A retrospective study of clinical findings, treatment and outcome in 143 dogs with pericardial effusion. *J Small Anim Pract* **45** : 546-552.

Tag TL, Day TK (2008) Electrocardiographic assessment of hyperkalemia in dogs and cats. *J Vet Emerg Crit Care* **18** : 61-67.

Tilley LP (1985) Artifacts. In *Essentials of Canine and Feline Electrocardiogprahy*, 2nd edn. (ed LP Tilley) Lea & Febiger, Philadelphia, pp. 240-246.

Ware WA (2011) Overview of electrocardiography. In *Cardiovascular Disease in Small Animal Medicine*. (ed WA Ware) Manson Publishing, London, pp. 47-67.

Ware WA, Christensen WF (1999) Twenty-four-hour ambulatory electrocardiography in normal cats. *J Vet Intern Med* **13** : 175-180.

Radiography

Berry CR, Graham JP, Thrall DE (2007) Interpretation paradigms for the small animal thorax. In *Textbook of Veterinary Diagnostic Radiology*, 5th edn. (ed DE Thrall) Saunders Elsevier, St. Louis, pp. 462-485.

Buchanan JW, Bücheler J (1995) Vertebral scale system to measure canine heart size in radiographs. *J Am Vet Med Assoc* **206** : 194.

Buecker A, Wein BB, Neuerburg JM et al. (1997) Esophageal perforation : comparison of use of aqueous and barium-containing contrast media. *Radiology* **202** : 683-686.

Coulson A, Lewis ND (2002) *An Atlas of Interpretive Radiographic Anatomy of the Dog and Cat*. Blackwell Science, Oxford.

Litster AL, Buchanan JW (2000) Vertebral scale system to measure heart size in radiographs of cats. *J Am Vet Med Assoc* **216** : 210-214.

McAlister WH, Askin FB (1983) The effect of some contrast agents in the lung : an experimental study in the rat and dog. *Am J Roentgenol* **140** : 245-251.

Moon ML, Keene BW, Lessard P et al. (1993) Age-related changes in the feline cardiac silhouette. *Vet Radiol Ultrasound* **34** : 315-320.

Nawrocki MA, Mackin AJ, McLaughlin R et al. (2003) Fluoroscopic and endoscopic localization of an esophagobronchial fistula in a dog. *J Am Anim Hosp Assoc* **39** : 257-261.

O'Brien RT (2001) *Thoracic Radiography for the Small Animal Practitioner*. Teton NewMedia, Jackson.

Reif JS, Rhodes WH (1966) The lungs of aged dogs : a radiographic-morphologic correlation. *J Am Vet Radiol Soc* **7** : 5-11.

Sleeper MM, Buchanan JW (2001) Vertebral scale system to measure heart size in growing puppies. *J Am Vet Med Assoc* **219** : 57-59.

Suter PF (1984) (ed) *Thoracic Radiography : A Text Atlas of Thoracic Diseases of the Dog and Cat*. Wettswil, Switzerland, pp. 533-537.

Ware WA (2011) Overview of cardiac radiography. In *Cardiovascular Disease in Small Animal Medicine*. (ed WA Ware) Manson Publishing, London, pp. 34-46.

CARDIAC THERAPY : ARRHYTHMIA MANAGEMENT
Bradyarrhythmias

Bulmer BJ, Sisson DD, Oyama MA et al. (2006) Physiologic VDD versus nonphysiologic VVI pacing in canine 3rd degree atrioventricular block. *J Vet Intern Med* **20** : 257-271.

DeFrancesco TC, Hansen BD, Atkins CE et al. (2003) Noninvasive transthoracic temporary cardiac pacing in dogs. *J Vet Intern Med* **17** : 663-667.

Estrada AH, Maisenbacher III HW, Prosek R et al. (2009) Evaluation of pacing site in dogs with naturally occurring complete heart block. *J Vet Cardiol* **11** : 79-88.

Ferasin L, van de Stad M, Rudorf H et al. (2002) Syncope associated with paroxysmal atrioventricular block and atrial standstill in a cat. *J Small Anim Pract* **43** : 124-128.

Fine DM, Tobias AH (2007) Cardiovascular device infections in dogs : report of 8 cases and review of the literature. *J Vet Intern Med* **21** : 1265-1271.

Forterre S, Nürnberg J-H, Skrodzki M et al. (2001) Transvenous demand pacemaker treatment for intermittent complete heart block in a cat. *J Vet Cardiol* **3** : 21-26.

Fox PR, Moise NS, Woodfield JA et al. (1991) Techniques and complications of pacemaker implantation in four cats. *J Am Vet Med Assoc* **199** : 1742-1753.

Francois L, Chetboul V, Nicolle A et al. (2004) Pacemaker implantation in dogs : results of the last 30 years. *Schweiz Arch*

Tierheilkd **146** : 335-344.
Hildebrandt N, Stertmann WA, Wehner M *et al.* (2009) Dual chamber pacemaker implantation in dogs with atrioventricular block. *J Vet Intern Med* **23** : 31-38.
Johnson MS, Martin MWS, Henley W (2007) Results of pacemaker implantation in 104 dogs. *J Small Anim Pract* **48** : 4-11.
Kaneshige T, Machida N, Itoh H *et al.* (2006) The anatomical basis of complete atrioventricular block in cats with hypertrophic cardiomyopathy. *J Comp Path* **135** : 25-31.
Kellum HB, Stepien RL (2006) Third-degree atrioventricular block in 21 cats (1997-2004). *J Vet Intern Med* **20** : 97-103.
MacAulay K (2002) Permanent transvenous pacemaker implantation in an Ibizan hound cross with persistent atrial standstill. *Can Vet J* **43** : 789-91.
Maisenbacher III HW, Estrada AH, Prosek R *et al.* (2009) Evaluation of the effects of transvenous pacing site on left ventricular function and synchrony in healthy anesthetized dogs. *Am J Vet Res* **70** : 455-463.
Oyama MA, Sisson DD (2009) Permanent cardiac pacing in dogs. In *Kirk's Current Veterinary Therapy XIV.*(eds JD Bonagura, DC Twedt) Saunders Elsevier, St. Louis, pp. 717-721.
Oyama MA, Sisson DD, Lehmkuhl LB (2001) Practices and outcome of artificial cardiac pacing in 154 dogs. *J Vet Intern Med* **15** : 229-239.
Penning VA, Connolly DJ, Gajanayake I *et al.* (2009) Seizure-like episodes in 3 cats with intermittent high-grade atrioventricular dysfunction. *J Vet Intern Med* **23** : 200-205.
Saunders A (2005) ECG of the month. Sick sinus syndrome. *J Am Vet Med Assoc* **227** : 51-52.
Van De Wiele CM, Hogan DF, Green III HW *et al.* (2008) Cranial vena caval syndrome secondary to transvenus pacemaker implantation in two dogs. *J Vet Cardiol* **10** : 155-161.
Ware WA (2011) Managment of arrhythmias. In *Cardiovascular Disease in Small Animal Medicine.* (ed WA Ware) Manson Publishing, London, pp. 194-226.
Wess G, Thomas WP, Berger DM *et al.* (2006) Applications, complications, and outcomes of transvenous pacemaker implantation in 105 dogs (1997-2002). *J Vet Intern Med* **20** : 877-884.
Zimmerman SA, Bright JM (2004) Secure pacemaker fixation critical for prevention of Twiddler's syndrome. *J Vet Cardiol* **6** : 40-44.

Tachyarrhythmias

Bright JM, Martin JM, Mama K (2005) A retrospective evaluation of transthoracic biphasic electrical cardioversion for atrial fibrillation in dogs. *J Vet Cardiol* **7** : 85-96.
Calvert CA, Brown J (2004) Influence of antiarrhythmia therapy on survival times of 19 clinically healthy Doberman Pinschers with dilated cardiomyopathy that experienced syncope, ventricular tachycardia, and sudden death (1985-1998). *J Am Anim Hosp Assoc* **40** : 24-28.
Calvert CA, Meurs KM (2009) Cardiomyopathy in Doberman Pinschers In *Kirk's Current Veterinary Therapy XIV.*(eds JD Bonagura, DC Twedt) Saunders Elsevier, St. Louis, pp. 800-803.
Cober RE, Schober KE, Hildebrandt N *et al.* (2009) Adverse effects of intravenous amiodarone in 5 dogs. *J Vet Intern Med* **23** : 657-661.
Cote E, Harpster NK, Laste NJ *et al.* (2004) Atrial fibrillation in cats : 50 cases (1979-2002). *J Am Vet Med Assoc* **225** : 256-260.
Gelzer ARM, Kraus MS (2004) Management of atrial fibrillation. *Vet Clin North Am Small Anim Pract* **34** : 1127-1144.
Gelzer ARM, Kraus MS, Rishniw M *et al.* (2009) Combination therapy with digoxin and diltiazem controls ventricular rate in chronic atrial fibrillation in dogs better than digoxin or diltiazem monotherapy : a randomized crossover study in 18 dogs. *J Vet Intern Med* **23** : 499-508.
Glaus TM, Hassig M, Keene BW (2003) Accuracy of heart rate obtained by auscultation in atrial fibrillation. *J Am Anim Hosp Assoc* **39** : 237-239.
Kraus MS, Thomason JD, Fallaw TL *et al.* (2009) Toxicity in Doberman Pinschers with ventricular arrhythmias treated with amiodarone (1996-2005). *Vet Intern Med* **23** : 1-6.
Menaut P, Belanger MC, Beauchamp G *et al.* (2005) Atrial fibrillation in dogs with and without structural or functional cardiac disease : a retrospective study of 109

cases. *J Vet Cardiol* **7** : 75-83.
Meurs KM, Spier AW (2009) Cardiomyopathy in Boxer Dogs. In *Kirk's Current Veterinary Therapy XIV.*(eds JD Bonagura, DC Twedt) Saunders Elsevier, St. Louis, pp. 797-799.
Meurs KM, Spier AW, Wright NA et al. (2002) Comparison of the effects of four antiarrhythmic treatments for familial ventricular arrhythmias in Boxers. *J Am Vet Med Assoc* **221** : 522-527.
Miyamoto M, Nishijima Y, Nakayama T et al. (2001) Acute cardiovascular effects of diltiazem in anesthetized dogs with induced atrial fibrillation. *J Vet Intern Med* **15** : 559-563.
Moise NS, Gelzer ARM, Kraus MS. Ventricular arrhythmias in dogs. (2009) In *Kirk's Current Veterinary Therapy XIV.*(eds JD Bonagura, DC Twedt) Saunders Elsevier, St. Louis, pp. 727-731.
Moise NS, Pariaut R, Gelzer ARM et al. (2005) Cardioversion with lidocaine of vagally associated atrial fibrillation in two dogs. *J Vet Cardiol* **7** : 143-148.
Oyama MA, Prosek R (2006) Acute conversion of atrial fibrillation in two dogs by intravenous amiodarone administration. *J Vet Intern Med* **20** : 1224-1227.
Santilli RA, Spadacini G, Moretti P et al. (2006) Radiofrequency catheter ablation of concealed accessory pathways in two dogs with symptomatic atrioventricular reciprocating tachycardia. *J Vet Cardiol* **8** : 157-165.
Saunders AB, Miller MW, Gordon SG et al. (2006) Oral amiodarone therapy in dogs with atrial fibrillation. *J Vet Intern Med* **20** : 921-926.
Smith CE, Freeman LM, Rush JE, et al. (2007) Omega-3 fatty acids in boxer dogs with arrhythmogenic right ventricular cardiomyopathy. *J Vet Intern Med* **21** : 265-273.
Stafford Johnson M, Martin M, Smith P (2006) Cardioversion of supraventricular tachycardia using lidocaine in five dogs. *J Vet Intern Med* **20** : 272-276.
Ware WA (2011) Managment of arrhythmias. In *Cardiovascular Disease in Small Animal Medicine.* (ed WA Ware) Manson Publishing, London, pp. 194-226.
Wright KN (2009) Assessment and treatment of supraventricular tachyarrhythmias. In *Kirk's Current Veterinary Therapy XIV.*(eds JD Bonagura, DC Twedt) Saunders Elsevier, St. Louis, pp. 731-739.
Wright KN, Knilans TK, Irvin HM (2006) When, why, and how to perform cardiac radiofrequency catheter ablation. *J Vet Cardiol* **8** : 95-107.

CARDIAC THERAPY : HEART FAILURE MANAGEMENT

Abbott JA, Broadstone RV, Ward DL et al. (2005) Hemodynamic effects of orally administered carvedilol in healthy conscious dogs. *Am J Vet Res* **66** : 637-641.
Adin DB, Hill RC, Scott KC (2003) Short-term compatibility of furosemide with crystalloid solutions. *J Vet Intern Med* **17** : 724-726.
Adin DB, Taylor AW, Hill RC et al. (2003) Intermittent bolus injection versus continuous infusion of furosemide in normal adult greyhound dogs. *J Vet Intern Med* **17** : 632-636.
Amberger C, Chetboul V, Bomassi E et al. (2004) Comparison of the effects of imidapril and enalapril in a prospective, multicentric randomized trial in dogs with naturally acquired heart failure. *J Vet Cardiol* **6** : 9-16.
Arsenault WG, Boothe DM, Gordon SG et al. (2005) Pharmacokinetics of carvedilol after intravenous and oral administration in conscious healthy dogs. *Am J Vet Res* **66** : 2172-2176.
Atkins C, Bonagura J, Ettinger S et al. (2009) Guidelines for the diagnosis and treatment of canine chronic valvular heart disease. ACVIM Consensus Statement. *J Vet Intern Med* **23** : 1142-1150.
Atkins CE, Keene BW, Brown WA et al. (2007) Results of the veterinary enalapril trial to prove reduction in onset of heart failure in dogs chronically treated with enalapril alone for compensated, naturally occurring mitral valve insufficiency. *J Am Vet Med Assoc* **231** : 1061-1069.
BENCH study group (1999) The effect of benazepril on survival times and clinical signs of dogs with congestive heart failure : results of a multicenter, prospective, randomized, double-blinded, placebo-controlled, long-term clinical trial. *J Vet Cardiol* **1** : 7-18.

Bernay F, Bland JM, Haggstrom J et al. (2010) Efficacy of spironolactone on survival in dogs with naturally occurring mitral regurgitation caused by myxomatous mitral valve disease. *J Vet Intern Med* **24** : 331-341.

Bonagura JB, Lehmkuhl LB, de Morais HA (2006) Fluid and diuretic therapy in heart failure. In *Fluid, Electrolyte, and Acid-Base Disorders in Small Animal Practice*, 3rd edn. (ed SP DiBartola) Elsevier Saunders, St. Louis, pp. 490-518.

Gordon SG, Arsenault WG, Longnecker M et al. (2006) Pharmacodynamics of carvedilol in conscious, healthy dogs. *J Vet Intern Med* **20** : 297-304.

Haggstrom J, Boswood A, O'Grady M et al. (2008) Effect of pimobendan or benazepril HCl on survival times in dogs with congestive heart failure caused by naturally occurring myxomatous mitral valve disease : the QUEST study. *J Vet Intern Med* **22** : 1124-1135.

Haggstrom J, Hansson K, Karlberg BE et al. (1996) Effects of long-term treatment with enalapril or hydralazine on the renin-angiotensin-aldosterone system and fluid balance in dogs with naturally acquired mitral valve regurgitation. *Am J Vet Res* **57** : 1645-1652.

Hood WB, Dans AL, Guyatt GH et al. (2004) Digitalis for treatment of congestive heart failure in patients in sinus rhythm : a systematic review and meta-analysis. *J Card Fail* **10** : 155-164.

Kvart C, Haggsrom J, Pedersen HD et al. (2002) Efficacy of enalapril for prevention of congestive heart failure in dogs with myxomatous valve disease and asymptomatic mitral regurgitation. *J Vet Intern Med* **16** : 80-88.

Lefebvre HB, Brown SA, Chetbouls V et al. (2007) Angiotensin-converting enzyme inhibitors in veterinary medicine. *Curr Pharmaceut Design* **13** : 1347-1361.

Lefebvre HP, Jeunesse E, Laroute V et al. (2006) Pharmacokinetic and pharmacodynamic parameters of ramipril and ramiprilat in healthy dogs with reduced glomerular filtration rate. *J Vet Intern Med* **20** : 499-507.

Lombarde CW, Jöns O, Bussadori CM (2006) Clinical efficacy of pimobendan versus benazepril for the treatment of acquired atrioventricular valvular disease in dogs. *J Am Anim Hosp Assoc* **42** : 249-261.

Luis Fuentes V (2004) Use of pimobendan in the management of heart failure. *Vet Clin North Am Small Anim Pract* **34** : 1145-1155.

Luis Fuentes V, Corcoran B, French A et al. (2002) A double-blind, randomized, placebo-controlled study of pimobendan in dogs with cardiomyopathy. *J Vet Intern Med* **16** : 255-261.

Marcondes Santos M, Tarasoutchi F, Mansur AP et al. (2007) Effects of carvedilol treatment in dogs with chronic mitral valvular disease. *J Vet Intern Med* **21** : 996-1001.

O'Grady MR, Minors SL, O'Sullivan ML et al. (2008) Efficacy of pimobendan on case fatality rate in Doberman Pinschers with congestive heart failure caused by dilated cardiomyopathy. *J Vet Intern Med* **22** : 897-904.

O'Grady MR, O'Sullivan ML, Minors SL et al. (2009) Efficacy of benazepril hydrochloride to delay the progression of occult dilated cardiomyopathy in Doberman Pinschers. *J Vet Intern Med* **23** : 977-983.

Oyama MA, Sisson DD, Prosek R et al. (2007) Carvedilol in dogs with dilated cardiomyopathy. *J Vet Intern Med* **21** : 1272-1279.

Pouchelon JL, King J, Martignoni L et al. (2004) Long-term tolerability of benazepril in dogs with congestive heart failure. *J Vet Cardiol* **6** : 7-13.

Rush JE, Freeman LM, Brown DJ et al. (2000) Clinical, echocardiographic, and neurohormonal effects of a sodium-restricted diet in dogs with heart failure. *J Vet Intern Med* **14** : 512-520.

Rush JE, Freeman LM, Hiler C et al. (2002) Use of metoprolol in dogs with acquired cardiac disease. *J Vet Cardiol* **4** : 23-28.

Sisson DD (2010) Pathophysiology of heart failure. In *Textbook of Veterinary Internal Medicine*, 7th edn. (eds SJ Ettinger, EC Feldman) Saunders Elsevier, St. Louis, pp. 1143-1158.

Smith PJ, French AT, Van Israël N et al. (2005) Efficacy and safety of pimobendan in canine heart failure caused by myxomatous mitral valve disease. *J Small Anim Pract* **46** : 121-130.

Uechi M, Sasaki T, Ueno K et al. (2002)

Cardiovascular and renal effects of carvedilol in dogs with heart failure. *J Vet Med Sci* **64** : 469-475.

Ware WA. (2011) Management of heart failure. In *Cardiovascular Disease in Small Animal Medicine.* (ed WA Ware) Manson Publishing, London, pp. 164-193.

HEART DISEASES : CONGENITAL

Abdulla R, Blew GA, Holterman MJ (2004) Cardiovascular embryology. *Pediatr Cardiol* **25** : 191-200.

Oyama MA, Sisson DD, Thomas WP et al. (2010) Congenital heart disease. In *Textbook of Veterinary Internal Medicine,* 7th edn. (eds SJ Ettinger, EC Feldman) Saunders Elsevier, St. Louis, pp. 1250-1298.

Ware WA (2011) Congenital cardiovascular diseases. In *Cardiovascular Disease in Small Animal Medicine.* (ed WA Ware) Manson Publishing, London, pp. 228-262.

Shunts

Blossom JE, Bright JM, Griffiths LG (2010) Transvenous occlusion of patent ductus arteriosus in 56 consecutive dogs. *J Vet Cardiol* **12** : 75-84.

Brockman DJ, Holt DE, Gaynor JW et al. (2007) Long-term palliation of tetralogy of Fallot in dogs by use of a modified Blalock-Taussig shunt. *J Am Vet Med Assoc* **231** : 721-726.

Chetboul V, Charles V, Nicolle A et al. (2006) Retrospective study of 156 atrial septal defects in dogs and cats (2001-2005). *J Vet Med* **53** : 179-184.

Cote E, Ettinger SJ (2001) Long-term clinical management of right-to-left ('reversed') patent ductus arteriosus in 3 dogs. *J Vet Intern Med* **15** : 39-42.

Fujii Y, Fukuda T, Machida N et al. (2004) Transcatheter closure of congenital ventricular septal defects in 3 dogs with a detachable coil. *J Vet Intern Med* **18** : 911-914.

Gordon SG, Miller MW, Roland RM et al. (2009) Transcatheter atrial septal defect closure with the Amplatzer atrial septal occlude in 13 dogs : short- and mid-term outcome. *J Vet Intern Med* **23** : 995-1002.

Gordon SG, Saunders AB, Achen SE et al. (2010) Transarterial ductal occlusion using the Amplatz Canine Duct Occluder in 40 dogs. *J Vet Cardiol* **12** : 85-92.

Miller MW, Gordan SG (2009) Patent ductus arteriosus. In *Kirk's Current Veterinary Therapy XIV.*(eds JD Bonagura, DC Twedt) Saunders Elsevier, St. Louis, pp. 744-747.

Miller MW, Gordon SG, Saunders AB et al. (2006) Angiographic classification of patent ductus arteriosus morphology in the dog. *J Vet Cardiol* **8** : 109-114.

Miller SJ, Thomas WP (2009) Coil embolization of patent ductus arteriosus via the carotid artery in seven dogs. *J Vet Cardiol* **11** : 129-136.

Moore KW, Stepien RL (2001) Hydroxyurea for treatment of polycythemia secondary to right-to-left shunting patent ductus arteriosus in 4 dogs. *J Vet Intern Med* **15** : 418-421.

Nguyenba TP, Tobias AH (2008) Minimally invasive per-catheter patent ductus arteriosus occlusion in dogs using prototype duct occluder. *J Vet Intern Med* **22** : 129-134.

Oswald GP, Orton CE (1993) Patent ductus arteriosus and pulmonary hypertension in related Pembroke Welsh Corgis. *J Am Vet Med Assoc* **202** : 761-764.

Saunders AB, Miller MW, Gordon SG et al. (2007) Echocardiographic and angiocardiographic comparison of ductal dimensions in dogs with patent ductus arteriosus. *J Vet Intern Med* **21** : 68-75.

Schneider M, Hildebrandt N, Schweigl T et al. (2007) Transthoracic echocardiographic measurement of patent ductus arteriosus in dogs. *J Vet Intern Med* **21** : 251-257.

Shimizu M, Tanaka R, Hirao H et al. (2005) Percutaneous transcatheter coil embolization of a ventricular septal defect in a dog. *J Am Vet Med Assoc* **226** : 69-72.

Valve malformations

Buchanan JW (2001) Pathogenesis of single right coronary artery and pulmonic stenosis in English Bulldogs. *J Vet Intern Med* **15** : 101-104.

Bussadori C, DeMadron E, Santilli RA et al. (2001) Balloon valvuloplasty in 30 dogs with pulmonic stenosis : effect of valve morphology and annular size on initial and 1-year outcome. *J Vet Intern Med* **15** : 553-558.

Estrada A (2009) Pulmonic stenosis. In *Kirk's Current Veterinary Therapy XIV.*(eds JD Bonagura, DC Twedt) Saunders Elsevier, St. Louis, pp. 752-756.

Estrada A, Moise NS, Erb HN et al. (2006) Prospective evaluation of the balloon-to-annulus ratio for valvuloplasty in the treatment of pulmonic stenosis in the dog. *J Vet Intern Med* **20** : 862-872.

Estrada A, Moise NS, Renaud-Farrell S (2005) When, how and why to perform a double ballooning technique for dogs with valvular pulmonic stenosis. *J Vet Cardiol* **7** : 41-51.

Falk T, Jonsson L, Pedersen HD (2004) Intramyocardial arterial narrowing in dogs with subaortic stenosis. *J Small Anim Pract* **45** : 448-453.

Famula TR, Siemens LM, Davidson AP et al. (2002) Evaluation of the genetic basis of tricuspid valve dysplasia in Labrador Retrievers. *Am J Vet Res* **63** : 816-820.

French A, Luis Fuentes V, Dukes-McEwan J et al. (2000) Progression of aortic stenosis in the Boxer. *J Small Anim Pract* **41** : 451-456.

Fonfara S, Martinez Pereira Y, Swift S et al. (2010) Balloon valvuloplasty for treatment of pulmonic stenosis in English bulldogs with an aberrant coronary artery. *J Vet Intern Med* **24** : 354-359.

Hoffman G, Amberger CN, Seiler G et al. (2000) Tricuspid valve dysplasia in fifteen dogs. *Schweiz Arch Tierheilkd* **142** : 268-277.

Jenni S, Gardelle O, Zini E et al. (2009) Use of auscultation and Doppler echocardiography in Boxer puppies to predict development of subaortic or pulmonary stenosis. *J Vet Intern Med* **23** : 81-86.

Johnson MS, Martin M, Edwards D et al. (2004) Pulmonic stenosis in dogs : balloon dilation improves clinical outcome. *J Vet Intern Med* **18** : 656-662.

Kienle RD, Thomas WP, Pion PD (1994) The natural history of canine congenital subaortic stenosis. *J Vet Intern Med* **8** : 423-431.

Kunze CP, Abbott JA, Hamilton SM et al. (2002) Balloon valvuloplasty for palliative treatment of tricuspid stenosis with right-to-left atrial-level shunting in a dog. *J Am Vet Med Assoc* **220** : 491-496.

Lehmkuhl LB, Ware WA, Bonagura JD (1994) Mitral stenosis in 15 dogs. *J Vet Intern Med* **8** : 2-17.

Linde A, Koch J (2006) Screening for aortic stenosis in the Boxer : auscultatory, ECG, blood pressure and Doppler echocardiographic findings. *J Vet Cardiol* **8** : 79-86.

Meurs KM, Lehmkuhl LB, Bonagura JD (2005) Survival times in dogs with severe subvalvular aortic stenosis treated with balloon valvuloplasty or atenolol. *J Am Vet Med Assoc* **227** : 420-424.

Ristic JM, Marin C, Baines EA, Herrtage ME (2001) Congenital pulmonic stenosis. A retrospective study of 24 cases seen between 1990-1999. *J Vet Cardiol* **3** : 13-19.

Stafford Johnson M, Martin M, Edwards D et al. (2004) Pulmonic stenosis in dogs : balloon dilation improves clinical outcome. *J Vet Intern Med* **18** : 656-662.

Stamoulis ME, Fox PR (1993) Mitral valve stenosis in three cats. *J Small Anim Pract* **34** : 452-456.

Stepien RL, Bonagura JD (1991) Aortic stenosis : clinical findings in six cats. *J Small Anim Pract* **32** : 341-350.

Vascular and other malformations

Buchanan JW (2004) Tracheal signs and associated vascular anomalies in dogs with persistent right aortic arch. *J Vet Intern Med* **18** : 510-514.

delPalacio MJF, Bayon A, Agut A (1997) Dilated coronary sinus in a dog with persistent left cranial vena cava. *Vet Radiol Ultrasound* **38** : 376-379.

Fossum TW, Miller MW (1994) Cor triatriatum and caval anomalies. *Semin Vet Med Surg* **9** : 177-184.

Muldoon MM, Birchard SJ, Ellison GW (1997) Long-term results of surgical correction of persistent right aortic arch in dogs : 25 cases (1980-1995). *J Am Vet Med Assoc* **210** : 1761-1763.

Stafford Johnson M, Martin M, DeGiovanni JV et al. (2004) Management of cor triatriatum dexter by balloon dilatation in three dogs. *J Small Anim Pract* **45** : 16-20.

VanGundy T (1989) Vascular ring anomalies. *Compend Contin Educ Pract Vet* **11** : 36-48.

HEART DISEASES : MYOCARDIAL, CANINE

Boxer arrhythmogenic right ventricular cardiomyopathy

(also see Cardiac therapy : arrhythmia management)

Baumwart RD, Meurs KM, Atkins CE et al. (2005) Clinical, echocardiographic, and electrocardiographic abnormalities in Boxers with cardiomyopathy and left ventricular systolic dysfunction : 48 cases (1985-2003). *J Am Vet Med Assoc* **226** : 1102-1104.

Kraus MS, Moise NS, Rishniw M et al. (2002) Morphology of ventricular arrhythmias in the Boxer as measured by 12-lead electrocardiography with pace-mapping comparison. *J Vet Intern Med* **16** : 153-158.

Meurs KM, Ederer MM, Stern JA (2007) Desmosomal gene evaluation in Boxers with arrhythmogenic right ventricular cardiomyopathy. *Am J Vet Res* **68** : 1338-1341.

Meurs KM, Spier AW (2009) Cardiomyopathy in Boxer Dogs. In *Kirk's Current Veterinary Therapy XIV.*(eds JD Bonagura, DC Twedt) Saunders Elsevier, St. Louis, pp. 797-799.

Meurs KM, Spier AW, Wright NA et al. (2001) Comparison of in-hospital versus 24-hour ambulatory electrocardiography for detection of ventricular premature complexes in mature Boxers. *J Am Vet Med Assoc* **218** : 222-224.

Oyama MA, Reiken S, Lehnart SE et al. (2008) Arrhythmogenic right ventricular cardiomyopathy in Boxer dogs is associated with calstabin2 deficiency. *J Vet Cardiol* **10** : 1-10.

Smith CE, Freeman LM, Meurs KM et al. (2008) Plasma fatty acid concentrations in Boxers and Doberman Pinschers. *Am J Vet Res* **69** : 195-198.

Spier AW, Meurs KM (2004) Evaluation of spontaneous variability in the frequency of ventricular arrhythmias in Boxers with arrhythmiogenic right ventricular cardiomyopathy. *J Am Vet Med Assoc* **24** : 538-541.

Stern JA, Meurs KM, Spier AW et al. (2010) Ambulatory electrocardiographic evaluation of clinically normal adult Boxers. *J Am Vet Med Assoc* **236** : 430-433.

Thomason JD, Kraus MS, Surdyk KK et al. (2008) Bradycardia-associated syncope in 7 Boxers with ventricular tachycardia (2002-2005). *J Vet Intern Med* **22** : 931-936.

Dilated cardiomyopathy

(also see Cardiac therapy : heart failure management)

Backus RC, Cohen G, Pion PD et al. (2003) Taurine deficiency in Newfoundlands fed commercially available complete and balanced diets. *J Am Vet Med Assoc* **223** : 1130-1136.

Borgarelli M, Santilli RA, Chiavegato D et al. (2006) Prognostic indicators for dogs with dilated cardiomyopathy. *J Vet Intern Med* **20** : 104-110.

Calvert CA, Jacobs GJ, Smith DD (2000) Association between results of ambulatory electrocardiography and development of cardiomyopathy during long-term follow-up of Doberman Pinschers. *J Am Vet Med Assoc* **216** : 34-39.

Calvert CA, Meurs KM (2009) Cardiomyopathy in Doberman Pinschers. In *Kirk's Current Veterinary Therapy XIV.*(eds JD Bonagura, DC Twedt) Saunders Elsevier, St. Louis, pp. 800-803.

Carroll MC, Cote E (2001) Carnitine: a review. *Compend Contin Educ Pract Vet* **23**:45-52.

Dukes-McEwan J, Borgarelli M, Tidholm A et al. (2003) Proposed guidelines for the diagnosis of canine idiopathic dilated cardiomyopathy. *J Vet Cardiol* **5**:7-19.

Everett RM, McGann J, Wimberly HC et al. (1999) Dilated cardiomyopathy of Doberman Pinschers: retrospective histomorphologic evaluation on hearts from 32 cases. *Vet Pathol* **36**:221-227.

Fascetti AJ, Reed JR, Rogers QR et al. (2003) Taurine deficiency in dogs with dilated cardiomyopathy:12 cases (1997-2001). *J Am Vet Med Assoc* **223**:1137-1141.

Freeman LM, Rush JE, Brown DJ et al. (2001) Relationship between circulating and dietary taurine concentration in dogs with dilated cardiomyopathy. *Vet Ther* **2**:370-378.

Kittleson MD, Keene B, Pion PD et al. (1997) Results of the multicenter spaniel trial (MUST): taurine- and carnitine-responsive dilated cardiomyopathy in American Cocker Spaniels with decreased plasma taurine concentration. *J Vet Intern*

Med **11**:204-211.

Luis Fuentes, Corcoran B, French A *et al.* (2002) A double-blind, randomized, placebo-controlled study of pimobendan in dogs with dilated cardiomyopathy. *J Vet Intern Med* **16**:255-261.

Moneva-Jordan A, Lius Fuentes V, Corcoran B *et al.* (2002) Pulsus alternans in English Cocker Spaniels with dilated cardiomyopathy. *J Small Anim Pract* **43**: 410.

Meurs KM, Fox PR, Norgard MM (2007) A prospective genetic evaluation of familial dilated cardiomyopathy in the Doberman Pinscher. *J Vet Intern Med* **21**:1016-1020.

Meurs KM, Hendrix KP, Norgard MM (2008) Molecular evaluation of five cardiac genes in Doberman Pinschers with dilated cardiomyopathy. *Am J Vet Res* **69**:1050-1053.

O'Grady MR, O'Sullivan ML, Minors SL *et al.* (2009) Efficacy of benazepril hydrochloride to delay the progression of occult dilated cardiomyopathy in Doberman Pinschers. *J Vet Intern Med* **23**:977-983.

O'Grady MR, O'Sullivan ML (2004) Dilated cardiomyopathy: an update. *Vet Clin North Am Small Anim Pract* **34**:1187-1207.

O'Sullivan ML, O'Grady MR, Minors SL (2007) Plasma big endothelin-1, atrial natriuretic peptide, aldosterone, and norepinephrine concentrations in normal Doberman Pinschers and Doberman Pinschers with dilated cardiomyopathy. *J Vet Intern Med* **21**:92-99.

Oyama MA, Chittur SV, Reynolds CA (2009) Decreased triadin and increased calstabin2 expression in Great Danes with dilated cardiomyopathy. *J Vet Intern Med* **23**:1014-1019.

Oyama MA, Fox PR, Rush JE *et al.* (2008) Clinical utility of serum N-terminal pro-B-type natriuretic peptide concentration for identifying cardiac disease in dogs and assessing disease severity. *J Am Vet Med Assoc* **232**:1496-1503.

Oyama MA, Sisson DD, Solter PF (2007) Prospective screening for occult cardiomyopathy in dogs by measurement of plasma atrial natriuretic peptide, B-type natriuretic peptide, and cardiac troponin-I concentrations. *Am J Vet Res* **68**:42-47.

Pion PD, Sanderson SL, Kittleson MD (1998) The effectiveness of taurine and levocarnitine in dogs with heart disease. *Vet Clin North Am Small Anim Pract* **28**: 1495-1514.

Sanderson SL, Gross KL, Ogburn PH *et al.* (2001) Effects of dietary fat and L-carnitine on plasma and whole blood taurine concentrations and cardiac function in healthy dogs fed protein-restricted diets. *Am J Vet Res* **62**:1616-1623.

Vollmar AC, Fox PR, Meurs KM *et al.* (2003) Dilated cardiomyopathy in juvenile Doberman Pinscher dogs. *J Vet Cardiol* **5**: 23-27.

Wess G, Schulze A, Geraghty N *et al.* (2010) Ability of a 5-minute electrocardiography (ECG) for predicting arrhythmias in Doberman Pinschers with cardiomyopathy in comparison with a 24-hour ambulatory ECG. *J Vet Intern Med* **24**:367-371.

Other myocardial disease/injury

Actis Dato GM, Arslanian A, DiMarzio P *et al.* (2003) Post-traumatic and iatrogenic foreign bodies in the heart: report of fourteen cases and review of the literature. *J Thoracic Cardiovasc Surg* **126**:408-414.

Breitschwerdt EB, Atkins CE, Brown TT *et al.* (1999) *Bartonella vinsonii* subsp. *berkhoffii* and related members of the alpha subdivision of the Proteobacteria in dogs with cardiac arrhythmias, endocarditis, or myocarditis. *J Clin Microbiol* **37**:3618-3626.

Falk T, Jonsson L (2000) Ischaemic heart disease in the dog: a review of 65 cases. *J Small Anim Pract* **41**:97-103.

Fritz CL, Kjemtrup AM (2003) Lyme borreliosis. *J Am Vet Med Assoc* **223**:1261-1270.

Hess RS, Kass PH, Van Winkle TJ (2003) Association between diabetes mellitus, hypothyroidism or hyperadrenocorticism and atherosclerosis in dogs. *J Vet Intern Med* **17**:489-494.

Kidd L, Stepien RL, Amrheiw DP (2000) Clinical findings and coronary artery disease in dogs and cats with acute and subacute myocardial necrosis: 28 cases. *J Am Anim Hosp Assoc* **36**:199-208.

Schmiedt C, Kellum H, Legendre AM *et al.* (2006) Cardiovascular involvement in 8 dogs with *Blastomyces dermatidis* infection. *J Vet Intern Med* **20**:1351-1354.

Snyder PS, Cooke KL, Murphy ST et al. (2001) Electrocardiographic findings in dogs with motor vehicle-related trauma. *J Am Anim Hosp Assoc* **37**:55-63.

Ware WA (2011) Myocardial diseases of the dog. In *Cardiovascular Disease in Small Animal Medicine*. (ed WA Ware) Manson Publishing, London, pp. 280-299.

Heart diseases: myocardial, feline

Connolly DJ, Soares Magalhaes RJ, Syme HM et al. (2008) Circulating natriuretic peptides in cats with heart disease. *J Vet Intern Med* **22**:96-105.

Ferasin L (2009) Feline myocardial disease: classification, pathophysiology and clinical presentation. *J Feline Med Surg* **11**:3-13.

Ferasin L (2009) Feline myocardial disease: diagnosis, prognosis, and clinical management. *J Feline Med Surg* **11**:183-194.

Ferasin L, Sturgess CP, Cannon MJ et al. (2003) Feline idiopathic cardiomyopathy: a retrospective study of 106 cats (1994-2001). *J Feline Med Surg* **5**:151-159.

Fox PR (2003) Hypertrophic cardiopathy. Clinical and pathologic correlates. *J Vet Cardiol* **5**:39-45.

Fox PR, Maron BJ, Basso C et al. (2000) Spontaneously occurring arrhythmogenic right ventricular cardiomyopathy in the domestic cat: a new animal model similar to the human disease. *Circulation* **102**:1863-1870.

Fries R, Heaney AM, Meurs KM (2008) Prevalence of the myosin-binding protein C mutation in Maine coon cats. *J Vet Intern Med* **22**:893-896.

Harvey AM, Battersby IA, Faena M et al. (2005) Arrhythmogenic right ventricular cardiomyopathy in two cats. *J Small Anim Pract* **46**:151-156.

Koffas H, Dukes-McEwan J, Corcoran BM et al. (2006) Pulsed tissue Doppler imaging in normal cats and cats with hypertrophic cardiomyopathy. *J Vet Intern Med* **20**:65-77.

MacDonald KA, Kittleson MD, Kass PH et al. (2007) Tissue Doppler imaging in Maine Coon cats with a mutation of myosin binding protein C with or without hypertrophy. *J Vet Intern Med* **21**:232-237.

MacDonald KA, Kittleson MD, Kass PH (2008) Effect of spironolactone on diastolic function and left ventricular mass in Maine Coon cats with familial hypertrophic cardiomyopathy. *J Vet Intern Med* **22**:335-341.

MacDonald KA, Kittleson MD, Larson RF et al. (2006) The effect of ramipril on left ventricular mass, myocardial fibrosis, diastolic function, and plasma neurohormones in Maine Coon cats with familial hypertrophic cardiomyopathy without heart failure. *J Vet Intern Med* **20**:1093.

Meurs KM, Norgard MM, Kuan M et al. (2009) Analysis of 8 sarcomeric candidate genes for feline hypertrophic cardiomyopathy mutations in cats with hypertrophic cardiomyopathy. *J Vet Intern Med* **23**:840-843.

Meurs KM, Sanchez X, David RM et al. (2005) A cardiac myosin-binding protein C mutation in the Maine Coon cat with familial hypertrophic cardiomyopathy. *Hum Mol Genet* **14**:3587-3593.

Paige CF, Abbott JA, Elvinger F et al. (2009) Prevalence of cardiomyopathy in apparently healthy cats. *J Am Vet Med Assoc* **234**:1398-1403.

Rush JE, Freeman LM, Fenollosa NK et al. (2002) Population and survival characteristics of cats with hypertrophic cardiomyopathy: 260 cases (1990-1999). *J Am Vet Med Assoc* **220**:202-207.

Sampedrano CC, Chetboul V, Gouni V et al. (2006) Systolic and diastolic myocardial dysfunction in cats with hypertrophic cardiomyopathy or systemic hypertension. *J Vet Intern Med* **20**:1106-1115.

Sampedrano CC, Chetboul V, Mary J et al. (2009) Prospective echocardiographic and tissue Doppler imaging screening of a population of Maine coon cats tested for the A31P mutation in the myosin-binding protein C gene: a specific analysis of the heterozygous status. *J Vet Intern Med* **23**:91-99.

Schober KE, Maerz I (2006) Assessment of left atrial appendage flow velocity and its relation to spontaneous echocardiographic contrast in 89 cats with myocardial disease. *J Vet Intern Med* **20**:120-130.

Taillefer M, Di Fruscia R (2006) Benazepril and subclinical feline hypertrophic cardiomyopathy: a prospective, blinded,

controlled study. *Can Vet J* **47**:437.
Ware WA. (2011) Myocardial diseases of the cat. In *Cardiovascular Disease in Small Animal Medicine*. (ed WA Ware) Manson Publishing, London, pp. 300-319.
Wess G, Schinner C, Weber K et al. (2010) Association of A31P and A74T polymorphisms in the myosin binding protein C3 gene and hypertrophic cardiomyopathy in Maine coon and other breed cats. *J Vet Intern Med* **20**:527-532.
Yang VK Freeman LM, Rush JE (2008) Comparisons of morphometric measurements and serum insulin-like growth factor concentration in healthy cats and cats with hypertrophic cardiomyopathy. *Am J Vet Res* **69**:1061-1066.

HEART DISEASES: NEOPLASTIC
(also see Acquired pericardial diseases and neoplasia)
Akkoc A, Ozyigit MO, Cangul IT (2007) Valvular cardiac myxoma in a dog. *J Vet Med A Physiol Pathol Clin Med* **54**:356-358.
Aronsohn M (1985) Cardiac hemangiosarcoma in the dog: a review of 38 cases. *J Am Vet Med Assoc* **187**:922-926.
Vicari ED, Brown DC, Holt DE et al. (2001) Survival times of and prognostic indicators for dogs with heart base masses: 25 cases (1986-1999). *J Am Vet Med Assoc* **219**:485-487.
Ware WA, Hopper DL (1999) Cardiac tumors in dogs: 1982-1995. *J Vet Intern Med* **13**: 95-103.
Warman SM, McGregor R, Fews D et al. (2006) Congestive heart failure caused by intracardiac tumours in two dogs. *J Small Anim Pract* **47**:480-483.

HEART DISEASES: PERICARDIAL
Acquired pericardial disease and neoplasia
Brisson BA, Reggeti F, Bienzle D (2006) Portal site metastasis of invasive mesothelioma after diagnostic thoracoscopy in a dog. *J Am Vet Med Assoc* **229**:980-983.
Closa JM, Font A, Mascort J (1999) Pericardial mesothelioma in a dog: long-term survival after pericardiectomy in combination with chemotherapy. *J Small Anim Pract* **40**:383-386.
Davidson BJ, Paling AC, Lahmers SL et al. (2008) Disease association and clinical assessment of feline pericardial effusion. *J Am Anim Hosp Assoc* **44**:5-9.
Dunning D, Monnet E, Orton EC et al. (1998) Analysis of prognostic indicators for dogs with pericardial effusion: 46 cases (1985-1996). *J Am Vet Med Assoc* **212**:1276-1280.
Hall DJ, Shofer F, Meier CK et al. (2007) Pericardial effusion in cats: a retrospective study of clinical findings and outcome in 146 cats. *J Vet Intern Med* **21**:1002-1007.
Heinritz CK, Gilson SD, Soderstrom MJ et al. (2006) Subtotal pericardectomy and epicardial excision for treatment of coccidioidomycosis-induced effusive-constrictive pericarditis in dogs: 17 cases (1999-2003). *J Am Vet Med Assoc* **229**:435-440.
Jackson J, Richter KP, Launer DP (1999) Thoracoscopic partial pericardiectomy in 13 dogs. *J Vet Intern Med* **13**:529-533.
MacDonald KA, Cagney O, Magne ML (2009) Echocardiographic and clinicopathologic characterization of pericardial effusion in dogs: 107 cases (1985-2006). *J Am Vet Med Assoc* **235**:1456-1461.
Machida N, Tanaka R, Takemura N et al. (2004) Development of pericardial mesothelioma in golden retrievers with a long-term history of idiopathic haemorrhagic pericardial effusion. *J Comp Path* **131**:166-175.
McDonough SP, MacLachlan NJ, Tobias AH (1992) Canine pericardial mesothelioma. *Vet Path* **29**:256-260.
Rush JE, Keene BW, Fox PR (1990) Pericardial disease in the cat: a retrospective evaluation of 66 cases. *J Am Anim Hosp Assoc* **26**:39-46.
Stafford Johnson M, Martin M, Binns S et al. (2004) A retrospective study of clinical findings, treatment and outcome in 143 dogs with pericardial effusion. *J Small Anim Pract* **45**:546-552.
Stepien RL, Whitley NT, Dubielzig RR (2000) Idiopathic or mesothelioma-related pericardial effusion: clinical findings and survival in 17 dogs studied retrospectively. *J Small Anim Pract* **41**:342-347.
Thomas WP, Reed JR, Bauer TG et al. (1984) Constrictive pericardial disease in the dog.

J Am Vet Med Assoc **184**:546-553.

Tobias AH (2010) Pericardial diseases. In *Textbook of Veterinary Internal Medicine*, 7th edn. (eds SJ Ettinger, EC Feldman) Saunders Elsevier, St. Louis, pp. 1342-1352.

Ware WA (2011) Pericardial diseases and cardiac tumors. In *Cardiovascular Disease in Small Animal Medicine*. (ed WA Ware) Manson Publishing, London, pp. 320-339.

Congenital pericardial disease

Miller MW, Sisson D (2000) Pericardial disorders. In *Textbook of Veterinary Internal Medicine*, 5th edn. (eds SJ Ettinger, EC Feldman) WB Saunders, Philadelphia, pp. 923-936.

Reimer SB, Kyles AE, Filipowicz DE et al. (2004) Long-term outcome of cats treated conservatively or surgically for peritoneopericardial diaphragmatic hernia: 66 cases (1987-2002). *J Am Vet Med Assoc* **224**:728-732.

Evans SM, Biery DO (1980) Congenital peritoneopericardial diaphragmatic hernia in the dog and cat: a literature review and 17 additional case histories. *Vet Radiol* **21**:108-116.

Neiger R (1996) Peritoneopericardial diaphragmatic hernia in cats. *Compend Contin Educ Pract Vet* **18**:461-479.

Wallace J, Mullen HS, Lesser MB (1992) A technique for surgical correction of peritoneal pericardial diaphragmatic hernia in dogs and cats. *J Am Anim Hosp Assoc* **28**:503-510.

HEART DISEASES: VALVULAR
Chronic degenerative AV valve disease
(also see Cardiac therapy: heart failure management)

Atkins C, Bonagura J, Ettinger S et al. (2009) Guidelines for the diagnosis and treatment of canine chronic valvular heart disease. ACVIM Consensus Statement. *J Vet Intern Med* **23**:1142-1150.

Atkins CE, Keene BW, Brown WA et al. (2007) Results of the veterinary enalapril trial to prove reduction in onset of heart failure in dogs chronically treated with enalapril alone for compensated, naturally occurring mitral valve insufficiency. *J Am Vet Med Assoc* **231**:1061-1069.

Beardow AW, Buchanan JW (1993) Chronic mitral valve disease in Cavalier King Charles Spaniels: 95 cases (1987-1991). *J Am Vet Med Assoc* **203**:1023-1029.

Borgarelli M, Tarducci A, Zanatta R et al. (2007) Decreased systolic function and inadequate hypertrophy in large and small breed dogs with chronic mitral valve insufficiency. *J Vet Intern Med* **21**:61-67.

Corcoran BM, Black A, Anderson H et al. (2004) Identification of surface morphologic changes in the mitral valve leaflets and chordae tendineae of dogs with myxomatous degeneration. *Am J Vet Res* **65**:198-206.

Haggstrom J, Boswood A, O'Grady M et al. (2008) Effect of pimobendan or benazepril hydrochloride on survival times in dogs with congestive heart failure caused by naturally occurring myxomatous mitral valve disease: the QUEST study. *J Vet Intern Med* **22**:1124-1135.

Haggstrom J, Kvart C, Hansson K (1995) Heart sounds and murmurs: changes related to severity of chronic valvular disease in the Cavalier King Charles Spaniel. *J Vet Intern Med* **9**:75-85.

Kvart C, Haggstrom J, Pederson HD et al. (2002) Efficacy of enalapril for prevention of congestive heart failure in dogs with myxomatous valve disease and asymptomatic mitral regurgitation. *J Vet Intern Med* **16**:80-88.

Orton EC, Hackett TB, Mama K et al. (2005) Technique and outcome of mitral valve replacement in dogs. *J Am Vet Med Assoc* **226**:1508-1511.

Reineke EL, Burkett DE, Drobatz KJ (2008) Left atrial rupture in dogs: 14 cases (1990-2005) *J Vet Emerg Crit Care* **18**:158-164.

Ware WA (2011) Acquired valve diseases. In *Cardiovascular Disease in Small Animal Medicine*. (ed WA Ware) Manson Publishing, London, pp. 263-279.

Endocarditis

Breitschwerdt EB (2003) *Bartonella* species as emerging vector-transmitted pathogens. *Compend Contin Educ Pract Vet* **25(Suppl)**:12-15.

Dunn ME, Blond L, Letard D et al. (2007) Hypertrophic osteopathy associated with infective endocarditis in an adult boxer dog. *J Small Anim Pract* **48**:99-103.

MacDonald KA, Chomel BB, Kittleson MD et al. (2004) A prospective study of canine infective endocarditis in Northern California (1999-2001): emergence of Bartonella as a prevalent etiologic agent. *J Vet Intern Med* **18**:56-64.

Miller MW, Fox PR, Saunders AB (2004) Pathologic and clinical features of infectious endocarditis. *J Vet Cardiol* **6**:35-43.

Peddle G, Sleeper MM (2007) Canine bacterial endocarditis: a review. *J Am Anim Hosp Assoc* **43**:258-263.

Smith BE, Tompkins MB, Breitschwerdt EB (2004) Antinuclear antibodies can be detected in dog sera reactive to Bartonella vinsonii subsp. berkhoffii, Ehrlichia canis or Leishmania infantum antigens. *J Vet Intern Med* **18**:47-51.

Sykes JE, Kittleson MD, Chomel BB et al. (2006) Clinicopathologic findings and outcome in dogs with infective endocarditis: 71 cases (1992-2005). *J Am Vet Med Assoc* **228**:1735-1747.

Tou SP, Adin DB, Castleman WL (2005) Mitral valve endocarditis after dental prophylaxis in a dog. *J Vet Intern Med* **19**:268-270.

Wall M, Calvert CA, Greene CE (2002) Infective endocarditis in dogs. *Compend Contin Educ Pract Vet* **24**:614-625.

HEARTWORM DISEASE AND ANGIOSTRONGYLOSIS

Canine angiostrongylosis (*Angiostrongylus vasorum*)

Boag AK, Lamb CR, Chapman PS et al. (2004) Radiographic findings in 16 dogs infected with Angiostrongylus vasorum. *Vet Rec* **154**:426-430.

Chapman PS, Boag AK, Guitian J et al. (2004) Angiostrongylus vasorum infection in 23 dogs (1999-2002). *J Small Anim Pract* **45**:435-440.

Helm JR, Morgan ER, Jackson MW et al. (2010) Canine angiostrongylosis: an emerging disease in Europe. *J Vet Emerg Crit Care* **20**:98-109.

Humm K, Adamantos S (2010) Is evaluation of a faecal smear a useful technique in the diagnosis of canine pulmonary angiostrongylosis? *J Small Anim Pract* **51**:200-203.

Kranjc A, Schnyder M, Dennler M et al. (2010) Pulmonary artery thrombosis in experimental Angiostrongylus vasorum infection does not result in pulmonary hypertension and echocardiographic right ventricular changes. *J Vet Intern Med* **24**:855-862.

Morgan ER, Shaw SE, Brennan SF et al. (2005) Angiostrongylus vasorum: a real heartbreaker. *Trends Parasitol* **21**:49-51.

Canine heartworm disease (*Dirofilaria immitis*)

American Heartworm Society (2010) Canine guidelines for the diagnosis, prevention, and management of heartworm (Dirofilaria immitis) infection in dogs. *American Heartworm Society Website* http://www.heartwormsociety.org/veterinary-resources/canine-guidelines.html

Atkins C (2010) Heartworm disease. In *Textbook of Veterinary Internal Medicine*, 7th edn. (eds SJ Ettinger, EC Feldman) Saunders Elsevier, St. Louis, pp. 1353-1380.

Atkins CE, Miller MW (2003) Is there a better way to administer heartworm adulticidal therapy? *Vet Med* **98**:310-317.

Bazzocchi C, Genchi C, Paltrinieri S et al. (2003) Immunological role of the endosymbionts of Dirofilaria immitis: the Wolbachia surface protein activates canine neutrophils with production of IL-8. *Vet Parasitol* **117**:73-83.

Bove CM, Gordon SG, Saunders AB et al. (2010) Outcome of minimally invasive surgical treatment of heartworm caval syndrome in dogs: 42 cases (1999-2007) *J Am Vet Med Assoc* **236**:187-192.

Hettlich BF, Ryan K, Bergman RL et al. (2003) Neurologic complications after melarsomine dihydrochloride treatment for Dirofilaria immitis in three dogs. *J Am Vet Med Assoc* **223**:1456-1461.

Litster A, Atkins C, Atwell R et al. (2005) Radiographic cardiac size in cats and dogs with heartworm disease compared with reference values using the vertebral heart scale method: 53 cases. *J Vet Cardiol* **7**:33-40.

McCall JW (2005) The safety-net story about macrocyclic lactone heartworm preventives: a review, an update, and recommendations. *Vet Parasitol* **133**:197-206.

Rawlings CA, Calvert CA, Glaus TM et al.

(1994) Surgical removal of heartworms. *Semin Vet Med Surg* **9**:200-205.

Feline heartworm disease (*Dirofilaria immitis*)

Atkins C, DeFrancesco TC, Coats JR et al. (2000) Heartworm infection in cats: 50 cases (1985-1997). *J Am Vet Med Assoc* **217**:355-358.

Brawner WR, Dillon AR, Robertson-Plouch CK et al. (2000) Radiographic diagnosis of feline heartworm disease and correlation to other clinical criteria: results of a multicenter clinical case study. *Vet Therapeutics* **1**:81-87.

Browne LE, Carter TD, Levy JK et al. (2005) Pulmonary arterial disease in cats seropositive for *Dirofilaria immitis* but lacking adult heartworms in the heart and lungs. *Am J Vet Res* **66**:1544-1549.

DeFrancesco TC, Atkins CE, Miller MW et al. (2001) Use of echocardiography for the diagnosis of heartworm disease in cats: 43 cases (1985-1997). *J Am Vet Med Assoc* **218**:66-69.

Dillon AR, Brawner WR, Robertson-Plouch CK et al (2000) Feline heartworm disease: correlations of clinical signs, serology, and other diagnostics: results of a multi-center study. *Vet Ther* **1**:176-182.

Executive Board, American Heartworm Society (2007) 2007 guidelines for the diagnosis, prevention, and management of heartworm (*Dirofilaria immitis*) infection in cats. *American Heartworm Society* www.heartwormsociety.org

Kramer L, Genchi C (2002) Feline heartworm infection: serological survey of asymptomatic cats living in northern Italy. *Vet Parasitol* **104**:43-50.

Hypertension: pulmonary

Atkinson KJ, Fine DM, Thombs LA et al. (2009) Evaluation of pimobendan and N-terminal probrain natriuretic peptide in the treatment of pulmonary hypertension secondary to degenerative mitral valve disease. *J Vet Intern Med* **23**:1190-1196.

Bach JF, Rozanski EA, MacGregor J et al. (2006) Retrospective evaluation of sildenafil citrate as a therapy for pulmonary hypertension in dogs. *J Vet Intern Med* **20**:1132-1135.

Brown AJ, Davison E, Sleeper MM (2010) Clinical efficacy of sildenafil in treatment of pulmonary arterial hypertension in dogs. *J Vet Intern Med* **24**:850-854.

Henik RA. (2009) Pulmonary hypertension. In *Kirk's Current Veterinary Therapy XIV.*(eds JD Bonagura, DC Twedt) Saunders Elsevier, Philadelphia, pp. 697-702.

Kellum HB, Stepien RL (2007) Sildenafil citrate therapy in 22 dogs with pulmonary hypertension. *J Vet Intern Med* **21**:1258-1264.

Schober KE, Baade H (2006) Doppler echocardiographic prediction of pulmonary hypertension in West Highland White Terriers with chronic pulmonary disease. *J Vet Intern Med* **20**:912-920.

Serres F, Chetboul V, Tissier R et al. (2006) Doppler echocardiography-derived evidence of pulmonary arterial hypertension in dogs with degenerative mitral valve disease: 86 cases (2001-2005). *J Am Vet Med Assoc* **229**:1772-1778.

Toyoshima Y, Kanemoto I, Arai S et al. (2007) Case of long-term sildenafil therapy in a young dog with pulmonary hypertension. *J Vet Med Sci* **69**:1073-1075.

Ware WA (2011) Pulmonary hypertension. In *Cardiovascular Disease in Small Animal Medicine.* (ed WA Ware) Manson Publishing, London, pp. 340-350.

Hypertension: systemic

Brown S, Atkins C, Bagley R et al. (2007) Guidelines for the identification, evaluation, and management of systemic hypertension in dogs and cats. ACVIM Consensus Statement. *J Vet Intern Med* **21**:542-558.

Chetboul V, Lefebvre HP, Pinhas C et al. (2003) Spontaneous feline hypertension: clinical and echocardiographic abnormalities, and survival rate. *J Vet Intern Med* **17**:89-95.

Egner B (2003) Blood pressure measurement – basic principles and practical applications. In *Essential Facts of Blood Pressure in Dogs and Cats.* (eds B Egner, A Carr, S Brown) BE Vet Verlag, Germany, pp. 1-14.

Elliot J, Barber PJ, Syme HM et al. (2001) Feline hypertension: clinical findings and response to antihypertensive treatment in 30 cases. *J Small Anim Pract* **42**:122-129.

Jepson RE, Elliot J, Brodbelt D et al. (2007) Effect of control of systolic blood pressure on survival in cats with systemic hypertension. *J Vet Intern Med* **21**:402-409.

Kraft W, Egner B (2003) Causes and effects of hypertension. In *Essential Facts of Blood Pressure in Dogs and Cats*. (eds B Egner, A Carr, S Brown) BE Vet Verlag, Germany, pp. 61-86.

Nelson OL, Riedesel E, Ware WA et al. (2002) Echocardiographic and radiographic changes associated with systemic hypertension in cats. *J Vet Intern Med* **16**:418-425.

Sansom J, Rogers K, Wood JLN (2004) Blood pressure assessment in healthy cats and cats with hypertensive retinopathy. *Am J Vet Res* **65**:245-252.

Stepien RL (2003) The heart as a target organ. In *Essential Facts of Blood Pressure in Dogs and Cats*. (eds B Egner, A Carr, S Brown) BE Vet Verlag, Germany, pp. 103-111.

Syme HM, Barber PJ, Markwell PJ et al. (2002) Prevalence of systolic hypertension in cats with chronic renal failure at initial evaluation. *J Am Vet Med Assoc* **220**:1799-1804.

Tissier R, Perrot S, Enriquez B (2005) Amlodipine: one of the main anti-hypertensive drugs in veterinary therapeutics. *J Vet Cardiol* **7**:53-58.

RESPIRATORY DISEASES: AIRWAY
Laryngeal and upper airway disease

Flanders MM, Adams B (1999) Managing patients with a temporary tracheostomy tube. *Vet Technician* **20**:605-613.

Guenther-Yenke C, Rozanski EA (2007) Tracheostomy in cats: 23 cases (1998-2006). *J Feline Med Surg* **9**:451-457.

Hendricks JC, Kline LR, Kovalski RJ et al. (1987) The English bulldog: a natural model of sleep-disordered breathing. *J Appl Physiol* **63**:1344-1350.

Jakubiak MJ, Siedlecki CT, Zenger E et al. (2005) Laryngeal, laryngotracheal, and tracheal masses in cats: 27 cases (1998-2003). *J Am Anim Hosp Assoc* **41**:310-316.

Koch DA, Arnold S, Hubler M et al. (2003) Brachycephalic syndrome in dogs. *Compend Contin Educ Vet Pract* **25**:48-55.

MacPhail CM, Monet E (2009) Laryngeal diseases. In *Kirk's Veterinary Therapy XIV*.(eds JD Bonagura, DC Twedt) Saunders Elsevier, St. Louis, pp. 627-629.

Schachter S, Norris, CR (2000) Laryngeal paralysis in cats: 16 cases (1990-1999). *J Am Vet Med Assoc* **216**:1100-1103.

Ticehurst K, Zaki S, Hunt GB et al. (2008) Use of continuous positive airway pressure in the acute management of laryngeal paralysis in a cat. *Aust Vet J* **86**:395-397.

Torrez CV, Hunt GB (2006) Results of surgical correction of abnormalities associated with brachycephalic airway obstruction syndrome in dogs in Australia. *J Small Anim Pract* **47**:150-154.

Tracheal/large airway disease

Ayres SA, Holmberg DL (1999) Surgical treatment of tracheal collapse using pliable total ring prostheses: results in one experimental and 4 clinical cases. *Can Vet J* **40**:787-791.

Buback JL, Boothe HW, Hobson HP (1996) Surgical treatment of tracheal collapse in dogs: 90 cases (1983-1993). *J Am Vet Med Assoc* **208**:380-384.

Clarke DL, Holt DE, Macintire DK (2008) Tracheal collapse in dogs. *Standards of Care Emerg Crit Care Med* **10**:1-6.

Coyne BE and Fingland RB (1992) Hypoplasia of the trachea in dogs: 103 cases (1974-1990) *J Am Vet Med Assoc* **201**:768-772.

Hardie EM, Spodnick GJ, Gilson SD et al. (1999) Tracheal rupture in cats: 16 cases (1983-1998). *J Am Vet Med Assoc* **214**:508-512.

Harvey CE and Fink EA (1982) Tracheal diameter: analysis of radiographic measurements in brachycephalic and nonbrachycephalic dogs. *J Am Anim Hosp Assoc* **18**:570-576.

Hawkins EC, Clay LD, Bradley JM et al. (2010) Demographic and historical findings, including exposure to environmental tobacco smoke, in dogs with chronic cough. *J Vet Intern Med* **24**:825-831.

Johnson L (2000) Tracheal collapse: diagnosis and medical and surgical treatment. *Vet Clin North Am Small Anim Pract* **30**:1253-1266.

Johnson LR, Drazenovich TL (2007) Flexible bronchoscopy and bronchoalveolar lavage in 68 cats (2001-2006). *J Vet Intern Med* **21**: 219-225.

Johnson LR, Pollard RE (2010) Tracheal collapse and bronchomalacia in dogs: 58 cases (7/2001-1/2008). *J Vet Intern Med* **24**: 298-305.

Kaki A, Crosby ET, Lui AC (1997) Airway and respiratory management following non-lethal hanging. *Can J Anaesth* **44**:445-450.

Lekeux P, Desmecht D (1993) Ventilatory failure and respiratory muscle fatigue. In *Pulmonary Function in Healthy Exercising and Diseased Animals*. Flemish Vet Journal Special Issue, pp. 331-350.

Macready DM, Johnson LR, Pollard RE (2007) Fluoroscopic and radiographic evaluation of tracheal collapse in dogs: 62 cases (2001-2006). *J Am Vet Med Assoc* **230**:1870-1876.

Mitchell SL, McCarthy R, Rudloff E *et al.* (2000) Tracheal rupture associated with intubation in cats 20 cases (1996-1998). *J Am Vet Med Assoc* **216**:1592-1595.

Queen EV, Vaughan MA, Johnson LR (2010) Bronchoscopic debulking of tracheal carcinoma in 3 cats using a wire snare. *J Vet Intern Med* **24**:990-993.

Roach W, Krahwinkel DJ (2009) Obstructive lesions and traumatic injuries of the canine and feline tracheas. *Compend Contin Ed Pract Vet* **31**:86-93.

Robinson NE (2007) Overview of respiratory function: ventilation of the lung. In *Textbook of Veterinary Physiology*, 4th edn. (eds JG Cunningham, BG Klein) Saunders Elsevier, St. Louis, pp. 566-578.

Sura PA, Krahwinkel DJ (2008) Self-expanding nitinol stents for the treatment of tracheal collapse in dogs: 12 cases (2001-2004). *J Am Vet Med Assoc* **232**:228-236.

Suter PF (1984) (ed) *Thoracic Radiography : A Text Atlas of Thoracic Diseases of the Dog and Cat*. Wettswil, Switzerland, pp. 533-537.

Tenwolde AC, Johnson LR, Hunt GB *et al.* (2010) The role of bronchoscopy in foreign body removal in dogs and cats: 37 cases (2000-2008). *J Vet Intern Med* **24**:1063-1068.

Weisse CWC (2009) Intraluminal stenting for tracheal collapse. In *Kirk's Current Veterinary Therapy XIV.*(eds JD Bonagura, DC Twedt) Saunders Elsevier, St Louis, pp. 635-641.

Bronchitis/small airway disease

Gadbois J, d'Anjou MA, Dunn M *et al.* (2009) Radiographic abnormalities in cats with feline bronchial disease and intra- and interobserver variability in radiographic interpretation: 40 cases (1999-2006). *J Am Vet Med Assoc* **234**:367-375.

Hawkins EC (2009) Disorders of the trachea and bronchi.In *Small Animal Internal Medicine*, 4th edn. (eds RW Nelson, CG Couto) Lea & Febiger, Philadelphia, pp. 285-301.

Hawkins EC (2009) Diagnostic tests for the lower respiratory tract. In *Small Animal Internal Medicine*, 4th edn. (eds RW Nelson, CG Couto) Lea & Febiger, Philadelphia, pp. 252-284.

Johnson LR (2005) Diseases of the small airways. In *Textbook of Veterinary Internal Medicine*. 6th edn. (eds SJ Ettinger, EC Feldman) Saunders Elsevier, St. Louis, pp. 1233-1238.

Suter PF (1984) (ed) *Thoracic Radiography : A Text Atlas of Thoracic Diseases of the Dog and Cat*. Wettswil, Switzerland, pp. 533-537.

RESPIRATORY DISEASES: LUNG

Cohn LA (2010) Pulmonary parenchymal diseases. In *Textbook of Veterinary Internal Medicine*, 7th edn. (eds SJ Ettinger, EC Feldman) Saunders Elsevier, St. Louis, pp. 1096-1118.

McNiel EA, Ogilvie GK, Powers BE *et al.* (1997) Evaluation of prognostic factors for dogs with primary lung tumors: 67 cases (1985-1992). *J Am Vet Med Assoc* **211**: 1422-1427.

Nemanic S, London CA, Wisner ER (2006) Comparison of thoracic radiographs and single breath-hold helical CT for detection of pulmonary nodules in dogs with metastatic neoplasia. *J Vet Intern Med* **20**: 508-515.

Paoloni MC, Adams WM, Dubielzig RR *et al.* (2006) Comparison of results of computed tomography and radiography with histopathologic findings in tracheobronchial lymph nodes in dogs with primary lung tumors: 14 cases (1999-2002). *J Am Vet Med Assoc* **228**:1718-1722.

Acute respiratory distress syndrome and noncardiogenic pulmonary edema

DeClue AE, Cohn LA (2007) Acute respiratory distress syndrome in dogs and cats: a review of clinical findings and pathophysiology. *J Vet Emerg Crit Care* **17**:340-347.

Dobratz KJ, Saunders HM et al. (1995) Noncardiogenic pulmonary edema in dogs and cats: 26 cases (1987-1993). *J Am Vet Med Assoc* **206**:1732-1736.

Hsu YH, Cho LC, Wang LS et al. (2006) Acute respiratory distress syndrome associated with rabies: a case report. *Kaohsiung J Med Sci* **22**:94-98.

Lemos LB, Baliga M, Guo M (2001) Acute respiratory distress syndrome and blastomycosis: presentation of nine cases and review of the literature. *Ann Diag Path* **5**:1-9.

Meyer KC, McManus EJ, Maki DG (1993) Overwhelming pulmonary blastomycosis associated with the adult respiratory distress syndrome. *New Engl J Med* **329**:1231-1236.

Parent C, King LG, Walker LM et al. (1996) Clinical and clinicopathologic findings in dogs with acute respiratory distress syndrome: 19 cases (1985-1993). *J Am Vet Med Assoc* **208**:1419-1427.

Walker T, Tidwell AS, Rozanski EA et al. (2005) Imaging diagnosis: acute lung injury following massive bee envenomation in a dog. *Vet Radiol Ultrasound* **46**:300-303.

Pneumonias

Forrester SD, Moon ML, Jacobson JD (2001) Diagnostic evaluation of dogs and cats with respiratory distress. *Compend Contin Educ Pract Vet* **23**:56-69.

Greene CE (2006) (ed) *Infectious Diseases of the Dog and Cat*, 3rd edn. Elsevier Saunders, St. Louis.

Kogan DA, Johnson LR, Jandrey KE et al. (2008) Clinical, clinicopathologic, and radiographic findings in dogs with aspiration pneumonia: 88 cases (2004-2006). *J Am Vet Med Assoc* **233**:1742-1747.

Kogan DA, Johnson LR, Sturges BK et al. (2008) Etiology and clinical outcome in dogs with aspiration pneumonia: 88 cases (2004-2006). *J Am Vet Med Assoc* **233**:1748-1755.

Rochat MC, Cowell RL, Tyler RD et al. (1990) Paragonimiasis in dogs and cats. *Compend Contin Educ Pract Vet* **12**:1093-1100.

Wray JD, Sparkes AH (2006) Use of radiographic measurements in distinguishing myasthenia gravis from other causes of canine megaesophagus. *J Small Anim Pract* **47**:256-263.

Other pulmonary parenchymal disease

Berry CR, Graham JP, Thrall DE (2007) Interpretation paradigms for the small animal thorax. In *Textbook of Veterinary Diagnostic Radiology*, 5th edn. (ed DE Thrall) Saunders Elsevier, St Louis, pp. 462-485.

Brown AJ, Waddell LS (2009) Rodenticides. In *Small Animal Critical Care Medicine*. (eds DC Silverstein, K Hopper) Elsevier, St. Louis, Elsevier. pp. 346-350.

Clercx C, Peeters D (2007) Canine eosinophilic bronchopneumopathy. *Vet Clin North Am Small Anim Pract* **37**:917-935.

Clercx C, Peeters D, German AJ et al. (2002) An immunologic investigation of canine eosinophilic bronchopneumopathy. *J Vet Intern Med* **16**:229-237.

Clercx C, Peeters D, Snaps F et al. (2000) Eosinophilic bronchopneumopathy in dogs. *J Vet Intern Med* **14**:282-291.

Drobatz DJ, Walker LM, Hendricks JC (1999) Smoke exposure in dogs: 27 cases (1986-1997) *J Am Vet Med Assoc* **215**:1306-1311.

Drobatz DJ, Walker LM, Hendricks JC (1999) Smoke exposure in cats: 22 cases (1986-1997). *J Am Vet Med Assoc* **215**:1312-1316.

Fitzgerald KT, Flood AA (2006) Smoke inhalation. *Clin Tech Small Anim Pract* **21**:205-214.

Goldkamp CE, Schaer M (2008) Canine drowning. *Compend Contin Educ Pract Vet* **30**:340-352.

Heffner GG, Rozanski EA, Beal MW et al. (2008) Evaluation of freshwater submersion in small animals: 28 cases (1996-2006). *J Am Vet Med Assoc* **232**:244-248.

Johnson VS, Corcoran BM, Wotton PR et al. (2005) Thoracic high-resolution computed tomographic findings in dogs with canine idiopathic pulmonary fibrosis. *J Small Anim Pract* **46**:381-388.

Norris AJ, Naydan DK, Wilson DW (2005) Interstitial lung disease in West Highland

White Terriers. *Vet Pathol* **42**:35-41.
Polton GA, Brearley MJ, Powell SM et al. (2008) Impact of primary tumour stage on survival in dogs with solitary lung tumours. *J Small Anim Pract* **49**:66-71.
Rissetto KC, Lucas PW, Fan TM (2008) An update on diagnosing and treating primary lung tumors. *Vet Med* **103**:154-169.

Ventilator therapy
Ethier MR, Mathews KA, Valverde A et al. (2008) Evaluation of the efficacy and safety for use of two sedation and analgesia protocols to facilitate assisted ventilation of healthy dogs. *Am J Vet Res* **69**:1351-1359.
Hopper K, Haskins SC, Kass PH et al. (2007) Indications, management, and outcome of long-term positive-pressure ventilation in dogs and cats: 148 cases (1990-2001). *J Am Vet Med Assoc* **230**:64-75.
Sereno RL (2006) Use of controlled ventilation in a clinical setting. *J Am Anim Hosp Assoc* **42**:477-480.

RESPIRATORY DISEASES: PLEURAL SPACE
Pleural effusion
D'Anjou MA, Tidwell AS, Hecht S (2005) Radiographic diagnosis of lung lobe torsion. *Vet Radiol Ultrasound* **46**:478-484.
Boothe HW, Howe LM, Boothe DM et al. (2010) Evaluation of outcomes in dogs treated for pyothorax: 46 cases (1983-2001). *J Am Vet Med Assoc* **236**:657-663.
Fossum TW, Forrester SD, Swenson CL et al. (1991) Chylothorax in cats: 37 cases (1969-1989). *J Am Vet Med Assoc* **198**:672-678.
La Fond E, Weirich WE, Salisbury SK (2002) Omentalization of the thorax for treatment of idiopathic chylothorax with constrictive pleuritis in a cat. *J Am Anim Hosp Assoc* **38**:74-78.
Ludwig LL, Simpson AM, Han E (2010) Pleural and extrapleural diseases. In *Textbook of Veterinary Internal Medicine*, 7th edn. (eds SJ Ettinger, EC Feldman) Saunders Elsevier, St. Louis, pp. 1125-1137.
McGavin MD, Zachary JF (2007) (eds) *Pathologic Basis of Veterinary Disease*, 4th edn. Elsevier, St. Louis.
Moore AS, Kirk C, Cardona A (1991) Intracavitary cisplatin chemotherapy experience with six dogs. *J Vet Intern Med* **5**:227-231.
Murphy KA, Brisson BA (2006) Evaluation of lung lobe torsion in Pugs: 7 cases (1991-2004). *J Am Vet Med Assoc* **228**:86-90.
Neath PJ, Brockman DJ, King LG (2000) Lung lobe torsion in dogs: 22 cases (1981-1999). *J Am Vet Med Assoc* **217**:1041-1044.
Seiler G, Schwarz T, Rodriguez D (2008) Computed tomographic features of lung lobe torsion. *Vet Radiol Ultrasound* **49**:504-508.
Spugnini EP, Crispi S, Scarabello A et al. (2008) Piroxicam and intracavitary platinum-based chemotherapy for the treatment of advanced mesothelioma in pets: preliminary observations. *J Exp Clin Cancer Res* **27**:6-10.

Pneumothorax
Au JJ, Weisman DL, Stefanacci JD et al. (2006) Use of computed tomography for evaluation of lung lesions associated with spontaneous pneumothorax in dogs: 12 cases (1999-2002). *J Am Vet Med Assoc* **228**:733-737.
Lipscomb VJ, Hardie RJ, Dubielzig RR (2003) Spontaneous pneumothorax caused by pulmonary blebs and bullae in 12 dogs. *J Am Anim Hosp Assoc* **39**:435-445.
Ludwig LL, Simpson AM, Han E (2010) Pleural and extrapleural diseases. In *Textbook of Veterinary Internal Medicine*, 7th edn. (eds SJ Ettinger, EC Feldman) Saunders Elsevier, St. Louis, pp. 1125-1137.
Maritato KC, Cokon KA, Kergosien DH (2009) Pneumothorax. *Compend Contin Educ Pract Vet* **31**:232-242.
Puerto DA, Brockman DJ, Lindquist C et al. (2002) Surgical and nonsurgical management of and selected risk factors for spontaneous pneumothorax in dogs: 64 cases (1986-1999). *J Am Vet Med Assoc* **220**:1670-1674.

THORACIC DISEASE AND OTHER ABNORMALITIES
Diaphragmatic disease
Bellenger CR, Milstein M, McDonell W (1975) Herniation of gravid uterus into the thorax of a dog. *Mod Vet Pract* **56**:553-555.
Lin JL, Lee CS, Chen PW et al. (2007) Complications during labour in a

Chihuahua due to diaphragmatic hernia. *Vet Rec* **161**:103-104.

Tadmor A, Zuckerman E, Birnbaum SC (1978) Diaphragmatic hernia in a pregnant bitch. *J Am Vet Med Assoc* **172**:585-586.

Heinz body anemia

Court MH, Greenblatt DJ (2000) Molecular genetic basis for deficient acetaminophen glucuronidation by cats: UGT1A6 is a pseudogene, and evidence for reduced diversity of expressed hepatic UGT1A isoforms. *Pharmacogenetics* **10**:355-369.

Hill AS, O'Neill S, Rogers QR et al. (2001) Antioxidant prevention of Heinz body formation and oxidative injury in cats. *Am J Vet Res* **62**:370-374.

Robertson JE, Christopher MM, Rogers QR (1998) Heinz body formation in cats fed baby food containing onion powder. *J Am Vet Med Assoc* **212**:1260-1266.

Villar D, Buck WB, Gonzales JM (1998) Ibuprofen, aspirin and acetaminophen toxicosis and treatment in dogs and cats. *Vet Hum Toxicol* **40**:156-162.

Mediastinal disease

Biller DS, Larson MM (2010) Mediastinal disease. In *Textbook of Veterinary Internal Medicine*, 7th edn. (eds SJ Ettinger, EC Feldman) Saunders Elsevier, St. Louis, pp. 1119-1124.

Fidel JL, Pargass IS, Dark MJ et al. (2008) Granulocytopenia associated with thymoma in a domestic shorthaired cat. *J Am Anim Hosp Assoc* **44**:210-217.

Palmer KG, King LG, Van Winkle TJ (1998) Clinical manifestations and associated disease syndromes in dogs with cranial vena cava thrombosis: 17 cases (1989-1996). *J Am Vet Med Assoc* **213**:220-224.

Rottenberg S, von Tscharner C, Roosje PJ (2004) Thymoma-associated exfoliative dermatitis in cats. *Vet Pathol* **41**:429-433.

Smith AN, Wright, JC, Brawner WR et al. (2001) Radiation therapy in the treatment of canine and feline thymomas: a retrospective study (1985-1999). *J Am Anim Hosp Assoc* **37**:489-496.

Stephens JA, Parnell NK, Clarke K et al. (2002) Subcutaneous emphysema, pneumomediastinum, and pulmonary emphysema in a young schipperke. *J Am Anim Hosp Assoc* **38**:121-124.

Yoon J, Feeney DA, Cronk KL (2004) Computed tomographic evaluation of canine and feline mediastinal masses in 14 patients. *Vet Radiol Ultrasound* **45**:542-546.

Zitz JC, Birchard SJ, Couto GC et al. (2008) Results of excision of thymoma in cats and dogs: 20 cases (1984-2005) *J Am Vet Med Assoc* **232**:1186-1192.

Pectus excavatum

Boudrieau R, Fossum T, Hartsfield S et al. (1990) Pectus excavatum in dogs and cats. *Compend Contin Educ Pract Vet* **12**:341-355.

Fossum TW (2007) Pectus excavatum. In *Small Animal Surgery*, 3rd edn. (ed TW Fossum) Mosby, St. Louis, pp. 889-894.

Fossum TW, Boudrieau RJ, Hobson HP (1989) Pectus excavatum in eight dogs and six cats. *J Am Anim Hosp Assoc* **25**:595-605.

Yoon H, Mann FA, Jeong S (2008) Surgical correction of pectus excavatum in two cats. *J Vet Sci* **9**:335-337.

Thoracic trauma

Holt DE, Griffin G (2000) Bite wounds in dogs and cats. *Vet Clin North Am Small Anim Pract* **30**:669-679.

Toxicity: coagulopathy

Brown AJ, Waddell LS (2009) Rodenticides. In *Small Animal Critical Care Medicine*. (eds DC Silverstein, K Hopper) Elsevier, St. Louis, pp. 346-350.

Dunn ME (2010) Acquired coagulopathies. In *Textbook of Veterinary Internal Medicine*, 7th edn. (eds SJ Ettinger, EC Feldman) Saunders Elsevier, St. Louis, pp. 797-800.

VASCULAR DISEASE
Pulmonary thromboembolism

Carr AP, Panciera DL, Kidd L (2002) Prognostic factors for mortality and thromboembolism in canine immune-mediated hemolytic anemia: a retrospective study of 72 dogs. *J Vet Intern Med* **16**:504-509.

Hackner SG (2009) Pulmonary thromboembolism. In *Kirk's Current Veterinary Therapy XIV*.(eds JD Bonagura, DC Twedt) Saunders Elsevier, St Louis, pp. 689-697.

Systemic arterial thromboembolism

Alwood AJ, Downend AB, Brooks MB et al. (2007) Anticoagulant effects of low-molecular-weight heparins in healthy cats. *J Vet Intern Med* **21**:378-387.

Boswood A, Lamb CR, White RN (2000) Aortic and iliac thrombosis in six dogs. *J Small Anim Pract* **41**:109-114.

Carr AP, Panciera DL, Kidd L (2002) Prognostic factors for mortality and thromboembolism in canine immune-mediated hemolytic anemia: a retrospective study of 72 dogs. *J Vet Intern Med* **16**:504-509.

Good LI, Manning AM (2003) Thromboembolic disease: physiology of hemostasis and pathophysiology of thrombosis. *Compend Contin Educ Pract Vet* **25**:650-658.

Good LI, Manning AM (2003) Thromboembolic disease: predispositions and clinical management. *Compend Contin Educ Pract Vet* **25**:660-674.

Hogan DF, Andrews DA, Green HW et al. (2004) Antiplatelet effects and pharmacodynamics of clopidogrel in cats. *J Am Vet Med Assoc* **225**:1406-1411.

Laste NJ, Harpster NK (1995) A retrospective study of 100 cases of feline distal aortic thromboembolism: 1977-1993. *J Am Anim Hosp Assoc* **31**:492-500.

Moore KE, Morris N, Dhupa N et al. (2000) Retrospective study of streptokinase administration in 46 cats with arterial thromboembolism. *J Vet Emerg Crit Care* **10**:245-257.

Nelson OL, Andreasen C (2003) The utility of plasma D-dimer to identify thromboembolic disease in dogs. *J Vet Intern Med* **17**:830-834.

Rossmeisl JH (2003) Current principles and applications of D-dimer analysis in small animal practice. *Vet Med* **98**:224-234.

Smith CE, Rozanski EA, Freeman LM et al. (2004) Use of low molecular weight heparin in cats: 57 cases (1999-2003). *J Am Vet Med Assoc* **225**:1237-1241.

Smith SA, Tobias AH (2004) Feline arterial thromboembolism: an update. *Vet Clin North Am Small Anim Pract* **34**:1245-1271.

Smith SA, Tobias AH, Jacob KA et al. (2003) Arterial thromboembolism in cats: acute crisis in 127 cases (1992-2001) and long-term management with low-dose aspirin in 24 cases. *J Vet Intern Med* **17**:73-83.

Stokol T, Brooks M, Rush JE, et al. (2008) Hypercoagulability in cats with cardiomyopathy. *J Vet Intern Med* **22**:546-552.

Thompson MF, Scott-Moncrieff JC, Hogan DF (2001) Thrombolytic therapy in dogs and cats. *J Vet Emerg Crit Care* **11**:111-121.

Van De Wiele CM, Hogan DF, Green III HW et al. (2010) Antithrombotic effect of enoxaparin in clinically healthy cats: a venous stasis model. *J Vet Intern Med* **24**:185-191.

Van Winkle TJ, Hackner SG, Liu SM (1993) Clinical and pathological features of aortic thromboembolism in 36 dogs. *J Vet Emerg Crit Care* **3**:13-21.

Ware WA. (2011) Thromboembolic disease. In *Cardiovascular Disease in Small Animal Medicine.* (ed WA Ware) Manson Publishing, London, pp. 145-163.

Welch KM, Rozanski EA, Freeman LM et al. (2010) Prospective evaluation of tissue plasminogen activator in 11 cats with arterial thromboembolism. *J Feline Med Surg* **12**:122-128.

索引

注意：項目後の数字は設問・解答番号（掲載ページ）

英字索引

Bordetella 166,177(188,200)
CT 17,108,193,196,218(25,26,122,219,220,224,251)
FIP 61(70)
L-カルニチン 32,207(42,238)
NT-proBNP 95(106)
N-アセチルシステイン 138(154)
Oslerus osleri 2(8)
Wolff-Parkinson-White型早期興奮 130(146)
X線
　咽頭部/喉頭部 167(188)
　エアブロンコグラム 62,65,66,89,101,166(72,76,78,100,114,188)
　横隔膜ヘルニア 3(10)
　拡張型心筋症 170,171(192)
　火災による障害 56(66)
　気管支 72,176(84,200)
　気管支気道瘻 40(50)
　気管支肺炎 72(84)
　気管低形成 62(72)
　気胸 30,193(39,40,219,220)
　胸水 60,155,208(70,174,240)
　胸部の膿瘍 9(16)
　空洞性肺病変 108,196(122,224)
　咬傷 178(202)
　交通事故 74,202(85,231)
　誤嚥性肺炎 191(218)
　絞扼 81(91,92)
　腫瘍 98,142,144,155(110,160,162,174)
　腫瘍病変 52,93,192(62,103,104,219,220)
　上部気道 50(59,60)
　心臓拡大 20,28,32,35,46,170,208(30,38,42,44,54,192,234)
　溺水 66(77,78)
　動脈管開存症 79(90)
　猫喘息 89(99)
　肺吸虫症 199(228)
　肺結節 11(18)
　肺腫瘍 17(26)
　肺水腫 117,171(132,192)
　肺線維症 184(208)
　肥大性骨症 142(162)
　リンパ節腫大 22(32)
β₂-アドレナリン受容体作動薬 100(112)
β-遮断剤 47,49,80,132,165,207(56,58,92,148,186,238)
　ソタロール 91(101,102)

訳語索引

＜ア行＞

アジソン病 54(64)
アシドーシス 102(114)
アスピリン 35,97,107,165,208(44,108,120,186,240)
アセトアミノフェン、中毒 138(154)
アテノロール 35(44)
アトロピン反応試験 37,115(46,130)
アミオダロン 49,87,217(58,98,249,250)
アミノフィリン 181(206)
アムロジピン 132,201(148,229,230)
アモキシシリン/クラブラン酸 150,166(168,188)
アルブテロール 96,100(108,112)
アレルゲン 98,151(108,170)
アンジオテンシン変換酵素阻害剤 95,107,110,181,187,207,216(106,120,124,206,212,238,250)
胃食道逆流症 200(230)
イトラコナゾール 169(190)
犬糸状虫 136,137,210(151,152,154,244)
　重症度分類 55(63,64)
　心エコー図 185(209,210)
　診断 136(151)
　治療 27,210(35,36,243,244)
　猫 185(209,210)
犬伝染性気管気管支炎（ケンネルコフ） 166(188)
異物
　食道 179(204)
イミダクロプリド 154(172)
インスリン 33(42)
咽頭 167,215(188,248)
ウェスティー肺疾患 184(208)
右脚ブロック 113,152(128,170)
右心室圧 162(182)
右心室拡大 162(182)
右心室肥大 205(236)
右心房圧 205(236)
右側三心房心 121(136)
右側心尖部拍動 156(175,176)
うっ血性心不全 18,32,110,117,165,170,205(28,42,123,132,186,192,236)
　再評価 157(176)
　ステージ 73(84)
　代償不全 189,216(216,250)
　治療 110,171,189,214,216(124,192,216,248,250)
　難治性の治療 187(211,212)
　猫 26,110,208(35,123,240)
　肺高血圧症 211(244)
　慢性動脈管開存症 175(198)
　両側性 90,208(102,240)
エアブロンコブラム 62,65,66,89,101,166(72,76,78,100,114,188)
エスモロール 87(98)
エナラプリル 38,189,214,216(47,48,216,247,248,250)
エノキサパリン 97(108)
炎症、気管支 2,96,177(8,108,199)
炎症、気道 99(112)
エンロフロキサシン 166(188)
横隔膜ヘルニア
　右側 3,74(10,86)
　外傷性 74,84(86,96)
　左側 98(110)
　心膜 140,188(158,214)
　嘔吐 75,140,185,188(85,157,209,213)
オクトレオチド 60(70)

＜カ行＞

開胸 69(79,80)
開口呼吸 21(29)
外傷
　横隔膜ヘルニア 74,84(86,96)
　外傷後の不整脈 173(196)
　気管内チューブ 182(206)
　胸部 74,147,178,202(86,166,202,232)
　咬傷 178(202)
　穿孔性心臓外傷 194(222)

索引

化学療法　123(138)
火災による障害　56(66)
喀血　65,108(75,76,121)
活性化部分トロンボプラスチン
　時間
　　97,104(108,118)
喀痰、細胞診
　酵母菌(ブラストミセス)症
　　　197(226)
過敏反応　16,96,99,151,153
　(24,108,112,170,172)
カルシウムチャネル遮断剤
　　201(230)
カルニチン，血漿　171(192)
カルベジロール　189(216)
換気血流比(V/Q)
　　68,102(80,114)
眼球を圧迫　87(98)
気管
　挙上　46,117(54,132)
　腫瘤　9,116,133(16,130,150)
　低形成　62(72)
　肥厚　82(94)
　偏位
　　93,122,140,179
　　(103,104,136,158,204)
　裂傷　182(206)
気管気管支炎、伝染性
　166,177(188,200)
気管：胸腔入口径比　62(72)
気管虚脱　15,57,58,164,195
　(22,66,67,184,224)
気管虚脱複合症　15(22)
気管支
　圧迫　214(248)
　異物　103(116)
気管支炎
　アレルギー　96,151(108,170)
　慢性　10,72,195(16,84,224)
気管支拡張剤
　　15,96,99,100,
　　150,204
　　(22,108,111,112,
　　168,234)
気管支拡張症　72,176(84,200)
気管支鏡
　異物　103(116)
　好酸球性肺疾患　153(171,172)
　猫喘息　99(112)
　肺腫瘍　168(189,190)
　慢性気管支炎　195(224)
気管支内視鏡検査　58(68)
気管支肺炎　62(72)
気管支肺胞癌
　17,70,168(26,82,190)
気管支肺胞洗浄
　Angiostrongylus感染　218(252)
　気管支肺炎　177(200)

気管肥厚　82(93,94)
気道の炎症　96,99(108,112)
ヒストプラズマ感染症
　　169(190)
慢性気管支炎　10,72(16,84)
気管支パターン
　16,28,72,99,176
　(24,38,84,112,200)
気管切開チューブ装着
　　215(247,248)
気管内チューブによる外傷
　　182(206)
気管輪、補強材　58(68)
気胸　30(39,40)
　再発　134(149)
　自然　193,196(219,220,223)
起坐呼吸　1,104(8,118)
気腫、皮下　182(206)
気道の狭窄　1(8)
　異物　103(116)
　上部気道　9,50,57,116,133
　　(16,60,130,150)
気道の虚脱　15,164(22,184)
キャノンa波　23(32)
急性呼吸窮迫症候群(ARDS)
　　105,106,197
　　(118,120,226)
吸入器　100(112)
吸入療法　99(112)
胸腔鏡検査　69,123(80,137)
胸腔穿刺　25,59,60,61,78,
　　123,208
　　(33,67,69,70,89,
　　137,240)
胸骨正中切開　134,213
　　(149,150,245)
胸骨、脱臼　178(202)
胸水　29,75,101,203,219
　(37,38,85,114,234,253)
　外傷性　194(222)
　偽乳び　25(34)
胸部腫瘤病変鑑別
　　155(173,174)
　滲出液　61(70)
　乳び　25,59,60,101
　　(34,68,69,70,113)
　変性漏出液　26(36)
　漏出液　19,155(28,174)
胸水の塗抹　25,59,61,78
　　(33,67,69,89)
胸腺腫　122、213
　　(136,245,246)
胸膜炎　123(138)
凝固障害　65,104(76,118)
巨大食道　191(218)
　原因　191(218)
虚脱
　　77,102,103,112
　　(88,113,115,116,125)

失神も参照
魚油　32(42)
金属製の弾丸による傷害
　　194(222)
空胞性の肺病変
　108,134,196(122,150,224)
クッシング症候群　126(141)
鞍状血栓　34(44)
グリコピロレート　143(160)
クルシュマン螺旋体　10(16)
クロピドグレル
　　35,97,107,165
　　(44,108,120,186)
頸静脈
　怒張/強い拍動
　　23,26,51,71,111,136,210
　　(31,36,60,81,125,126,
　　151,152,243)
頸静脈切開　210(244)
頸動脈洞のマッサージ　87(98)
痙攣発作　112(125,126)
血液ガス検査　68,102(79,113)
血液塗抹　138(153)
血管造影　45,88,110,121,163
　　(53,99,123,136,183)
血管肉腫　6,76(12,88)
血管輪異常　139(156)
結節
　気道/気管/肺　2,8,11,108,153
　　(8,13,14,18,122,172)
　良性/悪性　11(17,18)
血栓塞栓症　動脈血栓塞栓症を参照
ケトコナゾール　169(190)
ゲンタマイシン　166(188)
ケンネルコフ
　　(犬伝染性気管気管支炎)
　　166,177(188,200)
高カリウム血症　33,53,54
　　(42,62,64)
高血圧
　全身性　132(148)
　　肺高血圧症も参照
高血圧治療　132(148)
好酸球　16,96,151,153
　　(23,24,108,169,
　　170,171,172)
好酸球性肉芽腫　153(172)
後肢虚弱　180(203)
後肢麻痺　107(120)
咬傷　178(202)
甲状腺機能亢進症　132(148)
抗生剤治療
　細菌性肺炎　150,177(168,200)
　心内膜炎　128(144)
　伝染性気管気管支炎　166(188)
拘束性心膜疾患　219(254)
交通事故　74,84,147,173

284

索引

(85,95,165,195)
喉頭
　X線検査　　　　　　　167(188)
　麻痺　　　　　　　5,58(12,68)
抗不整脈剤　　　　　49,91,217
　　　　　　　　　(58,102,250)
絞扼　　　　　　　　　　81(92)
呼気終末陽圧呼吸　　　　43(52)
呼吸困難
　アセトアミノフェン中毒
　　　　　　　　　　　138(154)
　気管虚脱　　　　57,58(66,68)
　起坐呼吸　　　　1,104(8,118)
　気道狭窄　　　　　　　　1(8)
　気道の閉塞　　　　　5,9,133
　　　　　　　　　　(12,16,150)
　急性呼吸窮迫症候群(ARDS)
　　　　　　　　　105,106,197
　　　　　　　　　(118,120,226)
　咬傷　　　　　　　　178(202)
　心疾患　　　28,95,117,149,174
　　　(38,106,132,167,168,195,196)
　喘息　　　　　　　　　99(112)
　皮下気腫　　　　　　182(206)
　ブラ　　　　　　　　134(150)
　膨化　　　　　　　　182(205)
呼吸状態　　　　1,133(7,8,150)
呼吸性アルカローシス　68(80)
呼吸様式　　　　　　　　　1(7)
コッカー・スパニエル　171(192)
骨腫、肺　　　　　　　　11(18)
骨折
　胸椎圧迫骨折　　　　202(232)
　肋骨　　　　　　　　147(166)
骨膜性新生骨　　　　142,155
　　　　　　　　　　(160,174)
骨膜の新骨形成　　　142(160)
コルチコステロイド　　99,184
　　　　　　　　　　(112,210)
コロナウイルス　　　　61(70)

＜サ行＞
再拡張性肺水腫　　　　　84(96)
細菌性肺炎　　　　　　150(167)
採取した心膜液　　　6,141,161
　　　　　　　　　(11,12,157,181)
細胞診　　　　　　　　218(251)
左室流出路
　障害　　　　　　　35,47(44,56)
左心室
　拡大　　　　13,95,165(20,106,186)
　拡張　　　　　　　　186(212)
　短縮率　　　　189,207,216,238)
　肥大　　　　　86,90(98,102)
　壁運動　　　　　　　　95(106)
左心房拡大
　　　　　　　　　4,14,15,38,107,110,
　　　　　　114,164,165,214,216

(10,22,48,120,124,
128,184,186,248,250)
殺鼠剤中毒　　　65,104(76,118)
酸化傷害　　　　　　　138(154)
三尖弁異形成　87,206(98,236)
三尖弁逆流　　　26,162(36,182)
三段脈　　　　　　　　　36(46)
歯科処置、病歴　　　　　78(89)
子宮、横隔膜ヘルニア　　　3(10)
シクロホスファミド　153(172)
ジゴキシン　　　　　80,181,189
　　　　　　　(92,206,215,216)
ジゴキシン中毒　　　　143(160)
四肢腫脹　　　　　　　142(159)
失神
　　　　　　　　23,36,77,112,113,
　　　　　　　　　　135,204
　　　　　(31,45,46,88,126,128,
　　　　　　　　　　151,234)
　運動　　　　　　　　112(126)
　痙攣発作　　　　　112(125,126)
ジフェニルヒダントイン
　　　　　　　　　　　143(160)
脂肪腫　　　　　　　　183(208)
瀉血　　　　　　　　　　92(104)
縦隔気腫　　　　　　　30(39,40)
縦隔腫瘤　51,93,109,122,213
　　　　　　(60,104,124,136,245)
住血線虫症　　　64,154,162,218
　　　　　　　　(73,171,182,252)
銃創　　　　　　　　　194(222)
出血　　　6,65,104,147,162
　　　　(11,76,117,118,166,181)
腫瘍
　気管支　　　　　　　116(130)
　胸腔内　　　142,212(160,246)
　胸壁の　　　93,94,155(104,105,174)
　縦隔の　　　51,52,109,122,213
　　　　　　(60,62,124,136,245,246)
　心臓　　　　6,69,76,111,158,172
　　　　　(12,79,80,88,126,178,194)
　心膜液　　　　　　6,141,144,209
　　　　　　(11,12,157,158,162,242)
　中皮腫　　　　　　71,123,209
　　　　　　　　　(82,138,242)
　肺の　　　　　2,17,70,82,168
　　　　　　　　(8,26,82,94,190)
　腹腔内　　　　　　　183(207,208)
腫瘍随伴症候群　　　　213(246)
上部気道の障害
　　　　　1,9,50,57,58,116,133
　　　　　(8,16,60,66,68,130,150)
静脈血栓症　　　　　　109(124)
食道
　異物　　　　　　　　179(204)
　咽頭部喉頭部の異常　167(188)
　拡張　　　　　　　　93,139,191
　　　　　　　　　　(104,156,218)

食道拡張　　　　　　　139(156)
食道造影像　　　　　39,40,139
　　　　　　　　　　(48,50,156)
食道の逆流　　　　　　200(230)
食道瘻　　　　　　　　40(50)
除脈　　　　　　　　　103(116)
除脈性不整脈　　　37,114,143
　　　　　　　　　(46,128,160)
ジルチアゼム
　　　　　49,80,87,107,145,149
　　　　　(58,92,98,120,162,168)
シルデナフィル　　　　83,184
　　　　　　　　　　(93,94,208)
心エコー図検査　　　　26(35)
　Mモード　　　47,48,90,127,207
　　　　　　　(55,56,57,58,101,102,
　　　　　　　　　141,237,238)
　犬糸状虫　　　　185,210(210,244)
　再発する心タンポナーデ
　　　　　　　　　　209(241,242)
　心室中隔欠損　　　　186(212)
　心臓腫瘍　　　　　76,158(88,178)
　心膜液　　　　　　　144(162)
　心膜横隔膜ヘルニア　188(214)
　穿孔性心臓外傷　　　194(222)
　僧帽弁　　　　149,188(168,214)
　大動脈弁下狭窄症　　146(164)
　動脈管開存症　　　　175(198)
　肺高血圧症　　　129,162(146,182)
　肺動脈弁狭窄　　　　　63(74)
　肥大型心筋症　　47,90(56,102)
　ファロー四徴症　　125(139,140)
　もやもやエコー像　107(120)
心膜横隔膜ヘルニア　140,188
　　　　　　　　　　(158,214)
心筋、腫瘍　　　　　　172(194)
心筋症
　右心室　　　　　　　26,36(36,46)
　拡張型　　4,32,95,148,170,171,207
　　　　　(10,42,106,166,192,238)
　血栓塞栓症　　　　　107(120)
　拘束型　　　　　　110,165,208
　　　　　　　　　(124,186,240)
　閉塞性肥大型　　　　47(56)
　肥大型　　　28,35,67,90,117
　　　　　　　(38,44,78,102,132)
心筋傷害　　　　　　　173(196)
人工呼吸　　　　　42,43(51,52)
人工呼吸療法　　　42,43(51,52)
心雑音
　往復　　　　　　　　85(96)
　拡張期性　　　　127,128,186
　　　　　　　　　(142,143,211)
　収縮期性
　　　　　4,7,12,18,24,28,29,32,35,
　　　　　　67,141,152,186,203
　　　　　(9,14,19,27,33,37,41,
　　　　　43,77,157,169,211,233)

索引

項目	ページ
重要な特徴	7(13)
心尖部	20,26,38,48 (29,35,47,57)
身体検査	7(13)
全収縮期	13,14,15,114,162,186 (19,21,127,181,211)
僧帽弁の	7,39,47,133,149,189 (14,47,56,149,168,215)
大動脈弁逆流	127,186 (142,212)
肺動脈弁	45(54)
連続性	79,85,139 (90,96,155)
漏斗胸	118(132)
心室期外収縮	4,115,205,207 (10,130,236,338)
心室早期興奮	49,130 (57,58,146)
心室早期拍動、多源性	143(160)
心室中隔欠損	13,88,125,186 (20,100,140,212)
心室頻拍	4,36,148,172 (10,46,166,194)
心室補充調律	115(130)
腎症	19(28)
腎症、蛋白漏出	19(28)
心尖部拍動、右側	156(175,176)
心臓カテーテル	88,163,205 (100,183,235)
心臓計測	20,39(30,48)
心臓像	心臓の拡大も参照
垂直方向	32(42)
水平位	132(148)
バレンタイン形状	35(44)
心臓トロポニンI	75,95 (86,106)
心臓の拡大	18,32,35,46,79,107, 110,114,117,132,140, 149,175,189,203 (28,42,44,54,90,120, 124,128,132,148,158, 168,197,216,234)
計測	20(30)
左心	174,175(196,198)
全体の	28,46,170,203 (38,54,234)
心臓の偏位	98,193(110,220)
心タンポナーデ	44,46,69,144 (52,54,79,80,142)
再発	209(242)
心電図	
ST分節	75(86)
アーティファクト	159(180)
右脚ブロック	113,152 (128,170)
高カリウム血症	33(42)
ジゴキシン中毒	143(159,160)
心室頻拍	4,36,148 (10,46,166)
心房期外収縮	80,181 (91,92,206)
心房細動	67,145,188 (77,78,161,162,214)
早期興奮	130(146)
僧帽弁異形成	13(19,20)
促進心室固有調律	173(196)
電気的交互脈	44(52)
洞性不整脈	54(64)
洞不全症候群	204(234)
平均電気軸	24(34)
房室ブロック	183(208)
ホルター心電図	36,77,207 (45,87,238)
心内膜炎	85,86,127,128 (96,98,142,144)
心内膜症	48(58)
心不全	うっ血性心不全も参照
右心不全	69(79)
急性	190(215)
病期分類	73(83,84)
慢性	175,181(198,206)
心房期外収縮	38,80,181 (48,92,206)
心房筋の疾患	53(62)
心房細動	18,145,149,175,188 (28,162,168,198,214)
治療	145(162)
猫	67(78)
心房静止	53,115(62,130)
持続性	115(130)
心房頻脈性不整脈	38,80,181,189,217 (48,92,206,216,250)
心膜液	6,44,69,144,161,194 (11,12,52,162,182,222)
腫瘍性	6,141,144,209,219 (12,158,162,242,254)
心タンポナーデ	46,144 (54,162)
心膜液塗抹	71(81)
心膜横隔膜ヘルニア	140,188 (158,214)
心膜腔穿刺	6,46,160,161 (11,54,179,181)
合併症	161(182)
器具と手技	160(179,180)
心膜腔、軟部組織	188(214)
心膜切除術	69,219 (79,80,254)
膵炎	105,106(118,120)
水没	66(77)
スピロノラクトン	32,38,187 (42,48,212)
喘鳴	5,50,66,90,116,198 (11,60,77,101,129,226)
咳	
飲水後/食後	40,98(49、109)
ガーガー音	164,166(183,187)
再発	214(247)
持続性	8,9,82,164 (13,15,93,183)
心疾患以外の原因	39,40,102,103 (47,48,50,114,116)
治療後の	151,162 (169,181)
猫の原因	137,199 (153,154,227,228)
吐き気	39,93,200 (47,103,229)
慢性	1,10,176,195,199,200 (7,15,199,200,224,227,229)
脊椎骨折	202(232)
石灰化、皮膚	126(142)
赤血球増多	12,92(20,103,104)
セファレキシン	150(168)
線維肉腫	155(174)
前胸部の拍動	131,156(147,176)
前縦隔の腫瘍性病変	52(62)
全身性炎症反応	82(94)
喘息、猫	89,99(99,100,112)
前大静脈症候群	51,109(60,124)
先天性障害	
右側三心房心	121(136)
気管形成不全	118(132)
気管低形成	62(72)
喉頭麻痺	5(12)
三尖弁異形成	87,206(98,236)
大動脈弁下狭窄症	85,86,146 (96,98,164)
肺動脈弁性狭窄症	63(74)
左前大静脈遺残	31(40)
ファロー四徴症	92,125 (104,140)
右大動脈弓遺残	139(156)
僧帽弁逆流	7,48,95,164, 188,189,214,216 (14,59,106,183,214, 218,248,250)
僧帽弁閉鎖不全症	14,211 (22,244)
ソタロール	87,91(98,101,102)

\<タ行>

項目	ページ
第三眼瞼、突出	93(103,104)
体重減少	109,116(123,129)
大静脈	
心拡大	203(234)
前縦隔の腫瘤病変	52(62)
左前大静脈遺残	31(40)
大静脈症候群	55,210(64,244)

索引

項目	ページ
大腿動脈圧	23(31)
大動脈基部の拡大	132(148)
大動脈基部の腫瘤	158(178)
大動脈狭窄症 大動脈弁下狭窄症を参照	
大動脈弁	
心内膜炎	128(144)
閉鎖不全/逆流	85,86,88,127,171,186
	(96,98,100,142,191,192,212)
大動脈弁下狭窄症	85,86,146
	(96,98,164)
タウリン	171(192)
多血症	12,92(20,103,104)
ダルテパリンナトリウム	97(108)
短頭種	158(178)
チアノーゼ	12,50,92,102,133,194
	(20,59,104,113,114,
	149,150,221)
原因	12(20)
努力性呼吸	125,203(139,233)
分離	131(148)
中心静脈圧	29,219
	(37,38,253,254)
測定	29(37,38)
中毒	104,138,143
	(118,154,160)
中皮腫	71,123,209,219
	(82,138,242,254)
超音波検査	34,94(44,106)
ガイド下	94(106)
聴診(心臓)	心雑音も参照
猫	41(49,50)
椎骨心臓サイズ(VHS)	20(29,30)
低換気	42(52)
低酸素血症	12,42,66,68,102,
	103,203
	(20,52,78,80,113,114,
	115,116,234)
原因	102(114)
テオフィリン	38,100(47,112)
溺死	66(77)
テルブタリン	96,100(108,112)
転移、肺	11,168(18,190)
電気的交互脈	44(52)
同期型間欠的強制換気	42(52)
糖質コルチコイド	96,153(108,172)
洞停止	135,143(151,163)
洞不全症候群	204(234)
動脈管開存症	79,80,139,175
	(90,92,156,198)
診断	163(183)
右-左短絡(逆短絡)	131,156

項目	ページ
	(148,176)
動脈血栓塞栓症(ATE)	97,107,180
	(108,120,204)
動脈の脈圧(異常)	127,146,180
	(142,163,203,204)
原因	180(204)
疾患名	180(204)
猫	34(43,44)
治療	180(204)
特発性肺線維症	184(208)
吐出(食餌)	139(155)
ドブタミン	95(106)
呑気	56,105,179,191
	(66,118,204,218)

＜ナ行＞

項目	ページ
軟口蓋、伸展	50(60)
肉腫	142,212(160,246)
乳び	25,59,60,101
	(34,68,70,113)
尿蛋白/クレアチニン比	19(28)
尿道閉塞	33(42)
妊娠、横隔膜ヘルニア	3(10)
猫伝染性腹膜炎(FIP)	61(70)
粘液腫、心臓	111(126)
捻髪音	56,82,90,126,
	162,165,191,198
	(65,93,101,141,
	181,185,217,226)
膿瘍	9(16)

＜ハ行＞

項目	ページ
肺炎/肺病変	
寄生虫性	108,162,199,218
	(122,182,228,252)
誤嚥性	191(218)
細菌性	150,177(167,168,200)
真菌性	22,169(32,190)
塞栓性	78(90)
肉芽腫性	89(100)
バイオマーカー，心臓	75(86)
肺音，異常	90,126,153,
	162,165,191,198
	(101,141,171,181,
	185,217,225)
分類	198(226)
肺癌	70(82)
肺虫症	108,199(122,228)
肺狭窄	45,63,125,205
	(54,74,140,236)
肺血管拡張	170,174(192,196)
肺血栓塞栓症	27,185(36,210)
肺高血圧症	129,156,162,211
	(146,176,182,244)
心エコー図検査	129,162
	(146,181)
治療	83(94)

項目	ページ
肺浸潤	162(182)
肺水腫	
吸引液の分析	106(120)
心原性	117,171,214
	(132,192,248)
非心原性	81,105,106
	(92,118,120)
肺動脈、拡張	137(154)
ハイドロキシウレア	92(104)
肺胞気-動脈血酸素分圧較差	68(80)
肺病変	
間質パターン	22,126,168,192,197
	(32,142,189,220,225)
気管支疾患	28,72,99,176
	(24,38,84,112,200)
血管パターン	117,170(132,192)
結節	11(18)
浸潤像	191,218(218,252)
肺胞パターン	56,66,81,101,162
	(66,78,92,114,182)
不透過性	62,89(72,100)
肺葉捻転	101(114)
ハインツ小体	138(154)
吐き気	39,93
	(47,103,104)
バリウム造影	40(49,50)
バルーン弁口拡張術	45,63(54,74)
バルフォー開創器	84(96)
皮下気腫	182(206)
皮下出血	104(117)
非クロム親和性傍神経節腫	158(178)
鼻汁	197(225)
ヒストプラズマ感染症	169(190)
脾臓、横隔膜ヘルニア	98(110)
肥大性骨症	142(160)
左前大静脈遺残	31(40)
皮膚石灰沈着症	126(142)
ピモベンダン	38,95,124,165,181,
	207,216
	(48,106,137,138,186,
	206,238,250)
効果と適応	124(137,138)
貧血	82(93)
頻呼吸	90,138(101,153)
頻脈	
心室頻脈性不整脈	36,172
	(46,194)
洞性	155,181(173,206)
房室頻拍	49(57)
リエントリー性上室性頻拍	130(146)
ファロー四徴症	

索引

　　　　　　　　92,125(104,140)
フェンベンダゾール　154,199
　　　　　　　　　　(172,228)
腹囲膨満
　　　　44,111,120,205,206
　　　　　(51,125,133,235)
腹腔内腫瘤　　　183(207,208)
副交感神経緊張　　　　21(30)
副腎皮質機能亢進症
　　　　　　　　126(141,142)
副腎皮質機能低下症　　54(64)
腹水
　　　　　44,111,120,121,
　　　　　　　205,206,219
　　　　　(51,125,133,134,
　　　　　　　235,236,253)
　分類　　　　　　　120(134)
浮腫
　頭側浮腫　　　　　109(124)
　肺水腫　81,84,105,106,117,171
　　　　　(92,96,118,120,132,192)
不整脈
　上室性頻拍　　　49,87(58,98)
　徐脈　　　　23,37,103,114,143
　　　　　(32,46,115,116,128,160)
　心室固有調律　　　　173(196)
　心室頻拍　　　　4,36,148,172
　　　　　　　　　(10,46,166,193)
　心房細動　18,67,145,149,175,188
　　　　　(28,78,162,168,198,214)
　心房静止　　　　　53,115(62,130)
　洞性　　　　21,54,102,103,173
　　　　　　(30,64,114,115,196)
　洞停止　　　　　　135,143,204
　　　　　　　　　(151,160,234)
　頻脈性不整脈
　　　　　　38,80,87,181,189,217
　　　　　　(48,92,98,206,216,250)
　房室ブロック
　　　　23,37,77,113,114,143,183
　　　　　(32,46,88,128,160,208)
　リエントリー性上室性頻拍
　　　　　　　　　　130(146)
ブラ　　　　　　　　134(150)
プラジカンテル　　　199(228)
ブラストミセス症　　197(226)
フルオロキノロン系　166(188)
フルコナゾール　　　169(190)
ブルドッグ　　　　　62(71,72)
プレドニゾロン
　　　　　　　96,116(108,130)
プレドニゾン　　　　153(172)
プロカインアミド　　　49(58)
フロセミド
　　　32,38,95,110,149,165,
　　　　　170,174,189,208,216
　　　　(42,47,48,106,123,124,
　　　　　167,168,186,192,195,

　　　196,215,216,239,240,
　　　　　　　　　　250)
プロトロンビン時間　104(118)
プロプラノロール　　　87(98)
ペースメーカ　　　　115,135
　　　　　　(130,151,152)
ベナゼプリル　　35,208,216
　　　　(44,239,240,250)
ヘパリン　　97,107(108,120)
ヘマトイジン　　　　　6(12)
ヘマトクリット値
　　　　　　82,92(93,103)
ヘモジデリン　　　　　6(12)
ベラパミル　　　　　49(58)
膨化　　　　　　　182(205)
房室筋ジストロフィー115(130)
房室ブロック　23,37,113,114
　　　　　　(32,46,128)
　完全　　　　　　183(208)
　症状　　　　　　　77(88)
　断続的な　　　23,77(32,88)
ボクサー心筋症　　　36(46)
ホスホジエステラーゼ-5阻害薬
　　　　　　　　　83(94)
ホルネル症候群　　　93(104)
奔馬調律
　　32,41,117,132,148,165
　　　(41,50,131,147,148,166,
　　　　　　　　185,186)

　　　　　＜マ行＞
慢性変性性僧帽弁疾患　38(48)
　異形性　13,80,149(20,92,168)
右大動脈弓遺残症　139(156)
ミルベマイシンオキシム
　　　　　　　　　154(172)
迷走神経刺激　　　　87(98)
メラルソミン　　　　27(36)
モキシデクチン　　　154(172)

　　　　　＜ラ行＞
ライト染色　　　　　10(15)
ラッセル音　　　　198(226)
リドカイン　　49,87,143,145
　　　　　(58,98,160,161,162)
リン酸デキサメサゾンナトリウム
　　　　　　　　　96(108)
リンパ腫　　　52,94,141,192
　　　　　(62,106,158,220)
　診断、検査　　　141(157,158)
リンパ節腫大　22,192(32,220)
ルチン　　　　　　　60(70)
漏斗胸9,118,119(16,132,134)
肋骨
　骨折　　　　147,155(166,174)
　新生骨形成　　　155(174)

288